JN298657

薬学領域の物理化学

東京薬科大学名誉教授
渋谷 皓 編集

東京 廣川書店 発行

執筆者一覧（五十音順）

上田 晴久	星薬科大学教授	
遠藤 朋宏	星薬科大学准教授	
渋谷 皓	東京薬科大学名誉教授	
高橋 央宜	東北薬科大学准教授	
湯浅 洋子	東京薬科大学薬学部教授	
横松 力	東京薬科大学薬学部教授	
米澤 頼信	名城大学薬学部准教授	

序

　物理化学は，物理学の理論と方法を用いて物質の物理的な性質を明らかにするとともに，構造論，熱力学，反応速度論などを研究する学問であるが，これらの基本的な概念の理解と修得は薬学の専門領域にみられる諸現象をより明確に理解する上で最も基本であり，重要な役割を担っている．

　薬学は医薬を通して学ぶ内容は極めて多岐にわたるが，いずれの分野においても基本的原理を提供してくれる物理化学の役割が非常に重要であることに変わりはない．

　近年，生命化学と科学技術の進歩は著しく，それに伴って薬学領域においても修得しなければならない知識と技術の量は一段と膨大になってきている．

　日本薬学会は，新しいニーズに応えられる薬剤師の育成を目指して"薬学教育モデル・コアカリキュラム"を作成し，各分野の学習内容に具体的な到達目標を明示している．

　本書は，このような視点にたって薬学生を対象に編集したもので，コアカリキュラムのC1の項目を網羅するように努め，各章のはじめに到達目標を掲げ，学習目標を明確にした．

　物理化学の広範な内容を限られた時間の中ですべて学習することは不可能で，このような実情を考慮して，適切なボリュームになるように努めた．また，物理化学の性質上，章によっては到達目標の重いものも多いが，各執筆者は各章の構成にも工夫し，質，量の両面から可能な限り，内容についてわかりやすい説明に重点をおくとともに，読者が体系的に理解できるように工夫した．到達目標を達成しやすいように，知識を具体的に確認できるように章末には練習問題をつけた．

　本書出版に際し，廣川書店社長廣川節男氏をはじめ同書店編集部の皆さんに大変にお世話になった．ここに深謝申し上げる次第である．

平成20年7月

渋谷　皓

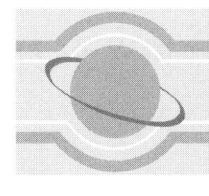

目次

第1章 物理量と単位 ……………………………………（高橋央宜）*1*

- 1.1 物理量と単位　1
- 1.2 物理量の次元　2
- 1.3 国際単位系（SI）　3
- 1.4 記号に関する約束　5
- 1.5 基本物理定数　6
- 1.6 ギリシア文字　7

第2章 分子の構造 ……………………………（高橋央宜，湯浅洋子）*9*

- 2.1 序論：ミクロの世界　9
- 2.2 原子軌道と原子の電子配置　11
- 2.3 混成軌道　16
- 2.4 分子軌道　21
- 2.5 化学結合　24
- 2.6 配位化合物の結合　34
- 2.7 電磁波と分子のエネルギー　46
- 2.8 分子の振動，回転，電子遷移　49
- 2.9 核磁気共鳴スペクトル　59
- 2.10 質量スペクトル　65
- 2.11 光学活性物質の旋光性　68
- 練習問題　73

第3章　分子間相互作用 ……………………………………（渋谷　皓）**75**

 3.1 分子の電気的性質 76
 3.2 モル分極とモル屈折 80
 3.3 分子間相互作用 84
 練習問題 94

第4章　気体の性質 ……………………………………………（渋谷　皓）**97**

 4.1 気体の性質 98
 4.2 ジュール・トムソン効果 103
 練習問題 109

第5章　平衡とエネルギー変化………………………………（米澤頼信）**111**

 5.1 系の状態と状態量 112
 5.2 熱力学第一法則 113
 5.3 熱容量 119
 5.4 エンタルピー 121
 5.5 エントロピーと熱力学第二法則 125
 5.6 ギブズ自由エネルギー 133
 5.7 相平衡 148
 5.8 分配平衡 155
 練習問題 157

第6章　相平衡と相変化………………………………………（米澤頼信）**159**

 6.1 ギブズの相律 160
 6.2 一成分系の相平衡 160

6.3 多　形　162

6.4 二成分系の相平衡　165

6.5 三成分系の相平衡　178

練習問題　181

第7章　混合物と溶液の性質 ……………………………（高橋央宜）183

7.1 溶液の組成　183

7.2 理想溶液：ラウールの法則　185

7.3 ヘンリーの法則と理想希薄溶液　189

7.4 非混合溶媒間への溶質の分配　191

7.5 希薄溶液の束一的性質　193

7.6 浸透圧　196

7.7 非理想溶液の活量　198

練習問題　200

第8章　化学反応速度 ……………………………………（横松　力）203

8.1 反応速度と速度定数　204

8.2 基本的な反応速度式　206

8.3 反応次数の決定法　213

8.4 複合反応の反応速度　213

8.5 反応速度の温度依存性　218

8.6 反応速度の衝突理論と遷移状態理論　220

8.7 光化学反応　225

8.8 連鎖反応　227

8.9 反応速度と溶媒効果　228

8.10 触　媒　229

8.11 吸着等温式　233

8.12 酵素反応　235

8.13 拡　散　244
8.14 固体の溶解速度　246
練習問題　248

第9章　電解質と化学電池 …………………………（渋谷　皓，湯浅洋子）*251*

9.1 電解質　251
9.2 電気伝導　253
9.3 イオン独立移動の法則　257
9.4 輸率とイオンの移動度　258
9.5 イオンの活動度　262
9.6 弱電解質と解離平衡　264
9.7 緩衝液　267
9.8 酸化還元反応と電池の起電力　268
9.9 濃淡電池と pH メータ　274
9.10 生体系における酸化還元電位過程　276
9.11 輸送のある濃淡電池と膜電位　277
練習問題　281

第10章　界面化学 ………………………………………………（上田晴久）*283*

10.1 界面と界面化学　283
10.2 界面の性質　284
10.3 表面張力の測定法　286
10.4 ぬれ（拡張係数）　288
10.5 吸着と吸着等温式　290
10.6 界面活性剤　295
10.7 ミセル　298
10.8 膜　301
練習問題　305

第11章　コロイド分散系 ……………………………（遠藤朋宏）**307**

11.1　コロイドの性質と分類　307
11.2　コロイドの製法　309
11.3　光学的性質とブラウン運動　310
11.4　コロイドの電気的性質（電気二重層／ζ電位と界面動現象）　311
11.5　コロイド分散系の安定性（疎水コロイドの安定性／
　　　親水コロイドの安定性）　313
11.6　懸濁液（サスペンション）　316
11.7　乳濁液（エマルション）　317
練習問題　320

第12章　レオロジー ……………………………………（上田晴久）**323**

12.1　レオロジーとは　323
12.2　応　力　324
12.3　弾性率　324
12.4　ずり（せん断）　326
12.5　流　動　327
12.6　粘弾性　330
12.7　流動における特異な現象　334
12.8　レオロジー的性質の測定　336
練習問題　341

付　録 ……………………………………………………（上田晴久）**343**

付録1　数学のおさらい　343
付録2　物理量と単位　359

索　引 ……………………………………………………………… *367*

Chapter 1

物理量と単位

到達目標

1) 物理量は「数値×単位」で表されることを理解する．
2) 物理量の次元について理解する．
3) 国際単位系（SI）を用いることの利点を理解する．

1.1 物理量と単位

　我々が物理化学で用いる物理量（単に「量」ともいう）には，長さ，体積，エネルギー，時間など，さまざまなものがある．体積を例にとって考えてみよう．「この立方体の体積は 8 m³ である」というとき，「8 m³」は「1 m³ の 8 倍」ということを意味している．つまり，「m³」は「1 m³」のことを表しており，これを単位として立方体の体積を表しているのである．体積は通常 V という記号で表され，いまの場合「$V = 8 \text{ m}^3$」と書くことができる．この式のように，一般に「物理量 = 数値 × 単位」と表される．体積の単位としては，m³ のほかに cm³ や升なども考えられ，上の例では「$V = 8 \times 10^6 \text{ cm}^3$」と表すこともできる．このように，単位を変えれば数値は変わるが，立方体の体積が変わるわけではない．物理量は常に，数値と単位のセットで表されることに注意しよう．

　「物理量 = 数値 × 単位」という考え方に従えば，単位の記号は括弧書きにするべきではない．数値と単位記号の間には，短いスペースを置くことになっている．数

値計算をするときにも,単位をつけたままで行うことが望ましい.このとき,数値の計算と同時に,単位の計算も行う.次の例は,1.00 mol の理想気体が 273 K,1.013 × 10⁵ Pa で占める体積を,状態方程式を用いて計算したものである.

$$V = \frac{nRT}{p} = \frac{(1.00\,\text{mol})(8.314\,\text{J K}^{-1}\,\text{mol}^{-1})(273\,\text{K})}{1.013 \times 10^5\,\text{Pa}} = 0.0224\,\text{m}^3$$
$$= 22.4\,\text{L} \tag{1.1}$$

ここで,後述の J/Pa = m³ という関係と,1 L = 10⁻³ m³ を用いた.mol と K の記号が消えて,"自動的に"体積の単位が出てくることに注意しよう.

1.2 物理量の次元

体積は,(長さ)³ の次元をもっているという.このことは,立方体・直方体や球の体積を求めるとき,(長さ)×(長さ)×(長さ)という計算を行っていることを考えれば容易に理解されよう.面積の次元は(長さ)² であり,速度の次元は(長さ)/(時間)または(長さ)×(時間)⁻¹ と書かれる.物理量はその次元に応じた単位をもつことになるが,一般に1つの物理量にはいろいろな単位が考えられる.長さの単位にはメートル(記号 m)やキロメートル(記号 km)があり,時間(time)の単位には秒(記号 s)や時間(hour,記号 h)がある.したがって,速度の単位としても,メートル毎秒(m/s,m s⁻¹ または m・s⁻¹ と書く)や km/h など,さまざまなものが考えられる.

運動の第二法則によれば,「力 = 質量×加速度」である.加速度は速度の時間変化であるから,その次元は(長さ)×(時間)⁻² である.したがって,力の次元は(質量)×(長さ)×(時間)⁻² となる.また,「仕事 =(物体に加えた力)×(動いた距離)」であるから,仕事の次元は(質量)×(長さ)²×(時間)⁻² となる.第5章で学ぶように,エネルギーは必ず仕事または熱のどちらかの形で移動する(熱力学第一法則).これは,エネルギー,仕事,熱という3つの量がすべて同じ次元をもっていることを意味している.

モル分率(第7章)や比重などのように同種の物理量どうしの比を表したものは,

次元をもたない（無次元の）量である．

1.3　国際単位系（SI）

　1つの物理量に多くの単位を用いると，不要な混乱を招きかねない．特に，単位の換算において複雑な換算係数が現れることが多い．上でみたように，すべての物理量は基本的な物理量の積または商で表され，物理量の種類は次元で区別される．そこで，次元の関係がそのまま単位の関係となるような単位系を用いれば，単位の間の関係式において1以外の係数が現れない．国際単位系（Le Système International d'Unités（仏），略してSI）は，このような性質をもった"一貫性のある"単位系である．物理化学では，できる限りSI単位を用いることが望ましい．

　SIでは，質量の単位をキログラム（kg），長さの単位をメートル（m），時間の単位を秒（s）とする．力の次元は（質量）×（長さ）×（時間）$^{-2}$ であるから，そのSI単位は $kg\,m\,s^{-2}$ で定義され，ニュートン（記号N）と名付けられている．仕事，熱，エネルギーのSI単位はNmで定義され，これがジュール（記号J）である．

　次に圧力を考えてみよう．圧力とは単位面積当たりに働く力であるから，そのSI単位は $N\,m^{-2}$ となり，パスカル（Pa）と呼ばれている．つまり，$1\,m^2$ 当たりに1Nの力が働いているとき，1Paの圧力がかかっていることになる．圧力の単位として気圧（atm）が慣習的によく用いられるが，これは非SI単位である．$1\,atm = 1.013 \times 10^5\,Pa$ という関係にあるので，非SI単位であるatmをSI単位であるNとmで表すと，1.013という数字が現れることになる．SI単位のみを用いる限り，このような中途半端な数字が単位の間の関係式に現れることはない．

　式（1.1）で，$J/Pa = m^3$ という関係式を用いたが，これは $J = N\,m$ および $Pa = N\,m^{-2}$ より明らかである．式（1.1）ではSI単位のみを用いて体積を求める計算を行っているので，体積のSI単位である m^3 が"自動的に"出てきたのである．モル（mol）は物質量，ケルビン（K）は熱力学温度（絶対温度）のSI単位である．なお，上の関係式を $J = Pa\,m^3$ と書き直してみると，（圧力）×（体積）がエネルギーの次元をもっていることがわかる．このことは，第5章で体積変化による仕事やエンタ

ルピーという量を学ぶと，感覚的に理解できるようになるであろう．

SI では，これまでに出てきた長さ，質量，時間，熱力学温度（絶対温度），物質量に，電流と光度を加えた7つの量を基本物理量としている．これ以外の物理量は，すべてこの7つの物理量の積または商で表される．基本物理量の単位はSI基本単位と呼ばれ，それらの積や商で表される他の物理量の単位をSI組立単位と呼ぶ．SI 基本単位を表1.1 に，固有の名称と記号をもつ SI 組立単位の例を表 1.2 にまとめた．SI 基本単位のうち，kg だけがキロ（k）という接頭語をもつことに注意しよう．組立単位の表記で複数の単位を並べるときには，記号をスペースまたは中点「・」で切り離して表示する．なお，表 1.2 には示していないが，セルシウス

表 1.1　SI 基本単位の名称と記号

物理量	SI 単位の名称	SI 単位の記号
長さ	メートル	m
質量	キログラム	kg
時間	秒	s
電流	アンペア	A
熱力学温度	ケルビン	K
物質量	モル	mol
光度	カンデラ	cd

表 1.2　固有の名称をもつ SI 組立単位の例

物理量	SI 単位の名称	SI 単位の記号	他の SI 単位による表現	SI 基本単位による表現
振動数（周波数）	ヘルツ	Hz		s^{-1}
力	ニュートン	N		$m\,kg\,s^{-2}$
圧力	パスカル	Pa	$N\,m^{-2}$	$m^{-1}\,kg\,s^{-2}$
エネルギー，仕事，熱（熱量）	ジュール	J	$N\,m = Pa\,m^3$	$m^2\,kg\,s^{-2}$
仕事率	ワット	W	$J\,s^{-1}$	$m^2\,kg\,s^{-3}$
電荷，電気量	クーロン	C		$s\,A$
電位差（電圧），起電力	ボルト	V	$J\,C^{-1}$	$m^2\,kg\,s^{-3}\,A^{-1}$
静電容量（電気容量）	ファラド	F	$C\,V^{-1}$	$m^{-2}\,kg^{-1}\,s^4\,A^2$
電気抵抗	オーム	Ω	$V\,A^{-1}$	$m^2\,kg\,s^{-3}\,A^{-2}$
コンダクタンス	ジーメンス	S	Ω^{-1}	$m^{-2}\,kg^{-1}\,s^3\,A^2$
磁束密度	テスラ	T	$V\,s\,m^{-2}$	$kg\,s^{-2}\,A^{-1}$

表 1.3　SI 接頭語

倍　数	接頭語		記　号
10^{12}	テラ	tera	T
10^{9}	ギガ	giga	G
10^{6}	メガ	mega	M
10^{3}	キロ	kilo	k
10^{2}	ヘクト	hecto	h
10^{-1}	デシ	deci	d
10^{-2}	センチ	centi	c
10^{-3}	ミリ	milli	m
10^{-6}	マイクロ	micro	μ
10^{-9}	ナノ	nano	n
10^{-12}	ピコ	pico	p
10^{-15}	フェムト	femto	f

温度の単位であるセルシウス度（記号℃）や角度（平面角）の単位ラジアン（記号 rad）は，SI 組立単位の 1 つとされている．セルシウス温度（θ）は，熱力学温度（T）を用いて $\theta/℃ = T/K + 273.15$ と定義される．角度は無次元の量である．

SI 単位の 10 の整数乗倍を表すために，表 1.3 に示すような接頭語が用いられる．接頭語と単位記号の間にはスペースを置かない．また，複数の接頭語を併用してはならない．質量の SI 基本単位 kg にはすでに接頭語 k がついているので，例えば 10^{-3} g は μkg と書かないで，mg と表す．

本書でさまざまな物理量を学ぶことになるが，それらが定義されるときに，対応する SI 単位も合わせて確認するようにしてほしい．表 1.4 には，SI 単位ではないが，実用上よく用いられる単位をまとめておいた．

1.4　記号に関する約束

ここで，記号に関するいくつかの約束事について述べておく．物理量の記号（V，T など）は，斜体（イタリック体）で印刷する．これに対し，単位の記号（m, Pa

表1.4 よく用いられる SI 以外の単位

物理量	単位の名称	記号	SI による表現
時間	分	min	60 s
時間	時	h	3600 s
時間	日	d	86 400 s
平面角	度	°	$(\pi/180)$ rad
体積	リットル	l, L	10^{-3} m^3
長さ	オングストローム	Å	10^{-10} m
圧力	バール	bar	10^5 Pa
圧力	標準大気圧（気圧）	atm	101 325 Pa
エネルギー	電子ボルト	eV	$1.602\ 18 \times 10^{-19}$ J
エネルギー	熱化学カロリー[a]	cal$_{th}$[b]	4.184 J
磁束密度	ガウス	G	10^{-4} T
電気双極子モーメント	デバイ	D	$\approx 3.335\ 64 \times 10^{-30}$ C m

a) 通常は単にカロリーと呼ばれる．b) 通常は単に cal と書かれる．

など）は，立体（ローマン体）で印刷する．SI 接頭語の記号もローマン体で印刷する．また，人名に由来する単位の記号は，頭文字を大文字で表す（N, J, Pa, K など）．例外はリットルである（これは SI 単位ではないが，体積の単位としてよく用いられている）．本来は小文字の立体（l）で印刷するべきであるが，数字の1 との区別がつきにくいため，大文字 L で表すことが特別に認められている．なお，日本では l または ℓ と表されることが多い．L の代わりに dm^3 と書くこともできる．1 dm（デシメートル）は，10^{-1} m つまり 10 cm のことである．モル濃度に用いられる mol L^{-1} という単位は，mol dm^{-3} と書かれる場合もある（モル濃度の SI 単位は本来 mol m^{-3} であるが，これは実用的ではない）．

1.5 基本物理定数

物理化学で重要となる基本物理定数について，SI 単位を用いたときの値を表 1.5 にまとめた．

表 1.5 基本物理定数の値

物理量	記号	数値
真空中の光速度	c, c_0	$299\,792\,458$ m s^{-1}
真空の誘電率	ε_0	$8.854\,187\,817 \times 10^{-12}$ F m^{-1}
電気素量	e	$1.602\,176\,53 \times 10^{-19}$ C
プランク定数	h	$6.626\,069\,3 \times 10^{-34}$ J s
アボガドロ定数	N_A, L	$6.022\,141\,5 \times 10^{23}$ mol^{-1}
電子の質量	m_e	$9.109\,382\,6 \times 10^{-31}$ kg
陽子の質量	m_p	$1.672\,621\,71 \times 10^{-27}$ kg
中性子の質量	m_n	$1.674\,927\,28 \times 10^{-27}$ kg
ファラデー定数	F	$9.648\,533\,83 \times 10^{4}$ C mol^{-1}
ボーア半径	a_0	$5.291\,772\,108 \times 10^{-11}$ m
気体定数	R	$8.314\,472$ J K^{-1} mol^{-1}
ボルツマン定数	k, k_B	$1.380\,650\,5 \times 10^{-23}$ J K^{-1}

1.6 ギリシア文字

物理化学ではギリシア文字が頻繁に用いられるので，最後にギリシア文字をまとめておく．折に触れて参照し，よく使われるものについては早めに慣れてほしい．ローマン体の大文字・小文字，イタリック体の大文字・小文字の順に並べてある．

A	α	A	α	アルファ	alpha
B	β	B	β	ベータ	beta
Γ	γ	Γ	γ	ガンマ	gamma
Δ	δ	Δ	δ	デルタ	delta
E	ε	E	ε	イプシロン	epsilon
Z	ζ	Z	ζ	ゼータ，ツェータ	zeta
H	η	H	η	イータ	eta
Θ	θ	Θ	θ	シータ	theta
I	ι	I	ι	イオタ	iota

Κ	κ	*K*	*κ*	カッパ	kappa
Λ	λ	*Λ*	*λ*	ラムダ	lambda
Μ	μ	*M*	*μ*	ミュー	mu
Ν	ν	*N*	*ν*	ニュー	nu
Ξ	ξ	*Ξ*	*ξ*	グザイ，クシー	xi
Ο	ο	*O*	*o*	オミクロン	omicron
Π	π	*Π*	*π*	パイ	pi
Ρ	ρ	*P*	*ρ*	ロー	rho
Σ	σ	*Σ*	*σ*	シグマ	sigma
Τ	τ	*T*	*τ*	タウ	tau
Υ	υ	*Y*	*υ*	ウプシロン	upsilon
Φ	φ, φ	*Φ*	*φ, φ*	ファイ	phi
Χ	χ	*X*	*χ*	カイ	chi
Ψ	ψ	*Ψ*	*ψ*	プサイ	psi
Ω	ω	*Ω*	*ω*	オメガ	omega

$α$ と $β$ は，電子のスピン状態（第2章）を表すのに用いられる．$Δ$ は変化量を表す記号として，特に熱力学で多用される．電磁波（第2章）などの波の波長は $λ$，振動数は $ν$ で表されることが多い．$μ$ は双極子モーメント（第3章）や化学ポテンシャル（第5章，第7章）に用いられる．このように，異なる量に対して同じ記号が用いられることもあるので注意されたい．波動関数（第2章）には，プサイ（$Ψ$, $ψ$）を用いることが多い．

Chapter 2

分子の構造

到達目標

1) ミクロの世界の特徴を理解する．
2) 原子軌道と原子の電子配置について学ぶ．
3) 共有結合の成り立ちを，原子軌道・混成軌道を用いて説明できるようになる．
4) 分子軌道の基本概念を理解する．
5) 電磁波の性質および物質との相互作用を説明できる．
6) 分子の振動，回転，電子遷移について説明できる．
7) スピンとその核磁気共鳴について説明できる．
8) 偏光および旋光性について説明できる．

2.1 序論：ミクロの世界

　我々が目にすることのできる世界はマクロの世界と呼ばれる．マクロという言葉は英語の macroscopic に由来し，巨視的ともいう．パチンコ玉や惑星はマクロの世界の物体であり，それらの運動は**古典力学**によって正確に記述される．これに対し，原子や分子の世界はミクロの世界と呼ばれる．ミクロという言葉は microscopic に由来し，微視的ともいう．分子の形や性質を特徴づけているものは電子であるが，電子はミクロの世界の粒子である．いま，"粒子"という言葉を使った．電子は質

量をもっており，粒子としての性質（粒子性）をもっている．しかし，電子のようなミクロな粒子になると，古典力学がまったく通用しなくなることが知られている．これは，ミクロな粒子は単なる粒子ではなく，波としての性質（波動性）を合わせもっているためである．1920年代後半に，電子線が波に特有の回折現象を起こすことが発見され，電子の波動性を示す直接的な証拠となった．このように，電子は**粒子-波動二重性**をもっており，古典力学では扱えない．電子のふるまいは，1920年代に確立された**量子力学**によって記述される．

量子力学における原理の1つに，**不確定性原理**がある．この原理によれば，電子の位置と運動量の両方を，同時に正確に測定することはできない．運動量は $p = mv$（m：質量，v：速度）と定義され，運動の勢いを表す量である．速度は方向性をもっておりベクトルで表されるため，運動量も p_x, p_y, p_z の3成分をもつベクトルである．位置 (x, y, z) の不確かさ（Δx などと表す）と運動量の不確かさ（Δp_x など）の間には，次の不確定性関係が成り立つ．

$$\Delta x \Delta p_x \geq \frac{h}{4\pi}, \qquad \Delta y \Delta p_y \geq \frac{h}{4\pi}, \qquad \Delta z \Delta p_z \geq \frac{h}{4\pi}$$

ここで，h は**プランク定数**と呼ばれる定数（6.626×10^{-34} J·s）で（1.5参照），量子力学における基本的な定数である．

水素原子中の電子を考えてみよう．簡単のため，原子核は座標の原点に固定されているものとする．いま仮に，電子が原子核のまわりのどこに存在するかを測定する手段があるとし，ある瞬間における電子の位置が正確にわかったとしよう．正確にわかったということは，$\Delta x = 0$, $\Delta y = 0$, $\Delta z = 0$ を意味する．このとき，不確定性関係によれば，運動量の不確かさは無限大である．つまり，次の瞬間に電子がどこに存在するのか，まったくわからないということになる．この考察からわかるように，電子の動きを追跡することは不可能である．マクロの世界でボールや惑星の運動を目で追跡できるのとは，まったく異なるのである．

では，我々は水素原子中の電子について何を知ることができるのであろうか．それは，電子がどこにどのくらいの確率で存在するかである．存在確率の大小を色の濃さや点の密度で表すと雲のようになるので，**電子雲**という言葉が使われる．電子雲の濃いところでは電子を見出す確率が大きく，薄いところでは電子を見出す確率が小さい．この確率を表す関数は，**波動関数**と呼ばれる関数の2乗である．波動関

数は通常，ギリシア文字のプサイ（大文字Ψ，小文字ψ）で表される．

一般に波動関数ψは，量子力学の基礎方程式である**シュレーディンガー方程式**

$$H\psi = E\psi$$

を解くことによって得られる．この方程式は電子が2個以上ある場合にも適用できるが，ここでは水素原子のように電子が1個しかない場合を考えよう．Hは**ハミルトニアン**と呼ばれ，電子の全エネルギー（運動エネルギー＋位置エネルギー）の表式から導かれる演算子（あとに続く関数に対する数学的操作を表すもの）である．Eは電子の全エネルギーであり，この方程式を解くと，波動関数ψと全エネルギーEがセットで得られる．ψは電子の空間座標x, y, zの関数であり，変数を明示すれば$\psi(x, y, z)$と書かれる．ψは空間の各点で値をもっていて，その2乗（ψ^2）が電子の存在確率を表すのである．波動関数ψは，電子の状態を表すといわれる．

シュレーディンガー方程式を解くことは，水素原子のような一見単純な場合でさえ，専門的知識を駆使する大変な作業である．本書ではこの方程式に深く立ち入ることはしないが，一般に，シュレーディンガー方程式の物理的に意味のある解を求めると，エネルギーEはとびとび（離散的）になる．これを，エネルギーが**量子化**されるという．エネルギーの量子化は，ミクロの世界の特徴である．許されるエネルギー値（エネルギー固有値，エネルギー準位）と，対応する波動関数は，**量子数**と呼ばれる数（通常は整数）によって区別される．

2.2　原子軌道と原子の電子配置

化学結合を論じる上で，原子中の電子の状態についての知識は不可欠である．高校の化学で，原子中の電子はK殻，L殻，M殻，N殻，……といったいくつかの層（電子殻）に分かれて存在していることを学んだであろう．この節では，原子の電子状態をより詳細に取り扱う．

2.2.1 水素原子

まず，水素原子について考えよう．水素原子の原子核（陽子）の質量は，電子の質量の約1840倍もある．このため，電子の運動を考えるとき，原子核は動かないものと考えて差し支えない（水素原子以外の原子や分子の場合も同様である）．そこで，原子核は座標の原点に固定されているとし，その周りを，原子核からのクーロン引力の位置エネルギーを感じながら運動する1個の電子を考えることになる．この電子に対するシュレーディンガー方程式を解いて得られる波動関数は，**原子軌道**と呼ばれる．この"軌道"という用語には注意を要する．軌道とは，もともと惑星などが運行する決まった道筋のことを意味する．原子軌道という言い方もこの意味に由来するが，前節でみたように，水素原子中の電子は決まった道筋をぐるぐると回っているわけではない．原子軌道は，1個の電子の状態を表す関数で，電子の空間座標 (x, y, z) を変数としてもつ．そして，原子軌道の2乗が，その原子軌道で表される状態にある電子の位置の確率分布を表す．原子軌道は，電子の広がりの様子を表しているといってもよいであろう．なお，英語では惑星の軌道のことを orbit というのに対し，原子軌道は atomic orbital と呼ばれる．

さて，水素原子のシュレーディンガー方程式を解いて得られる原子軌道は無数にあるが，3種類の量子数 n, l, m によって分類することができる．n は**主量子数**と呼ばれ，

$$n = 1, 2, 3, \cdots\cdots$$

という値をとる．n が大きくなるほど，軌道の空間的な広がりが大きくなる．前述のK殻，L殻，M殻，……という電子殻は，$n = 1, 2, 3, $ ……に対応している．次に，l は**方位量子数**と呼ばれ，与えられた n の値に対して，

$$l = 0, 1, 2, \cdots\cdots, n-1$$

という n 個の値をとり得る．もう1つの量子数 m は**磁気量子数**と呼ばれ，与えられた l の値に対して，

$$m = -l, -l+1, \cdots\cdots, 0, \cdots\cdots, l-1, l$$

という $2l+1$ 個の値をとる．l と m は，軌道の形や方向性に関連している．量子数についての以上の関係は，シュレーディンガー方程式を解く過程で必然的に導か

化学で重要となる原子軌道は，n の値が小さいものだけである．また，$l = 0$ の軌道を **s 軌道**，$l = 1$ の軌道を **p 軌道**，$l = 2$ の軌道を **d 軌道**，$l = 3$ の軌道を **f 軌道**という．主量子数 n の値とこれらの記号を組み合わせて，$n = 1$，$l = 0$ の軌道を **1s**，$n = 2$，$l = 0$ の軌道を **2s**，$n = 2$，$l = 1$ の軌道を **2p** などと表す．そして，電子が例えば 1s 波動関数で表される状態にあるとき，その電子は"1s 軌道を占めている"とか"1s 軌道に入っている"という．p 軌道 ($l = 1$) は $m = -1, 0, 1$ に対応して 3 個あり，同様に d 軌道 ($l = 2$) は 5 個，f 軌道 ($l = 3$) は 7 個ある．このうち 3 個の p 軌道については次項で説明する．

電子のもつエネルギーも，シュレーディンガー方程式の解として原子軌道とともに得られる．各軌道に対応するエネルギーを**軌道エネルギー**という．水素原子の軌道エネルギーは主量子数 n だけで決まり，n が大きくなると高くなる．これは，電子の広がりが大きくなるのに伴って原子核からのクーロン引力が減少することに対応するが，次項で説明する多電子原子の場合と比べると，n だけで決まるという性質は例外的で，水素原子に特有のことである．

さて，最もエネルギーの低い軌道は 1s 軌道であるから，水素原子中の電子は通常は 1s 軌道を占めている．この状態が，水素原子の最も安定な状態（**基底状態**）である．水素原子の基底状態では，原子核からの距離だけに着目すると（方向は気にしない），電子は原子核から約 0.529 Å 離れたところに最も高い確率で存在する．この長さを**ボーア半径**という．電子が 1s 以外の軌道を占めている状態はエネルギーの高い状態で，**励起状態**と呼ばれる．

2.2.2　多電子原子の電子配置

次に，電子を 2 個以上もつ多電子原子の場合を説明する．多電子原子になると，シュレーディンガー方程式を厳密に解くことができなくなる．それでも，1 個 1 個の電子が原子軌道を占めているという考え方が，きわめて妥当な近似であることがわかっている．原子軌道の種類は水素原子の場合と同様である．しかし，例えば同じ 1s 軌道であっても，ヘリウム原子の 1s 軌道は，水素原子の 1s 軌道よりも広がりが小さく，軌道エネルギーは低い．これは，原子核の電荷が水素原子よりも大き

いため，電子がより強く原子核に引き付けられるためである．このように，原子核の電荷が大きくなると軌道エネルギーは低下するが，一方で電子数が多くなると電子間の反発が増加する．このため，異なる種類の原子間で軌道エネルギーを比較するのは難しい．しかし，原子の種類が変わっても，軌道エネルギーの順序はおおむね同じである．電子が原子軌道をどのように占めていくかということが本節の主題であるが，それを説明する前に，今後特に重要となるs軌道とp軌道について，その特徴をまとめておく．

　s軌道（$l = 0$，したがって$m = 0$）は球対称で，方向性をもたない．模式的には丸を描いて表す（図2.1）．同じ原子のs軌道では，主量子数nが大きいものほど広がりが大きい．p軌道は$l = 1$であるので，$m = -1, 0, 1$の3個が存在する．そのうち$m = -1, 1$の2個は虚数単位を含む関数で，化学者には扱いづらい．そこで，これらを実関数に直したものが用いられる．化学者が用いる3個のp軌道は，$x, y,$およびz軸方向に広がりの方向性をもつ3個の等価な軌道であり，それぞれ**p$_x$軌道**，**p$_y$軌道**，および**p$_z$軌道**と呼ばれる（図2.1）．これらは広がりの方向が異なるだけで"形"は同じであるから，p$_z$軌道を例にして特徴を説明する．p$_z$軌道はz軸について軸対称である．また，xy平面の上下で符号が逆になる（符号が逆になるだけで，空間的な広がり方は対称的である）．図2.1では，この符号の違い（正と負）を白と黒で表している．xy平面上では関数値はゼロになる（このように関数値がゼロになる面を**節面**という）．3個のp軌道は，方向性以外はまったく同じ性質をもっているから，軌道エネルギーも等しい．同じエネルギーをもった軌道は**縮重している**という（p軌道の場合は3重に縮重しているという）．

　さて，電子が原子軌道を占める際，後述の**パウリの排他原理**によって，1つの軌道には電子は2個までしか入れない．ただし，p軌道は3重に縮重しているので，合計で6個までの電子を収容できる．同様に，d軌道（5重に縮重）は合計で10個，

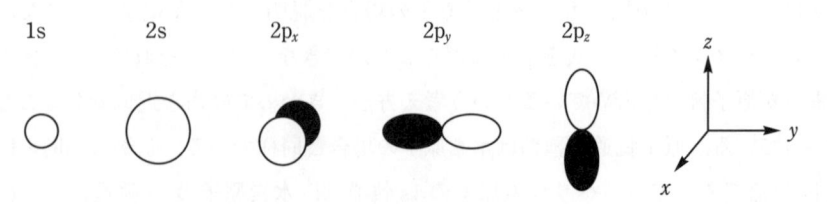

図2.1　原子軌道の模式的な表し方の例

2.2 原子軌道と原子の電子配置

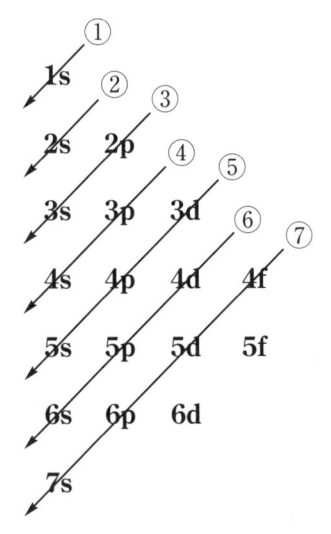

```
    ①
  1s   ②   ③
  ↙   ↙   ↙
  2s   2p   ④   ⑤
  ↙   ↙   ↙   ↙
  3s   3p   3d   ⑥   ⑦
  ↙   ↙   ↙   ↙   ↙
  4s   4p   4d   4f
  ↙   ↙   ↙   ↙
  5s   5p   5d   5f
  ↙   ↙   ↙
  6s   6p   6d
  ↙   ↙
  7s
```

図 2.2 原子軌道の占有順序

f 軌道（7 重に縮重）は合計で 14 個まで収容できる．電子による軌道の占有のしかたを**電子配置**という．原子の基底状態の電子配置は，軌道エネルギーの低い順に，パウリの排他原理に従って電子を詰めていくことにより得られる．その順序は多少の例外はあるが図 2.2 に示す通りである．例えば，炭素原子 C（電子数 6）の基底状態の電子配置は，$(1s)^2(2s)^2(2p)^2$ と書くことができる．

ここで，電子の**スピン**について述べる必要がでてきた．スピンは量子力学に特有の概念であって，古典力学には対応するものがないが，現象論的には電子の自転に対応する．自転には 2 通りの向きが可能であり，これに対応して 2 通りのスピン状態が可能となる．一方を α **スピン**または**上向きスピン**といい，もう一方を β **スピン**または**下向きスピン**という．図示するときには，α スピンの電子を「↑」で，β スピンの電子を「↓」で表す．

スピンも含めて考えると，2 個以上の電子が同一状態を占めることはできない．これは量子力学の基本原理の 1 つで，**パウリの排他原理**として知られている．パウリの排他原理は，「1 つの軌道には電子は 2 個までしか入れず，2 個入るときにはスピンを逆向きにする」と表現することもできる．

先に示したように，炭素原子の基底状態では，3 重に縮重した 2p 軌道に 2 個の電子が入る．このように，縮重した軌道に 2 個以上の電子が入る場合の規則として，

フントの規則という経験則が知られている．この規則によれば，縮重した軌道に2個以上の電子が入る場合，電子はできる限り異なる軌道に入り，その際スピンを平行にして入る．炭素原子の基底状態の電子配置は，スピンの向きまで含めて次のように表すこともできる．

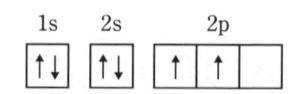

```
   1s    2s      2p
 [↑↓]  [↑↓]  [↑][↑][ ]
```

ここでは，各原子軌道を1個の箱のように表している．

2.3 混成軌道

2.3.1 共有結合と原子軌道

原子の電子配置について学んだので，次に原子間の共有結合について考察しよう．高校で学んだように，共有結合とは，2個の原子間で互いが出し合った電子を共有することによってできる結合である．共有される電子は電子対をつくっており，この電子対を**共有電子対**または**結合電子対**という．各原子が提供する電子は，対をつくっていない**不対電子**である．前節で学んだ原子軌道と電子配置の知識を用いると，いくつかの簡単な2原子分子の共有結合を実に具合よく説明することができる．

例えば，水素分子 H_2 を考えよう．水素原子の基底状態の電子配置は $(1s)^1$ であり，各水素原子が提供する不対電子は1s軌道を占めている．2個の水素原子が接近して互いの1s軌道の電子雲が十分重なるようになると，それぞれが出し合った電子を電子対（一方の電子は α スピンを，もう一方の電子は β スピンをもつ）として共有し，結合を形成するのである．この様子を図2.3(a)に示した．

次に，フッ化水素HFを考えてみる．F原子（電子数9）の基底状態の電子配置は

|1s|2s|2p|
|↑↓|↑↓|↑↓|↑↓|↑|

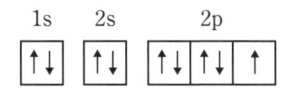

であり，2p 軌道の1つに不対電子をもつ．この 2p 軌道と H 原子の 1s 軌道が重なることにより，原子間で1組の電子対を共有する（図 2.3(b)）．F 原子の残りの2個の 2p 軌道にあった電子対は，分子を形成してもそのまま F 原子上に残る．結合に関与していないこれらの電子対は，**非共有電子対**，**孤立電子対**，または**ローンペア**と呼ばれる．

フッ素分子 F_2 の結合は，図 2.3(c)に示すように，不対電子の入った 2p 軌道どうしの重なりによってできる．以上のように，不対電子が入った原子軌道どうしを重ねることにより，1組の結合電子対が形成される．

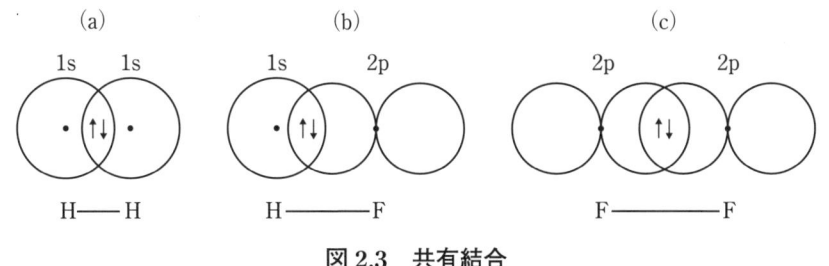

図 2.3　共有結合

2.3.2　結合の方向性と混成軌道

上に述べたやり方をもっと大きな分子に当てはめようとすると，すぐに2種類の問題に直面する．1つは，結合形成に必要なだけの不対電子が原子に存在しないこと，もう1つは，結合角の実測値を説明できないことである．これらの問題を解決するために，**昇位**と**混成**という考え方が導入された．

メタン分子 CH_4 を例にして説明する．メタン分子は正四面体構造をとり，4本のC−H 結合は等価で，結合角はすべて正四面体角（約 109.47°）に等しい．C 原子は4個の H 原子と共有結合するから，4個の不対電子を提供しなければならない．しかし，2.2 節の最後に示したように，基底状態の C 原子では不対電子が2個しか存在しない．これを解決するために，2s 軌道の電子の1個を，空の 2p 軌道に移す

(これを昇位させるという).

|2s|2p| |2s|2p|
|↑↓|↑ ↑ |昇位→|↑|↑ ↑ ↑|

昇位はエネルギー的には不利であるが，結合形成による安定化によって十分補償される．昇位により4個の不対電子ができたが，まだ問題が残っている．4個の不対電子は，1個が2s軌道にあり，3個が2p軌道にある．このままでは，メタンが正四面体構造をとることや，4本のC-H結合が等価であることを説明できないのである．しかし，2s軌道と3個の2p軌道を一次変換によって再編成することにより，4個の等価な軌道が得られることを証明できる．これら4個の軌道は，正四面体の各頂点の方向へ大きな広がりをもっている（図2.4）．このように，同一原子上の原子軌道を混ぜ合わせて新しい1組の軌道をつくることを混成といい，混成によって得られた軌道を**混成軌道**という．今の場合，1個のs軌道と3個のp軌道を混ぜ合わせたので，**sp^3 混成**，**sp^3 混成軌道**という．

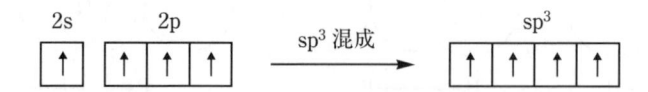

|2s|2p| |sp^3|
|↑|↑ ↑ ↑|sp^3 混成→|↑ ↑ ↑ ↑|

メタンの4本のC-H結合は，それぞれC原子の sp^3 混成軌道の1つと，H原子の1s軌道の重なりによって形成される（図2.5）．

有機化学で重要な混成軌道には，sp^3 混成軌道の他に，**sp^2 混成軌道**と**sp混成軌道**がある．

sp^2 混成軌道は，s軌道と2個のp軌道を再編成したもので，正三角形の頂点へ向かう方向性をもつ（図2.4）．エチレン分子（$H_2C=CH_2$）は平面構造であり，炭素原子まわりの結合角は120°に近い値をとる．したがって，エチレンの炭素原子

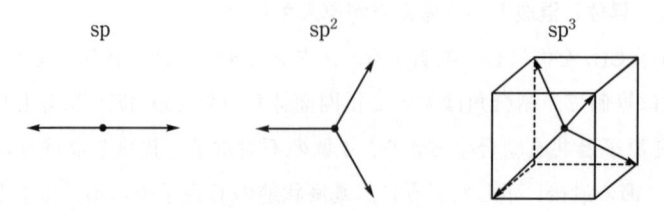

図2.4 混成軌道の方向性

2.3 混成軌道

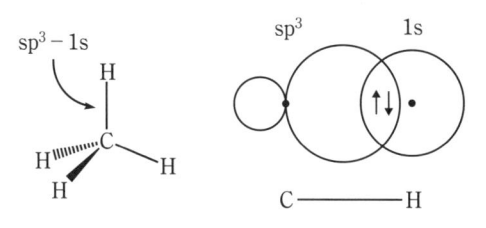

図 2.5 メタンの C–H 結合

は sp² 混成をしている.

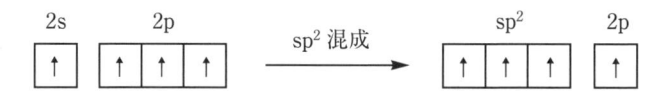

そして，C 原子間では 2 種類の結合が形成される（図 2.6）．1 つは sp² 混成軌道どうしの重なりによって形成される結合である．この結合は，結合軸に関して軸対称な軌道の重なりによってできている．このような結合を **σ 結合** という．もう 1 つの結合は，混成に使われなかった 2p 軌道どうしの重なりによって形成される．これらの軌道に残っている不対電子を共有するのである．この重なりは，結合軸に垂直な方向に広がった 2p 軌道どうしの重なりで，その度合いは σ 結合をつくる重なりよりも小さい．p 軌道どうしのこのタイプの重なりによる結合を **π 結合** という．π 結合は σ 結合よりも弱い．エチレンの C–C 結合は，σ と π の 2 組の結合電子対を共有する **二重結合** である．一般に，二重結合は σ 結合 1 本と π 結合 1 本からなる．一方，4 本の C–H 結合は，C 原子の sp² 混成軌道の 1 つと H 原子の 1s 軌道の重なりによって形成される σ 結合である．一般に，C–H 結合は 1 組の結合電子対から

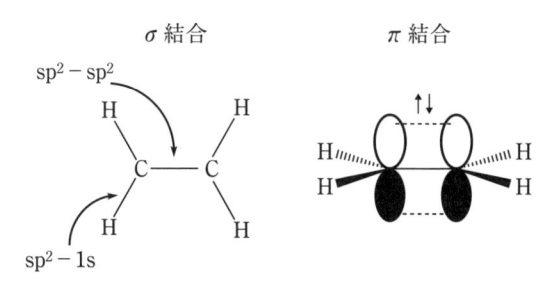

図 2.6 エチレンの化学結合

なる**単結合**である．単結合はσ結合である．

エチレン分子の一方のCH$_2$基を，C–C結合を軸としてねじると，π結合をつくる原子軌道の重なりが小さくなる．したがって，π結合は平面構造のときに最も強くなる．このようにして，エチレン分子が平面構造をとり，二重結合の回転が強く抑制されていることが理解される．

sp混成軌道は，s軌道と1個のp軌道を再編成したものである．2個のsp混成軌道は互いに逆（180°）の方向に大きな広がりをもっている（図2.4）．アセチレン分子（HC≡CH）は直線構造であり，C–C–H結合角は180°である．したがって，アセチレンの炭素原子はsp混成である．

この場合，混成に使われなかった2個の2p軌道（互いに直交している）に不対電子が1個ずつ残るため，C原子間で2本のπ結合が形成される（図2.7）．アセチレンのC–C結合は，3組の結合電子対からなる**三重結合**である．一般に，三重結合はσ結合1本とπ結合2本からなる．

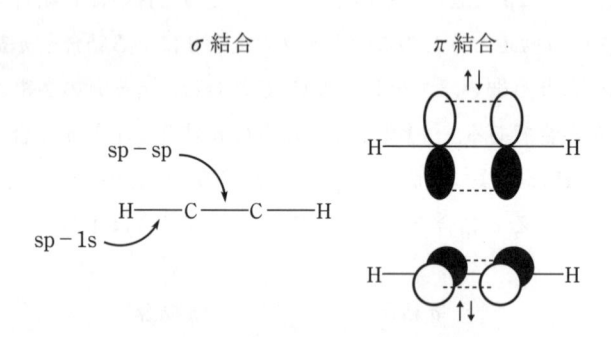

図2.7　アセチレンの化学結合

2.4 分子軌道

共有結合とは，2原子間で電子対を共有することによりできる結合であると考えてきた．そして，共有される2個の電子は，各原子の原子軌道（混成軌道を含む）のいずれかから提供されると考えることができた．この考え方に沿った化学結合の理論は，**原子価結合法**として知られている．原子価結合法は，化学結合や分子の形を定性的に理解するのに向いていて，その考え方は化学者に受け入れやすい形で広く使われてきた．一方，原子価結合法とは異なる化学結合の理論に**分子軌道法**がある．

分子軌道法では，原子に原子軌道があるように，分子にも初めから分子全体に広がった**分子軌道**があると考える．原子軌道と同様に，分子軌道は1電子の空間座標の関数である．分子軌道の2乗は，その軌道に入った電子の存在確率の分布を表す．パウリの排他原理により1つの軌道には電子は2個までしか入れず，2個入るときにはスピンは逆向きとなる．各分子軌道には定まった軌道エネルギーがある．そして，軌道エネルギーの低いほうから，パウリの排他原理に従って分子軌道に電子を詰めていくと，分子の基底状態を表す電子配置が得られる．安定な分子のほとんどは偶数個の電子をもっていて，これらの電子はすべて対になって分子軌道を占めている（図2.8）．このような電子配置をもつ分子を閉殻分子という．

分子軌道を計算する手法は確立している．それを述べることは本書の範囲外であるが，分子軌道計算のための市販の計算機プログラムもある．分子軌道はその"宿命"として，多かれ少なかれ分子全体に広がっている．そのため，分子軌道法では共有結合が2原子間に局在化している様子がつかみにくい．しかし，分子の種々の性質を理論計算するのには，分子軌道法が圧倒的に向いている．また，例えば2.8節で扱う電子遷移などは，分子軌道に基づいて理解される．このため，分子軌道法は現代の化学において必要不可欠なものとなっている．以下，分子軌道についてごく限られた記述をするにとどめる．

分子軌道法では通常，分子を構成する原子の原子軌道の線形結合（重ね合わせ）

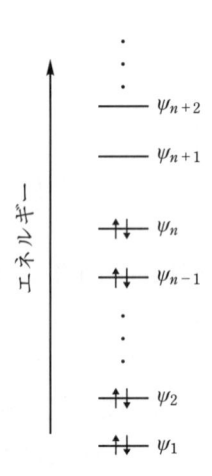

図 2.8 閉殻分子（電子数 $2n$）の電子配置

で分子軌道を近似する．分子軌道は原子軌道からできると考えるのである．水素分子 H_2 で説明しよう．2個の水素原子を H_A および H_B とし，それぞれの 1s 軌道を χ_A および χ_B とする．これら2つの原子軌道が相互作用して，次の2つの分子軌道ができる（図 2.9）．

結合性軌道： $\psi_+ = c_+(\chi_A + \chi_B)$
反結合性軌道： $\psi_- = c_-(\chi_A - \chi_B)$

ここで，c_+ と c_- は規格化定数と呼ばれる定数で，その軌道に入った1個の電子を

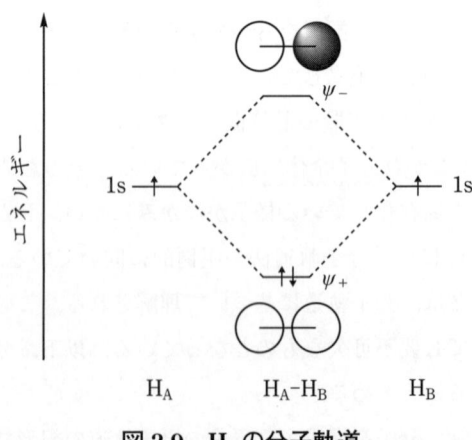

図 2.9 H_2 の分子軌道

2.4 分子軌道

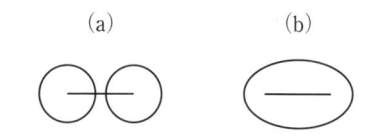

(a) (b)

図 2.10　H_2 の結合性軌道の模式的表現

全空間のどこかに見出す確率が 1 になるように決められる．もとになる 1s 軌道に対し，結合性軌道では軌道エネルギーが低く，反結合性軌道では軌道エネルギーが高くなる．図 2.10 には，結合性軌道の模式的な表現を 2 通り示した．(a) は，原子軌道からの成り立ちをはっきりと示した表し方である．しかし，分子軌道は 1 つの関数であるから，(b) のほうが実際の特徴には忠実である．結合性軌道では，2 個の原子軌道が同じ符号のまま足し合わされ，原子核間の領域で値が強め合う．したがって，この軌道に入った電子は核間領域で大きな分布をもち，2 個の原子核を"糊付け"することができる．一方，反結合性軌道では，2 個の原子軌道の値が核間領域で打ち消し合ってしまう．このため，この軌道に入った電子は核間領域での分布が小さく，原子核どうしの反発に逆らって結合をつくることができない．反結合性軌道は，核間に節面（関数値がゼロになる面）をもつことに注意しよう．水素分子では，結合性軌道を 2 個の電子が占めることにより結合が形成される（図 2.9）．結合性軌道 ψ_+ と反結合性軌道 ψ_- はどちらも結合軸について軸対称な σ 分子軌道であり，前者は σ 軌道，後者は σ^* 軌道と分類される（*の記号は一般に反結合性を表すのに用いられる）．

より大きな分子になると，分子軌道形成に使うことのできる原子軌道の数が増え，多くの分子軌道がつくられる（用いた原子軌道と同じ数の分子軌道ができる）．簡単な場合を除き，原子軌道がどのように相互作用してどのような分子軌道ができるかは，必ずしも容易にわかるわけではない．本書では分子軌道の成り立ちについてはこれ以上触れないが，最後に，平面分子における σ–π の分離について述べておこう．2.3 節で，エチレン分子における結合を σ 結合と π 結合に分類した．σ 結合をつくる電子は **σ 電子**，π 結合をつくる電子は **π 電子** と呼ばれる．一般に，平面分子では電子を σ 電子と π 電子に分類することができる．π 電子は分子平面の上下に大きな広がりをもつ．π 電子をもつ分子では，分子の重要な性質の多くは π 電子が決めている．有機化学では，エチレンを初め，ベンゼンなど多くの平面分

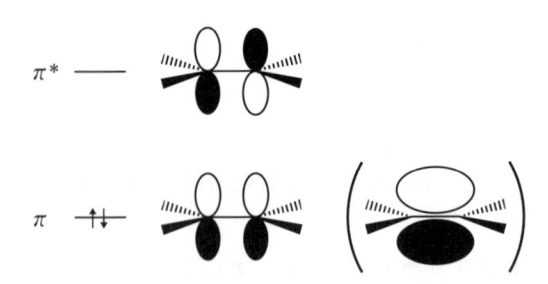

図 2.11 エチレンの π 分子軌道（結合性 π 軌道と反結合性 π* 軌道）

子を扱う．そのような分子では，混成軌道の重なりによって σ 結合の骨格がつくられ，その骨格に π 電子が"乗っている"とみなすことができる．そして，π 電子の状態については分子軌道法で扱うのが便利である．エチレン分子では，sp^2 混成に使われなかった各炭素原子の 2p 軌道（分子平面に垂直な方向に伸びている）から，結合性および反結合性の π 分子軌道ができる（図 2.11）．これらの軌道は，それぞれ π 軌道および π* 軌道と分類される．エチレンの基底状態では，π 軌道を 2 個の電子が占めることにより π 結合が形成される．ベンゼンは 6 個の π 電子をもつが，それらは特定の 2 個の炭素原子間に局在化しているのではなく，6 員環全体に非局在化している．このような場合，原子価結合法では 2 個以上の構造式を重ね合わせる共鳴が用いられるが，分子軌道法では非局在化した分子軌道に電子が入ることになる．

2.5　化学結合

物質を構成している最小の粒子が分子であり，原子が相対的に強い化学結合と呼ばれる引力によって，互いに結びついて分子ができている．化学結合の種類はその化合物の化学的性質を決定する要因となっている．化学結合は，一般的に結合様式によってイオン結合，共有結合，配位結合，金属結合などに分類されるが，実際の結合の中には，2 つ以上の結合様式が混ざったものとみなされるものが多い．化学結合の分類法としては，一重結合，二重結合，三重結合で示す結合の多重度や σ

結合，π結合など原子価電子の軌道による分類もある．本章においては，基本的な結合様式および配位化合物の結合について述べる．

2.5.1 イオン化エネルギー

イオン化エネルギー ionization energy は，基底状態の孤立した気相の原子から電子1個を除去するのに要する最小のエネルギーである．電子は正の核に引き付けられているので，電子を除去するためにはエネルギーを供給しなければならない．すなわち，吸熱である．Aを中性原子とすると次のように表すことができる．

$$A(g) + イオン化エネルギー \longrightarrow A^+(g) + e^-(g)$$

最外殻電子の1個を除去して1価の**陽イオン**にするのに必要なエネルギーを第一イオン化エネルギーと呼び，1価の陽イオンからさらに1個の電子を除去するのに要するエネルギーを第二イオン化エネルギーと呼ぶ．第二イオン化エネルギーは急に大きくなる．通常，イオン化エネルギーといえば，第一イオン化エネルギーをさす．イオン化エネルギーが小さい原子ほど陽イオンになりやすい．最外殻の電子が原子核の正電荷に引き付けられる強さが大きいほど，電子を除去するのに必要なエネルギーは大きくなるので，イオン化エネルギーは大きくなる．原子核が電子を引き付ける力は，正電荷が大きくなるほど強まり，原子核と電子の距離が大になるほど弱くなる．原子番号が大きくなると，原子核の正電荷が大きくなるが，原子核のまわりの電子の負電荷も増す．電子が原子核から受ける正味の引力は，電子どうしの間で，同符合の負電荷により互いに斥力が働くためと，内側の電子によっても弱められる．しかし，同じ最外殻の電子がさらに1個増加するに従い，電子間に働く斥力により原子核からの引力の減少は弱くなっていき，原子核からの引力は徐々に増大することになる．このことは，周期表における原子番号順に周期的に変わることを表しているが，最外殻に電子が増えるにつれてイオン化エネルギーは増大し，左下（セシウム Cs）が最も小さく，右上（ヘリウム He）が最も大きくなる．

一般にアルカリ金属は，1個のs電子がとれると希ガス構造になり安定化するので，イオン化エネルギーが小さく，希ガス元素は安定電子構造をもつので最もイオン化エネルギーが大きい．イオン化エネルギーは各周期において，アルカリ金属から希ガスまで，窒素Nと酸素O，リンPと硫黄Sなど数か所で逆転するところも

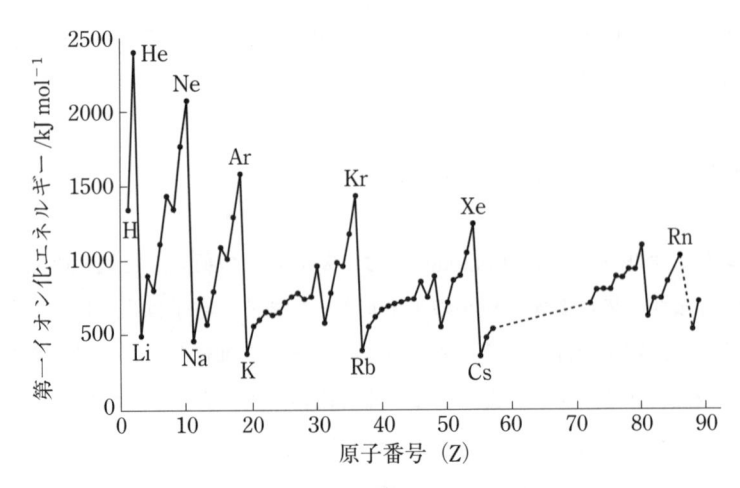

図2.12　第一イオン化エネルギー

あるが，ほぼ単調に増大する．

　BeのイオンエネルギーはBのイオン化エネルギーよりも大きい．この現象が生じる理由を考えてみよう．Beの電子配置は$1s^22s^2$で，電子を1個を放出すると$1s^22s^1$の電子配置になる．$1s^22s^2$の電子配置は$1s^22s^1$の電子配置よりも安定化しているため，$1s^22s^1$の電子配置にするには大きなエネルギーが必要である．Bの電子配置は$1s^22s^22p^1$であるが，1個の電子を放出すると$1s^22s^2$の安定な電子配置になるために，BのイオンエネルギーはBeのそれより小さいのである．NとOでイオン化エネルギーが逆転していることも，同様に説明することができる．Nの電子配置は$1s^22s^22p^3$で，2p軌道は半充填の状態である．一方，Oの電子配置は$1s^22s^22p^4$で，2p軌道の電子が1個放出されると2p軌道は半充填の状態である．半充填殻（$1s^22s^22p^3$）や完全充填殻（$1s^22s^22p^6$）の電子配置は安定であるので，OのイオンエネルギーはNのイオン化エネルギーよりも小さい．

2.5.2　電子親和力

　原子（A）の最外殻に電子1個を入れて1価の陰イオンになるときに放出されるエネルギーを原子の電子親和力 electron affinity という．**電子親和力**にも第一，第二などがあるが，通常，電子1個を受け入れたときに放出するエネルギーをいう．

2.5 化学結合

表 2.1 ハロゲンの原子半径，イオン半径および電子親和力

原子番号	元素	原子半径 (g) (nm)	X⁻イオン半径 (nm)	電子親和力 (kJ mol^{-1})
9	F	0.064	0.133	333
17	Cl	0.009	0.181	364
35	Br	0.111	0.196	342
53	I	0.130	0.219	295
85	At	—	—	256

$$A(g) + e^-(g) \longrightarrow A^-(g) + 電子親和力$$

原子 (A) の電子親和力は，その1価の陰イオンから電子を取り除くのに要するエネルギーに等しい．電子親和力は，最外殻の電子が原子核から受ける引力の影響を受け，原子番号に対して周期的に変化するが，イオン化エネルギーが最大になる希ガスより原子番号が1つだけ小さい第17族のハロゲン原子のところで最大になる．ハロゲンは電子1個を獲得して希ガス配置をとるほうが電子を放出して1価の陽イオンになるよりも安定化することが期待される．表2.1に示すように，ハロゲンの電子親和力は原子番号の増大とともに減少する．電子親和力が大きい原子ほど陰イオンになりやすい．電子親和力を直接測定することは困難であり，多くの場合，エンタルピーのサイクルから計算によって求められている．

第2，第3周期の元素の電子親和力をみてみると，BeやMgのように空の軌道か，Nのように半充塡の軌道に電子1個が加えられると，エネルギーの放出ではなく，逆にエネルギーの吸収を伴う．

表 2.2 代表的な元素と希ガスの電子親和力 (kJ mol^{-1})

第2周期								
原子番号	3	4	5	6	7	8	9	10
元素	Li	Be	B	C	N	O	F	Ne
電子親和力	57	−66	15	121	−31	142	333	−99
第3周期								
原子番号	11	12	13	14	15	16	17	18
元素	Na	Mg	Al	Si	P	S	Cl	Ar
電子親和力	21	−67	26	135	60	200	364	—

原子のイオン化エネルギーは原子が電子をつなぎとめておく度合いを表すのに対し，電子親和力は電子を受け入れて安定化しようとする度合いを表す．イオン化エネルギーと電子親和力の平均の値が，化学結合を形成するそれぞれの原子の電気的な陰性の程度を表す目安となる．

2.5.3 電気陰性度

水素分子のH–H結合やエタンのC–C結合やエチレンのC=C結合のように，同じ原子が互いに1個ずつ電子を出し合って形成される共有結合の電子は，2つの原子間に均等に分布している．しかし，C–O結合やC–N結合のように異なる原子間の共有結合では，結合電子の分布に偏りが生じる．この電荷の偏りは，原子によって電子を引きつける力が異なるために生じる．この結合電子を引きつける相対的な力を数値で表したものが**電気陰性度** electronegativity である．電気陰性度が大きい原子ほど電子を引きつける力が強いために，電気陰性度が異なる原子でできて

表 2.3 電気陰性度

1	2	3	4	5	6	7	8	9	10	11	12	13	14	15	16	17	18
H 2.20 2.20																	He 5.50
Li 0.98 0.97	Be 1.57 1.47											B 2.04 2.01	C 2.55 2.50	N 3.04 3.07	O 3.44 3.50	F 3.98 4.10	Ne 4.84
Na 0.93 1.01	Mg 1.31 1.23											Al 1.61 1.47	Si 1.90 1.74	P 2.19 2.06	S 2.58 2.44	Cl 3.16 2.83	Ar 3.20
K 0.82 0.91	Ca 1.00 1.04	Sc 1.36 1.20	Ti 1.54 1.32	V 1.63 1.45	Cr 1.66 1.56	Mn 1.55 1.60	Fe 1.83 1.64	Co 1.88 1.70	Ni 1.91 1.75	Cu 1.90 1.75	Zn 1.65 1.66	Ga 1.81 1.82	Ge 2.01 2.02	As 2.18 2.20	Se 2.55 2.48	Br 2.96 2.74	Kr 3.00 2.94
Rb 0.82 0.89	Sr 0.95 0.99	Y 1.22 1.11	Zr 1.33 1.22	Nb 1.6 1.23	Mo 2.16 1.30	Tc 1.9 1.36	Ru 2.2 1.42	Rh 2.28 1.45	Pd 2.20 1.35	Ag 1.93 1.42	Cd 1.69 1.46	In 1.78 1.49	Sn 1.96 1.72	Sb 2.05 1.82	Te 2.1 2.01	I 2.66 2.21	Xe 2.6 2.40
Cs 0.79 0.86	Ba 0.89 0.97	La~Lu 1.1~1.3 1.01~1.14	Hf 1.3 1.23	Ta 1.5 1.33	W 2.36 1.40	Re 1.9 1.46	Os 2.2 1.52	Ir 2.20 1.55	Pt 2.28 1.44	Au 2.54 1.42	Hg 2.00 1.44	Tl 2.04 1.44	Pb 2.33 1.55	Bi 2.02 1.67	Po 2.0 1.76	At 2.2 1.96	Rn 2.0 2.06
Fr 0.7 0.86	Ra 0.89 0.97	Ac~Pu 1.1~1.5 1.00~1.22															

上段はポーリングの値，下段はオールレッド-ロコウの値．

出典：M. J. Winter in WebElements-the periodic table on the WWW, http://www.shef.ac.uk/chemistry/web-elements/; J. Emsley, "The Elements", Oxford University Press (1989).

いる結合では，電荷分布に偏りが生じる．電気陰性度の数値が大きなほうの原子のまわりの電子密度が高くなり，逆に電気陰性度の小さいほうの原子の電子密度は低くなる．電気陰性度は，各元素の電気的な性質の違いを論ずるときに便利である．Paulingが提唱した電気陰性度の値を表2.3に示す．周期表の同一周期の元素では左から右にいくほど大きくなり，同じ族の原子では周期表の上から下に進むほど小さくなる．すなわち，電気陰性度の最も大きな元素は周期表の右上に位置するフッ素Fで，最も小さい元素は周期表の左下に位置するセシウムCsである．すべての金属元素の電気陰性度は，炭素のそれよりも小さい．電気陰性度が2以上異なる原子間では，電子1個分の電荷が完全に結合をつくっているほうの原子に移動して陽イオンとなり，電子を受け取った原子は陰イオンとなってイオン結合をつくると考えられる．

2.5.4　共有結合

共有結合の形成については，2.3.1で述べられているが，2個の原子が互いに不対電子を原子間で共有して形成される結合を**共有結合** covalent bondという．共有結合を形成している電子を**結合電子**という．化学結合には共有結合のほかに，イオン結合，配位結合，金属結合などがあるが，これらは共有結合の変形または特別な場合と考えることができる．

塩素分子（Cl_2）の場合，2個のCl原子が互いに1個の不対電子を共有して原子間で結合を形成する．2個の塩素原子の電子は，希ガス原子の電子配置となり安定化する．

$$:\!\ddot{Cl}\!\cdot\ +\ \cdot\!\ddot{Cl}\!: \longrightarrow :\!\ddot{Cl}\!:\!\ddot{Cl}\!: \longrightarrow Cl_2$$

水分子の形成をみてみると，酸素原子の最外殻には6個の電子があるが，2個の不対電子がそれぞれ2個の水素原子の不対電子と結合して水分子となる．

水分子の形成にみられるように，酸素原子と水素原子から共有結合ができるときに，不対電子以外の価電子は最初から電子対となって原子間には共有されない．このような電子対を非共有電子対あるいは孤立電子対という．水分子の酸素原子には2組の非共有電子対がある．水分子の電子式（ルイス式）では，各原子の価電子の

電子配置は，共有電子対を含めて希ガス原子と同じになっている．価電子の電子配置が希ガス原子と同じ電子配置をとると，結合をつくるための不対電子がないので新たに共有結合をつくることができなくなり，化学的に安定になる．

$$H\cdot + \cdot\ddot{\underset{..}{O}}\cdot + \cdot H \longrightarrow H\because\underset{..}{O}\because H \longrightarrow H-\underset{..}{\ddot{O}}-H$$

2個の水素原子と1個の酸素原子から水分子の形成

メタン（CH_4）の場合，炭素の最外殻電子4個はいずれも不対電子で，それぞれ水素原子の電子1個と対をつくってメタン分子が形成される．電子を点で表す構造式をルイス構造式といい，1個の共有電子対を1本の線で表す構造式をケクレ構造式と呼んでいる．

$$\cdot\dot{\underset{.}{C}}\cdot + 4H\cdot \longrightarrow \begin{matrix} & H & \\ & | & \\ H\because & C & \because H \\ & \cdot\cdot & \\ & H & \end{matrix} \longrightarrow \begin{matrix} & H & \\ & | & \\ H- & C & -H \\ & | & \\ & H & \end{matrix}$$

エチレン（$CH_2=CH_2$）の炭素原子は，4個の不対電子のうち，2個がそれぞれ2個水素と共有結合を形成するが，残りの2個の不対電子は炭素どうしで2個の共有結合を形成する．このように2個の共有電子対でできる結合は，二重結合と呼ばれる．二重結合のうち，1つはσ結合で他はπ結合である．アセチレン（$HC\equiv CH$）の2個の炭素原子の間では3組の共有電子対が存在し，三重結合が形成される．$C\equiv C$は，1つのσ結合と2個のπ結合からできている．

2つの多重結合（二重結合や三重結合）が単結合でつながれている場合，共役しているという．共役している多重結合は，それぞれの多重結合が単独に存在しているよりも安定化している．この安定化は，多重結合を形成している結合電子が互いに相互作用することによってπ軌道が重なり，π軌道の非局在化による．したがって，立体障害などで2つの多重結合が同一平面からずれると，軌道の重なりが小さくなり安定性は低下する．

安定性の度合いは水素化熱から推測することができる．例えば，ペンタ-1,4-ジエンの水素化熱は-253 kJ/molで，末端アルケンの水素化熱（-126 kJ/mol）の約2倍であるのに対し，ブタ-1,3-ジエンの水素化熱は-236 kJ/molである．このことは，末端アルケン2個の水素化熱，-252 kJ/molよりも16 kJ/molほど安定化されていることを意味している．

ブタ-1,3-ジエン → H₃C-CH₃ ΔH = −236 kJ/mol

ペンタ-1,4-ジエン → H₃C-CH₃ ΔH = −253 kJ/mol

この安定化は，C2とC3の間にπ結合性相互作用が働き，π電子は4つのすべての炭素のπ軌道に非局在化しており，C2-C3結合エネルギーは単結合よりも高く，その結合距離も短くなっている．

共有結合性化合物は低融点のものが多く，それらは一般に水には溶解せず，有機溶媒に溶ける．

2.5.5　イオン結合

イオン結合 ionic bond は，正負両イオン間の静電気引力により形成される結合で，一般にイオン化エネルギーの小さい元素と電子親和力の大きい元素からイオン結合がつくられる．金属原子は陽イオンになりやすく，非金属原子は陰イオンになりやすいために，金属と非金属の両原子からなる化合物ではイオン結合がみられる．典型的なイオン結合による化合物は融点が高く，不揮発性である．水溶液中では陽イオンと陰イオンに電離し，電導性を示す．

NaClの場合，金属原子であるNa原子（$2p^6 3s^1$）は最外殻の3s軌道の電子をCl原子に与えて，ナトリウムイオンNa^+（$2p^6$）になり，Cl原子（$3p^5$）は最外殻に1つの電子を受け入れて塩化物イオンCl^-（Cl^-，$3p^6$）になる．これらは共に閉殻の安定な電子配置となっている．NaClは，結晶中では反対の電荷をもったイオン間のクーロン相互作用のため，規則正しい三次元構造が生じる（図2.13）．図に示すように，正に帯電したNa^+イオンがいずれも6個の負に帯電したCl^-イオンに取り囲まれ，また，各Cl^-イオンは6個のNa^+イオンに取り囲まれている．したがって，NaClの結晶は規則的なイオン配列を繰り返し，巨大分子を形成する．

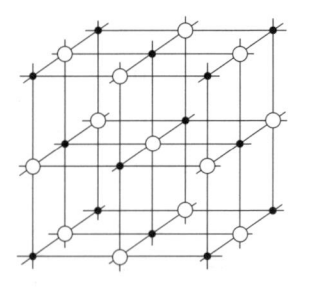

黒丸：Na$^+$　白丸：Cl$^-$

図 2.13　NaCl の結晶構造

2.5.6　配位結合

　窒素原子や酸素原子には，共有結合の形成に使われていない非共有電子対がある．共有結合に使われていない1個の電子対と電子をもたない原子や分子との間で形成される結合を**配位結合** coordinate bond あるいは配位共有結合という．例えば，アンモニアと水素イオンが反応してアンモニウムイオン NH$_4^+$ を形成する場合を考えてみよう．アンモニアには共有結合による3個のN–H結合のほかに，窒素原子上に非共有電子対が存在する．アンモニアは非共有電子対を水素イオン H$^+$ に与えて電子対を共有することでN–H配位結合が形成される．アンモニアは，孤立電子対が使われているので，アンモニウムイオン NH$_3^+$ になる．生成したアンモニウムイオンは正四面体構造をしており，H$_4$N$^+$ に存在する4個のN–H結合は等価で，それらの結合の長さは同じで，いったん結合が形成されるとはじめから存在する3個のH–N共有結合と，ここで形成された配位結合を区別することはできない．アンモニアが三フッ化ホウ素と反応してできる付加物は，窒素の非共有電子対がホウ素に提供される配位結合によって形成される．

　水分子 H$_2$O の酸素原子には2個の非共有電子対があるが，非共有電子対が水素イオン H$^+$ と配位結合してオキソニウムイオン H$_3$O$^+$ を形成する．水素イオン H$^+$ は，水溶液中では H$_3$O$^+$ として存在している．

$$H:\!\!\overset{H}{\underset{H}{N}}\!\!: \ + \ H^+ \longrightarrow \ H:\!\!\overset{H}{\underset{H}{\overset{+}{N}}}\!\!:H \qquad H:\!\!\overset{H}{\underset{H}{N}}\!\!: \ + \ BF_3 \longrightarrow \ H:\!\!\overset{H}{\underset{H}{N}}\!\!:BF_3$$

アンモニウムイオンの形成とアンモニウム-三フッ化ホウ素付加物の生成

2.5.7 金属結合

アルミニウム，鉄，銅などの金属原子は，イオン化エネルギーが小さいので価電子を放出して陽イオンになりやすい．多数の金属原子だけが集まり，隣り合った原子の最外殻が重なり合うようになると，価電子がもとの原子から離れ，重なり合った電子殻を伝わって自由に動き回ることができるようになる．この自由電子が正電荷をもつ金属イオンを互いに規則正しく結びつけている．このような自由電子 free electron による金属内の原子間の結合を**金属結合** metallic bond という．各金属原子は多くの同じ原子によって取り囲まれている（12 個または 8 個の場合が多い）．金属は図 2.14 に示すように自由電子の"海"に浸っている陽電荷をもつ原子からなるものと表すことができる．それゆえ，ダイヤモンドの巨大な共有性結晶にみられるような局在化した結合は存在しない．電子が自由であるので，電場の中では電子は動き回ることができ，金属に電気伝導性や熱伝導性を与えることになる．金属結合の強さ（原子化熱の測定による）は本質的には原子の大きさおよび自由電子の数によって決定される．すなわち，(a)原子の大きさが増大すると原子化熱は減少

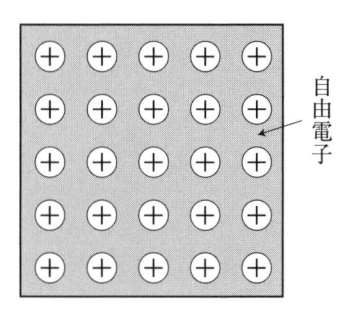

図 2.14 金属結合

する．(b)自由電子数が増加すると原子化熱も増大する．体心立方構造をもつ金属，例えばナトリウムの場合，各ナトリウム原子は8個の他の原子によって取り囲まれ，それらと結合している．また各原子は1個の自由電子を寄与しているので"結合"当たりの電子数は1/8となる．

2.6 配位化合物の結合

2.6.1 錯体

　金属イオン（または原子）を中心に，これを取り巻くようにイオンや分子が配位結合して安定な化合物をつくっているものを配位化合物，または錯体という．そして金属イオンを中心金属，配位する分子やイオンを配位子という．配位子は，同一分子中に配位する原子がいくつあるかによって一座，二座，三座，……多座配位子と分類されている．代表的な配位子の例を表2.4にまとめた．また，金属に配位する配位子の数を中心金属の配位数といい，表2.5に主な配位数と立体構造について示した．

2.6.2 錯体の結合

　金属と配位子の結合の理論を説明するには，原子価結合法，分子軌道法，結晶場理論，および配位子場の理論などの方法が用いられている．これらについて簡単に述べる．

2.6 配位化合物の結合

表 2.4 代表的配位子

配位座	配位子
一 座	F^-, Cl^-, Br^-, OH^-, CN^-, H_2O, NH_3
二 座	$NH_2CH_2CH_2NH_2$ (en), NH_2CH_2COOH (H gly) $\begin{array}{c}COOH\\|\\COOH\end{array}$ (H_2 ox)　$CH_3COCH_2COCH_3$ (H acac) bpy　　　H oxin　　　H_2 sal　　　diars
三 座	$NH_2CH_2CH_2NHCH_2CH_2NH_2$ (dien) $\begin{array}{c}HOOCCHCH_2COOH\\|\\NH_2\end{array}$ (H_2 asp) (terp)
四 座	$NH_2CH_2CH_2NHCH_2CH_2NHCH_2CH_2NH_2$ (trien) $N(CH_2CH_2NH_2)_3$ (tren)
五 座	$NH_2CH_2CH_2NHCH_2CH_2NHCH_2CH_2NHCH_2CH_2NH_2$ (tetren)
六 座	$\begin{array}{c}HOOCH_2C\\HOOCH_2C\end{array}\!\!>\!\!NCH_2CH_2N\!\!<\!\!\begin{array}{c}CH_2COOH\\CH_2COOH\end{array}$　(H_4 edta)

表2.5 錯体の立体構造

配位数	一般式	立体構造	混成軌道	例
2	ML_2	L―M―L 直線 (linear)	sp	$Ag(NH_3)_2^+$
4	ML_4	平面正方 (square planar)	dsp^2	$Ni(CN)_4^{2-}$
4	ML_4	四面体 (tetrahedral)	sp^3, sd^3	$Zn(NH_3)_4^{2+}$
5	ML_5	三角錐 (trigonal bipyramidal)	dsp^3	$Cu(Cl)_5^{3-}$
5	ML_5	正方双錐 (square pyramidal)	d^2sp^2	$Ni(CN)_5^{3-}$
6	ML_6	八面体 (octahedral)	d^2sp^3	$Fe(CH)_6^{4-}$ $Co(NH_3)_6^{3+}$ $PtCl_6^{2-}$

(松島美一他 (1984) 生命の無機化学, p.75, 廣川書店)

1) 原子価結合理論

Pauling の**原子価結合理論** valence bond theory は配位結合の理論を著しく発展させた．さらにこの理論で錯体の磁気的挙動がよく説明できるようになった．この理論は（1）中心金属イオンの基底状態の電子状態を考える．（2）その中心金属イオンの s, p, d 原子軌道のいくつかが相互作用し，新しい混成軌道がつくられる．（3）その混成軌道に配位子がそれぞれの電子対を供与すると考える．例えば，$[CO(NH_3)_6]^{2+}$ の場合，（1）錯体中の CO 原子の電子配置は $Co(3d^74s^2)$ から 2 個の電子を除いた $Co^{2+}(3d^74s^0)$ になる．（2）$[CO(NH_3)_6]^{2+}$ は配位子 6 個からなるため，中心金属イオンの 4s, 4p, 4d, 軌道が相互作用し，新しい混成軌道 sp^3d^2 がつくられる．（3）その sp^3d^2 混成軌道に 6 個の配位子（NH_3）がそれぞれの孤立電子対を供与する．

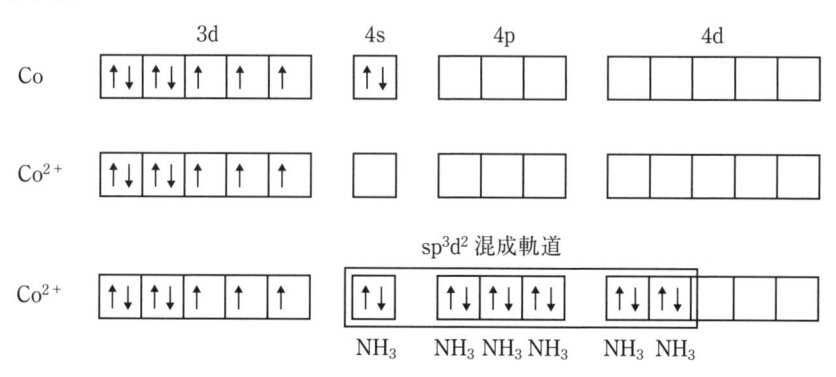

2) 分子軌道法

分子軌道法は，原子間を結合する原子価電子は分子軌道上に存在するという考え方である．八面体構造における配位子の結合は x, y, z 軸を結合軸としている σ 結合と考えられる．したがって 6 個の結合性軌道と 6 個の反結合性軌道が形成される．d 軌道のうち $d_{x^2-y^2}$ と d_{z^2} は錯体の結合軸の方向に軌道が広がり，強い電荷をもち，配位子とは最も接近する軌道で e_g 軌道という．d_{xy}, d_{yz}, d_{zx} は軌道の広がり方向から配位子がより遠ざかり，σ 結合には寄与がないと考えられる．したがって，これらは非結合性軌道で t_{2g} 軌道という（図 2.15）．さらに，4s, 4p もこれら x, y, z 軸方向に向かっている軌道であるから配位子の原子軌道と結合して 6 個の結合性軌道と 6 個の反結合性軌道が形成される．$[CO(NH_3)_6]^{2+}$ の場合は図 2.16 に示したように，

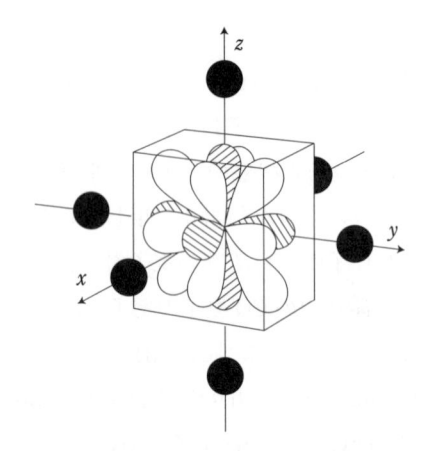

図 2.15　正八面体配位子場における配位子と d 軌道
斜線を引いてあるのは e_g 軌道であり，そのほかは t_{2g} 軌道である．
(荻野　博，松林玄悦，山本芳久 (1990) 金属錯体化学, p.24, 廣川書店)

6 個の結合性軌道と 3 個の非結合性軌道が配位子の 12 個の電子と Co^{3+} の 3d 軌道の 6 個の電子で満たされる．

3) 結晶場の理論と配位子場の理論

結晶場の理論 crystal field theory は，金属イオンと配位子の陰イオン（あるいは双極子を有する分子の陰性端）間の結合に**静電的相互作用**を考えた取り扱いである．遊離金属イオンの d 軌道は五重に縮重しているが，配位子が近づくと配位子の静電場（配位子場）の影響を受けて 2 つのグループに分裂する．例えば八面体錯体では，図 2.15 に示したように x, y, z 軸方向に突き出ている $d_{x^2-y^2}$ および d_{z^2} 軌道（e_g 軌道）と配位子は強く相互作用してこれらの軌道のエネルギーは上がる．一方 d_{xy}, d_{yz}, d_{zx} 軌道（t_{2g} 軌道）は近づいてくる配位子の中間方向に突き出ているので電子間反発は小さく，エネルギー的に安定化する．したがって，図 2.17 に示すように d 軌道は e_g 軌道（エネルギーが二重に縮重している）と t_{2g} 軌道（エネルギーが三重に縮重している）に分裂する．この分裂エネルギーを 10 Dq あるいは Δ とすると，t_{2g} 軌道は等方場エネルギー（仮想的状態）より 4 Dq だけ安定化し，e_g 軌道は 6 Dq だけエネルギーが高くなる．

結晶場の理論は，静電的相互作用に基づいているので，金属と配位原子間の共

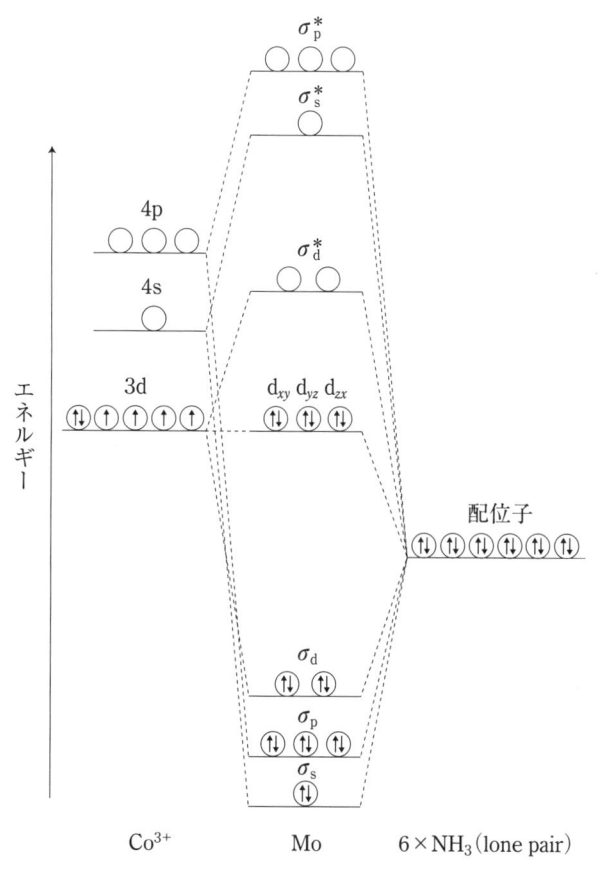

図 2.16 $[\mathrm{Co(NH_3)_6}]^{3+}$
(大沢昭緒他 (1987) 無機化学 第 2 版,p.216,廣川書店)

有結合性が考慮されていない.しかしながら,d 軌道分裂の大きさ (Δ) は配位子場の強さによって異なることから,金属-配位子結合に静電的な力と共有結合性を加味して結晶場の理論を修正した方法が配位子場の理論 ligand field theory である.現在では,錯体の結合は主にこの配位子場の理論に基づいて説明される.

　配位子場で分裂したら t_{2g} と e_g 軌道のエネルギー差は,配位子の種類,金属の電荷,および錯体の構造などによって大きく異なる.しかし,同一の金属イオンに対しては配位子が変わると,次の順序で Δ の値が大きくなることがわかっている.この順序は分光化学系列と同じである.

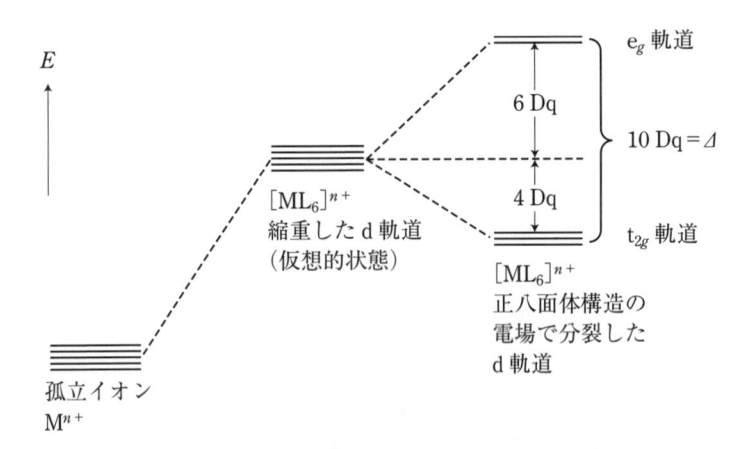

図 2.17　正八面体構造の電場による d 軌道の分裂
（荻野　博，松林玄悦，山本芳久（1990）金属錯体化学，p.24，廣川書店）

$$Cl < F < C_2O_4^{2-} < H_2O < NH_3 < en < CN^-$$

4) 高スピン錯体と低スピン錯体

八面体錯体において，d 軌道の電子数が1, 2, 3, 8, 9のときはt_{2g}とe_g軌道間の分裂エネルギーが大きくても小さくても電子スピンの配列は同じである．しかし，電子数が4, 5, 6, 7のときは表2.6に示したように高スピン型と低スピン型の2つの電子配置が可能となる．すなわち，分裂エネルギーが小さいとき，つまり配位子場が弱いときは Hund 則に従い不対電子数が最大になる（高スピン型）．また，分裂エネルギーが大きいとき，つまり配位子場が強いときはエネルギーの低いt_{2g}軌道を優先的に満たしたほうが安定になるので電子は対をつくる（低スピン型）．

表 2.6　高スピン錯体と低スピン錯体の電子配置と例

全d電子数	典型的なイオン	高スピン型		不対電子数	実　例	低スピン型		不対電子数	実　例
		t_{2g}	e_g			t_{2g}	e_g		
4	Mn^{3+}	↑ ↑ ↑	↑	4	$Mn(acac)_3$	↑↓ ↑ ↑		2	$K_3[Mn(CN)_6]$
5	Fe^{3+}	↑ ↑ ↑	↑ ↑	5	$Fe(acac)_3$	↑↓ ↑↓ ↑		1	$K_3[Fe(CN)_6]$
6	Co^{3+}	↑↓ ↑ ↑	↑ ↑	4	$K_3[CoF_6]$	↑↓ ↑↓ ↑↓		0	$[Co(NH_3)_6]Cl_3$
7	Co^{2+}	↑↓ ↑↓ ↑	↑ ↑	3	$[Co(NH_3)_6]Cl_2$	↑↓ ↑↓ ↑↓	↑	1	$[Co(diars)_3](ClO_4)_2$

2.6 配位化合物の結合

Fe 錯体について両者間を少し詳しく考える．まず，内軌道錯体 $[Fe(CN)_6]^{3-}$ の場合，$Fe(3d^6 4s^2)$ から3個の電子を除くと Fe^{3+} の電子配置 $(3d^5 4s^0)$ になる．この5個の電子が d_{xy}, d_{yz}, d_{zx} 軌道に入るとその電子配置は次のようになる（これを低スピン型という）．

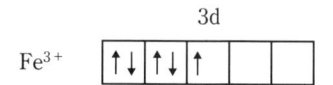

Fe^{3+}　3d　[↑↓|↑↓|↑|　|　]

そして，6個の CN^- 配位子の電子対が Fe^{3+} の空席の $d_{x^2-y^2}$, d_{z^2}, 4s, そして3個の4pからなる d^2sp^3 混成軌道に供与される．

Fe^{3+}　3d　4s　4p　d^2sp^3 混成軌道
[↑↓|↑↓|↑↓|↑↓|↑↓|↑↓|↑↓|↑↓|↑↓]
　　　　　　CN⁻ CN⁻　CN⁻　CN⁻ CN⁻ CN⁻

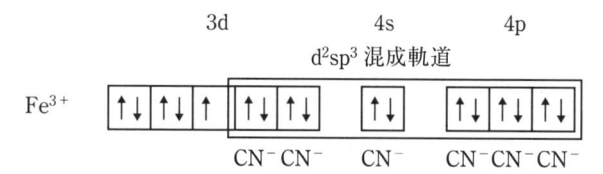

一方，外軌道錯体 $[FeF_6]^{3-}$ について考えると，$Fe^{3+}(3d^5 4s^0)$ の5個のd電子がフント則に従ってd軌道のそれぞれの軌道に1個ずつ入るとその電子配置は次のようになる（これを高スピン型いう）．

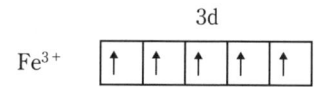

Fe^{3+}　3d　[↑|↑|↑|↑|↑]

そして，6個の F^- の電子対がそれぞれ Fe^{3+} の空席の 4s, 4p, 4d 軌道からなる sp^3d^2 混成軌道に供与される．

Fe^{3+}　3d　4s　4p　4d　sp^3d^2 混成軌道
[↑|↑|↑|↑|↑]　[↑↓]　[↑↓|↑↓|↑↓]　[↑↓|↑↓|　|　]
　　　　　　　F⁻　F⁻ F⁻ F⁻　F⁻ F⁻

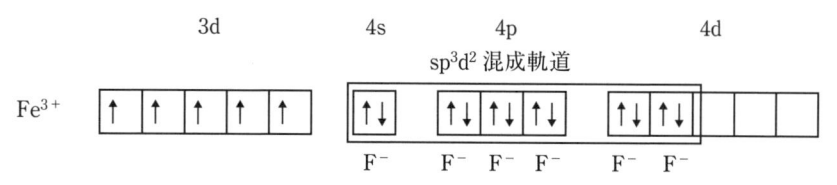

例題　$K_3[CoF_6]$（高スピン型），$[Co(NH_3)_6]Cl_3$（低スピン型）の電子配置について述べよ．

解　Co 原子の電子配置は $[Ar]3d^7 4s^2$ である．上記化合物内の Co 原子はいずれも Co^{3+} であるからその電子配置は $3d^6 4s^0$ となる．$K_3[CoF_6]$ は高ス

ピン型（外軌道型）で不対電子を 4 個有する．一方，[Co(NH$_3$)$_6$]Cl$_3$ は低スピン型（内軌道型）で不対電子をもたない．

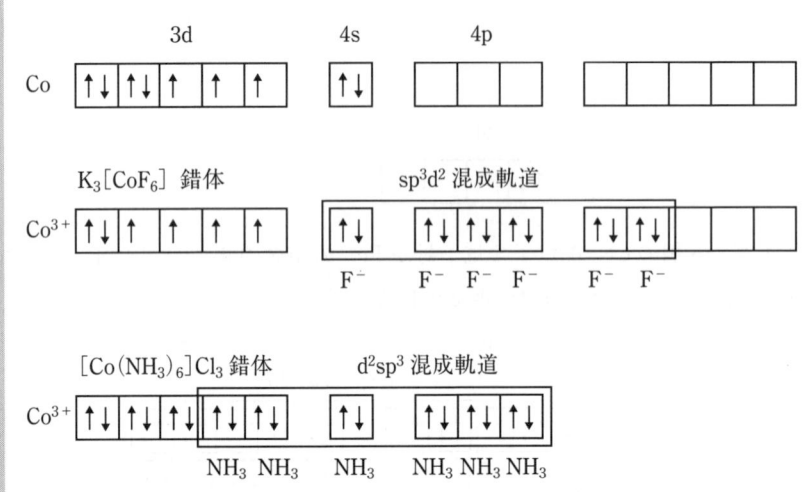

```
                3d              4s           4p
Co      [↑↓][↑↓][↑][↑][↑]    [↑↓]      [ ][ ][ ]

        K$_3$[CoF$_6$] 錯体         sp$^3$d$^2$ 混成軌道
Co$^{3+}$  [↑↓][↑][↑][↑][↑]   [↑↓][↑↓][↑↓][↑↓][↑↓][↑↓][ ][ ]
                              F$^-$  F$^-$ F$^-$ F$^-$  F$^-$ F$^-$

        [Co(NH$_3$)$_6$]Cl$_3$ 錯体     d$^2$sp$^3$ 混成軌道
Co$^{3+}$ [↑↓][↑↓][↑↓][↑↓][↑↓] [↑↓] [↑↓][↑↓][↑↓]
                    NH$_3$ NH$_3$  NH$_3$  NH$_3$ NH$_3$ NH$_3$
```

2.6.3 生体関連錯体

　生体を構成する主な成分は水と有機成分である．しかし，この有機成分を活性化するには金属イオンが不可欠であることが明らかにされて以来，生体内での金属イオンの挙動を解明する研究が活発に行われた．その結果，金属イオンや金属錯体が治療薬として用いられるまでになった．

　生体内には Na, K, Mg, Ca などの比較的含有量の多い金属イオンと Fe, Cu, Mn, Zn, Co, Mo, Cr, Sn, V, Ni などの微量に存在する金属イオンがある．Na, K, Mg, Ca は主として単イオンで存在し，体液のイオン強度，水素イオン濃度，浸透圧，神経細胞への命令伝達を正常に保つための電解質元素と呼ばれているが，最近，生体中の大環状有機配位子と結合して錯体になっていることも明らかにされている．

　微量必須元素のいくつかはその役割がまだはっきりと解明されていないが，生体中のタンパク質と結合して安定な金属酵素になったり，タンパク質-金属複合体になったりして，生体機能を円滑に進行させるための機能を果たしている．

　例えば，

(1) 亜鉛は，核酸やタンパク質と結合し金属酵素となり代謝過程に関与し，不足すると成長が抑制される．さらに亜鉛は皮膚タンパク生合成，コラーゲン合成に関与し，欠乏すると脱毛や湿疹などがみられる．

(2) 銅は，セルロプラスミンや血清アルブミンなどのタンパク質と結合し，電子伝達や酸化還元反応に関与する．不足すると血清銅や肝臓中の銅の含有量が低くなり，酵素の活性が低下する．また，銅代謝障害が起こると血漿中のセルロプラスミンが欠乏し，Wilson 病になる．

(3) コバルトは，肝臓にビタミン B_{12}（補酵素）として存在し，不足すると増血作用が阻害されるので貧血を起こす．

(4) 鉄は，主に血液中に存在し，ヘモグロビン，ミオグロビンの構成成分として血中および筋肉中の酸素運搬や電子伝達，有害物質の解毒作用などを有する．

(5) マンガンは，主としてミトコンドリア中に存在し，マンガン含有酵素として生体内の酸化還元反応に関与し，モリブデンはモリブデン含有酵素としてプリン代謝に関与している．

次に日本薬局方記載の化合物を主とした錯体の例をあげる．

解熱，鎮痛薬

アスピリンアルミニウム

$$\left[\begin{array}{c} \text{COO}^- \\ \text{OCOCH}_3 \end{array} \right]_2 Al^{2+} (OH)$$

抗結核薬

パラアミノサリチル酸カルシウム水和物

$$\left[H_2N\text{-}\underset{O^-}{\overset{COO^-}{\bigcirc}} \right]_2 2Ca^{2+} \cdot 7H_2O$$

ビタミンE作用薬

トコフェロールコハク酸エステルカルシウム

$$\left[\begin{array}{c} \text{構造式} \end{array}\right]_2 Ca^{2+}$$

ビタミン，CoA の構成成分

パントテン酸カルシウム

$$[\text{HOCH}_2\text{C(CH}_3)_2-\overset{\text{OH}}{\underset{\text{H}}{\text{C}}}-\text{CONH(CH}_2)_2\text{COO}^-]_2\text{Ca}^{2+}$$

医薬品添加物，緩下薬

カルメロースカルシウム

[1]

[1] は本品の構造中の1例を示す．

医薬品添加物

ステアリン酸マグネシウム

$$\text{Mg}[\text{CH}_3(\text{CH}_2)_{16}\text{COO}^-]_2$$

ビタミン B_{12} 作用薬

ヒドロキソコバラミン酢酸塩

2.6 配位化合物の結合

ビタミン B_{12}, 抗貧血薬

シアノコバラミン

カルシウム補給薬

グルコン酸カルシウム水和物

$$\left[HOH_2C-\underset{H}{\underset{|}{C}}(OH)-\underset{H}{\underset{|}{C}}(OH)-\underset{OH}{\underset{|}{C}}(H)-\underset{H}{\underset{|}{C}}(OH)-COO^- \right]_2 Ca^{2+} \cdot H_2O$$

乳酸カルシウム水和物

$$[CH_3CH(OH)COO^-]_2 Ca^{2+} \cdot 5\,H_2O$$

抗リウマチ性関節炎薬

金チオリンゴ酸ナトリウム

$$Au^I-S-\underset{\underset{CH_2COONa}{|}}{CHCOONa}$$

チオグルコース金（I）錯体

抗癌作用

シスプラチン

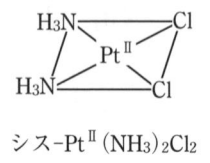

シス-$Pt^{II}(NH_3)_2Cl_2$

2.7 電磁波と分子のエネルギー

電磁波は，電場と磁場が直角の方向に周期的に変化しながら真空または物質中を伝搬する波動である．電磁波の速度 c は真空中で，$c = 2.998 \times 10^8$ m·s^{-1} である．電磁波は電場の波動と磁場の波動とが相伴って同じ位相で伝搬し，電場の振動面と磁場の振動面がどちらも互いに進行方向と直角の面内にあって互いに垂直である．電磁波は，波としての性質（**波動性**）と一定のエネルギーをもった粒子（**粒子性**）としての性質の2つの性質がある．波動性と粒子性の両面の性質は統一的に把握されている．電磁波の粒子は光子と呼ばれ，1個，2個，3個，……と数えることができる．光は電磁波の一種で，波長が1 nm から1 mm の範囲にある電磁波を光と呼んでいる．

電磁波の波の周期（山と山との長さ）を**波長** wave length といい，記号 λ で表す．1秒間に繰り返される振動の数を**振動数** frequency といい，電磁波が1秒間に進む距離に存在する波の数である．振動数は記号 ν で，SI 単位では Hz で表す．1 cm 当たりの波の数を**波数** wave number といい，$\bar{\nu}$ （cm^{-1}，毎センチメートル）で表される．光の波長と振動数，波数との関係は

2.7 電磁波と分子のエネルギー

$$\nu = c/\lambda, \quad \bar{\nu} = 1/\lambda$$

で表される.電磁波は振動数に比例するエネルギー $h\nu$ をもっており,比例定数 h はプランクの定数 Planck constant ($h = 6.626 \times 10^{-34}$ J·s) である.波長の短い電磁波は振動数が大きな電磁波であり,それだけ大きなエネルギーをもっている.電磁波は波長範囲によって異なる名称が付けられている.波長の短い順にX線,遠紫外線,紫外線,可視光線,近赤外線,赤外線,遠赤外線,マイクロ波,ラジオ波と呼ばれている.表 2.7 に電磁波の名称,だいたいの波長と振動数の範囲,波長と吸収される色を示す.

分子が物質のエネルギー準位間の間隔と電磁波のエネルギー $h\nu$ が一致した特定の波長の電磁波を吸収するとき,その分子の内部のエネルギーが増加する.その一

表 2.7 電磁波の波長と振動数,波長と吸収される色

振動数 (Hz)	波長 (m)	電磁波の名前	現象		紫外・可視,赤外領域の波長,吸収される色と補色	
3×10^{18}	10^{-10}				遠紫外	
3×10^{17}	10^{-9}	X線		200 nm		
3×10^{16}	10^{-8}			300 nm	紫外	
					光の波長と吸収される色	補色
3×10^{15}	10^{-7}	紫外線	電子遷移	400 nm	可視 380～435 nm すみれ	黄緑
		可視光線			435～480 nm 青	黄
3×10^{14}	10^{-6}			500 nm	480～490 nm 緑青	橙
		近赤外線			490～500 nm 青緑	赤
3×10^{13}	10^{-5}	赤外線	結合の振動	600 nm	500～560 nm 緑	紫
					560～580 nm 黄緑	すみれ
					580～595 nm 黄緑	青
3×10^{12}	10^{-4}			700 nm	595～650 nm 橙	緑青
					650～780 nm 赤	青緑
3×10^{11}	10^{-3}	遠赤外線		800 nm		
3×10^{10}	10^{-2}	マイクロ波	分子の回転		近赤外	
				2.5 μm		
3×10^{9}	10^{-1}		電子スピン共鳴		赤外	
		ラジオ波		25 μm		
3×10^{8}	10^{0}		核磁気共鳴	波長 λ	遠赤外	

部は光として再び放出することがある．これを発光という．光の吸収や発光は，それぞれの分子の固有の性質に基づいて起こるので，吸収した光の波長とその強度を調べるとその分子に関する情報が得られる．分子中の電子のエネルギー準位間の遷移は紫外から可視部にかけての吸収スペクトルを与える．これは分子の電子の遷移に基づくので，電子スペクトルと呼ばれている．

　原子や分子の定常状態の個々の離散的なエネルギーの値をエネルギー準位という．エネルギーを離散的な値に限定することを量子化といい，量子の整数倍の形で表される．通常，縦軸にエネルギー値をとり，エネルギーの差が高さの差に比例するように，個々のエネルギー状態を水平線で図示するので，エネルギー準位はエネルギーレベルとも呼ばれる．分子のエネルギー準位には，電子状態，振動状態，さらに回転状態の各エネルギー変化に基づくエネルギー準位があるが，分子に電磁波を照射し，特定のエネルギー状態にある分子を別のエネルギー状態に遷移させることにより，2つのエネルギー状態の差を知ることができる．分光学的には，横軸にエネルギーの値を，縦軸には観察される現象を記録するスペクトルで表される．分子の集合体では，エネルギーは連続的な値をもつので，エネルギー単位は帯構造をもつ．

　分子の全エネルギー E は，分子の並進運動エネルギー（E_{tran}），回転エネルギー（E_{rot}），振動エネルギー（E_{vib}），電子エネルギー（E_{elect}）など種々のエネルギーから成り立っている．分子の並進運動エネルギーは分子が空間を動くエネルギーであり，回転エネルギー，振動エネルギー，電子エネルギーは分子の内部のエネルギーである．分子はその構造に依存する特有の内部のエネルギーをもっている．ある分子に振動数 ν の電磁波を照射すると，分子のエネルギー状態は低いエネルギー準位（E_1）からより高いエネルギー準位（E_2）に励起される．その分子の2つのエネルギー準位間（$E_2 - E_1$）を ΔE とすると，ΔE と振動数 ν の間には

$$\Delta E = h\nu$$

の関係式が成り立つ．$\Delta E = h\nu$ を満足させる振動数の電磁波を照射すると，分子はこのエネルギーを吸収し，より大きなエネルギー（E_2）をもつようになる．このように，エネルギーの低い状態から高い状態に遷移することを**励起**という．

2.8 分子の振動, 回転, 電子遷移

2.8.1 赤外吸収スペクトル

　分子に光を照射すると，分子は原子-原子結合の振動エネルギー準位に相当するエネルギーを吸収してより大きな振動エネルギーをもつようになり，より激しく振動し始める．分子がどのような振動数の電磁波を吸収するかを調べることによって，分子を構成する種々の化学結合に特有の**振動エネルギー準位**に関する情報を得ることができる．固有の**振動回転エネルギー**の準位は振動項と回転項からなる．双極子モーメントをもつ分子が，マイクロ波領域の電磁波（波長が 30 cm 〜 0.3 mm の電磁波）を吸収したときに分子の**回転エネルギー準位**の遷移が起こる．分子の量子化された回転エネルギーの準位は二原子分子では次式で与えられる．

$$\Delta E_{\rm rot} = \frac{h^2 J(J+1)}{8\pi^2 I} \quad (J = 0,\ 1,\ 2,\ \cdots)$$

ここで，J は回転量子数で 0 から始まる整数値をとる．I は分子の回転による慣性モーメントで，二原子分子では慣性モーメントは，重心から 2 つの原子までの距離をそれぞれ，r_1, r_2, それらの原子の質量を m_1, m_2 とすると，$I = m_1 r_1 + m_2 r_2$ で表される．双極子モーメントをもたない分子では，回転エネルギーだけの変化に対応するスペクトルは観察されない．分子の量子化された振動エネルギーの準位は

$$\Delta E_{\rm vib} = h\nu_0 \left(v + \frac{1}{2}\right) \quad (v = 0,\ 1,\ 2\cdots\cdots)$$

で表される．ここで，v は振動量子数で 0 から始まる整数をとる．ν_0 は固有振動の振動数である．振動回転のエネルギー間の遷移は $\Delta v = \pm 1$, $\Delta J = \pm 1$ のときに起こる．

　振動回転エネルギー間の遷移は，近似的に上記の振動エネルギー変化と回転エネルギー変化の和 $\Delta E = \Delta E_{\rm rot} + \Delta E_{\rm vib}$ として表される．

多くの有機化合物では，光の波長が $2.5 \sim 25\,\mu\text{m}$（波数で，$4000 \sim 400\,\text{cm}^{-1}$）の領域の電磁波を吸収したときに，分子の振動準位の励起に基づく現象が観測される．横軸に波数をとり，縦軸にその光の吸収の度合いを表したものが赤外吸収スペクトル infrared absorption spectrum である．分子がこの領域の光を吸収すると，振動準位の励起だけでなく，回転エネルギーの変化も伴うので，赤外吸収スペクトルは広い波長幅にわたり帯状に現れる．これを吸収帯 absorption band という．赤外吸収スペクトルの吸収帯の位置を表すのに，波数単位（$\bar{\nu}$, cm^{-1}，毎センチメーター）が用いられている．

化学結合は伸びたり縮んだりするので，球（原子）とそれをつなぐバネにたとえることができる．結合をつくっている2つの原子間の距離が，結合軸にそって伸びたり縮んだりする振動を**伸縮振動** stretching vibration という．分子を構成する化学結合の伸縮振動エネルギーと振動遷移の関係は，結合をつくっている原子を球とそれをつなぐバネにたとえるとわかりやすい．化学結合の強さは，原子をつなぐバネの強さと考えてよい．バネは伸ばしても縮めても復元力 f が働く．振動は Hook の法則に従った調和振動であるとして，その振動数 ν は次式で表される．

$$\nu = \frac{1}{2\pi}\sqrt{\frac{f}{\mu}}$$

ここで，f はバネの復元力を表す結合の**力の定数** force constant で，通常 $\text{N}\cdot\text{m}^{-1}$（SI 基本単位で表すと，$1\,\text{N} = 1\,\text{kg}\cdot\text{m}\cdot\text{s}^{-2}$）で示される．$\mu$ は**換算質量**といい，結合をつくっている2個の原子の質量をそれぞれ m_1, m_2 とすると，

$$\mu = \frac{m_1 m_2}{m_1 + m_2}$$

で表される．

分子に電磁波を照射すると，分子の振動数と等しい振動数をもった電磁波が吸収される．$h\nu$ に等しいエネルギーをもった電磁波のみが吸収されるので，吸収された赤外線の振動数を測定すると，分子の振動数がわかる．しかし，赤外線と分子振動の間に相互作用がない場合には赤外線の吸収は生じない．双極子モーメントをもたない分子は赤外線を吸収しない．分子振動によって分子の双極子モーメントが変化する場合にだけ，赤外線は吸収される．

力の定数は，結合の種類や結合を形成する原子によって異なる．O-H, N-H,

2.8 分子の振動，回転，電子遷移

表 2.8 主な官能基の伸縮振動による吸収波数

官能基	吸収位置 (cm^{-1})	官能基	吸収位置 (cm^{-1})
O−H	3650 ～ 3400	C=O	
N−H	3500 ～ 3300	R−CO−Cl	1810 ～ 1760
C−H		(R−CO)$_2$O	1810 ～ 1760
C≡C−H	3300	R−CO−R′	1730 ～ 1720
芳香核 Ar−H	3030	Ar−CO−R	1695 ～ 1660
C=C−H	3100 ～ 3020	R−CO−NH$_2$	1695 ～ 1650
アルカン C−H	2980 ～ 2850	C=C	1670 ～ 1650
C≡C	2260 ～ 2100	芳香核 C=C	1600, 1500
C≡N	2260 ～ 2210	C−O	1200 ～ 1050
		C−N	1230, 1030

C-H，C-C などの単結合では $(5 \sim 5.5) \times 10^2$ N·m^{-1}，C=C，C=O などの二重結合のそれは $(9 \sim 10) \times 10^2$ N·m^{-1}，C≡C，C≡N などの三重結合では $(15 \sim 16) \times 10^2$ N·m^{-1} である．結合の振動数は結合が強いほど大きくなるので，振動数を調べることによって，分子を形成する各化学結合の強さを知ることができる．換算質量の等しい 2 つの結合は，結合の力の定数の大きさの相違によって吸収帯の位置が異なる．例えば炭素原子と炭素原子の結合の伸縮振動に起因する吸収帯の位置は，力の定数が大きくなる順に従い，C-C (1100 cm^{-1})，C=C (1600 cm^{-1})，C≡C (2250 cm^{-1}) の順に高波数に現れる．表 2.8 に代表的な伸縮振動の波数値を示す．表からも明らかなように，結合の種類および結合を形成する原子が同じであっても，周囲の化学環境などによって力の定数が変化するので，それに対応して吸収帯の位置もわずかではあるが移動する．C=O の吸収帯についてみると，標準的なケトンの C=O に起因する吸収帯は 1720 cm^{-1} 付近に現れるのに対して，アミドの C=O はアミノ基との共鳴効果により C=O の力の定数は小さくなり，これよりも低波数に現れる．これに対して，酸クロリドの C=O はクロロ原子の誘起効果により力の定数が大きくなり，吸収帯は高波数に現れる．

二原子分子の振動を考えるときには，伸びたり縮んだりする方向は 1 方向だけ考えればよいが，3 つ以上の原子を含む分子において，2 つの結合が同時に伸びたり縮んだりする方向が互いに対称のもの（**対称伸縮振動**）と，一方が伸びたとき他方が縮む逆対称のもの（**逆対称伸縮振動**）がある．このほかに，2 つの結合がなす

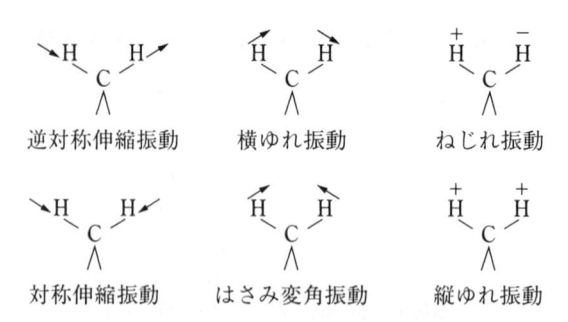

図 2.18 CH_2 基の伸縮振動と変角振動の種類
＋，－は紙面に垂直な動きを表す．

角度が変化する振動も存在する．これを**変角振動** deformation vibration という．伸縮振動は変角振動よりも大きなエネルギーを必要とするので，変角振動に基づく吸収帯は伸縮振動に基づく吸収帯より低波数に現れる．変角振動は，はさみ（紙面におかれた2つの結合が同時に紙面で挟むように反対方向で水平にゆれる振動），横ゆれ（紙面におかれた2つの結合が同時に紙面上で同じ方向で水平にゆれる振動），縦ゆれ（2つの結合が同時に同じ方向で紙面に垂直にゆれる振動），ねじれ（2つの結合が互いに異なる方向で紙面に垂直に上下にゆれる振動）と呼ばれる各振動から成り立っている（図2.18）．

互いに独立した分子固有の振動は振動の自由度と同数だけ存在し，これを基準振動という．多原子分子の振動については基準振動の組合せとして表す．n 個の原子からなる分子の運動自由度は，それぞれの位置あるいは動きを表す3つの座標，すなわち $3n$ の自由度がある．そのうち，3個は分子の運動の自由度，3個は回転の自由度であるので，振動の自由度はそれぞれの3つの自由度を除いて（$3n-6$）となる．二酸化炭素のように，直線状の分子では分子軸を軸としての回転は，回転の前後で変化がないので回転に自由度は2つしかない．したがって，直線状の分子の振動は（$3n-5$）通りあることになる．分子の励起に相当するエネルギーが供給されると，各原子は平衡位置を中心に振動している．対称性の分子では，分子の双極子モーメントの変化がないので，基準振動数よりも吸収帯の数が少ないスペクトルを与える．

2.8.2 紫外・可視吸収スペクトル

　波長に対する分子の電子遷移による光の吸収または発光の強度を電子スペクトルという．電子スペクトルを観察することによって，電磁波を分子に照射したときの分子電子の励起状態を知ることができる．個々の電子状態において，原子核は原子間距離の平衡位置付近で振動しており，それに伴って電子のエネルギーも変化する．したがって，電子状態のエネルギーには必ず分子振動のエネルギーが付随する．

　ある特定の光が物体を通過するとき，入射光の強度が I_0，透過した光の強度が I になったとすると，I と I_0 の比を透過度 transmittance という．物体の光吸収の強さは透過度の逆数の常用対数 $\log(I_0/I)$ で表され，これを吸光度 absorbance (A) という．吸光度は試料の濃度 (c) と光が通過する光路の長さ (l) に比例する．比例定数を k とすると

$$\log(I_0/I) = A = kcl$$

で表される．

　これをランベルト-ベール Lambert-Beer の法則という．l の単位として cm が用いられている．c の単位として w/v%濃度を用いたときの k を比吸光度といい，$E_{1\,\mathrm{cm}}^{1\,\%}$ で表す．また，c の単位としてモル濃度 (mol·L^{-1}) を用いたときの k をモル吸光係数 molar extinction coefficient といい，ε で表す．

$$E_{1\,\mathrm{cm}}^{1\,\%} = \frac{A}{c(\mathrm{w/v\%})\, l(\mathrm{cm})}$$

$$\varepsilon = \frac{A}{c(\mathrm{mol\cdot L^{-1}})\, l(\mathrm{cm})}$$

波長を特定して得られた比吸光度あるいはモル吸光係数はその物質特有の値となる．

　波長に対する原子や分子の電子状態の間の遷移による光の吸収または発光の強さを電子スペクトルという．電子スペクトルには，電磁波が分子を通過するとき，その分子がある特定の波長の電磁波を吸収して，基底状態から励起状態への遷移に対応する吸収スペクトルと，励起状態から基底状態への遷移に対応する発光スペクトルがある．まず，吸収スペクトルから述べる．吸収スペクトルは紫外部領域（200～400 nm）および可視領域（400～800 nm）の波長の光が使われるので，紫外・

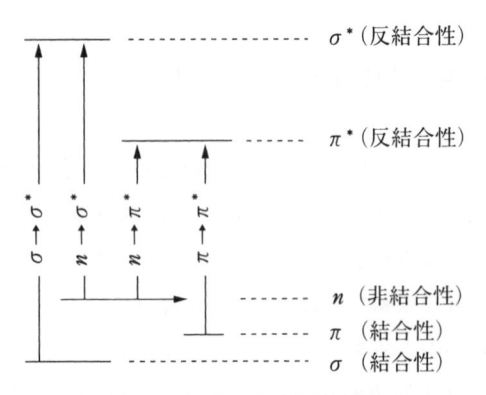

```
         ↑    ↑   ──── σ*（反結合性）
         │    │
         │    │        ↑   ──── π*（反結合性）
         │    │        │
       σ→σ* n→σ* n→π* π→π*
         │    │    │    │
         │    └────┼────┼── ──── n（非結合性）
         │         │    │   ──── π（結合性）
         └─────────┴────┴── ──── σ（結合性）
```

図 2.19 電子遷移の種類

可視吸収スペクトルと呼ばれる．分子が紫外部領域および可視部領域の光を吸収すると，比較的励起されやすい電子のエネルギー準位間の遷移の様子が観測される．図 2.19 に電子の基底状態から遷移状態への電子遷移の種類を模式的に示した．

π は π 電子を，n は酸素原子や窒素原子の電子のように結合に関与していない非結合性電子を表し，π^* は反結合性 p 軌道を表す．各吸収帯の波長領域内で最大の吸光度またはモル吸光係数を示す点を吸収極大という．吸収極大を与える波長を吸収極大波長といい，λ_{max} で表される．紫外吸収スペクトルの吸収帯の幅は非常に広がっているが，これは電子エネルギー準位にいくつかの振動状態の変化と回転状態の変化が付随していることに起因している．$\sigma \rightarrow \sigma^*$ 遷移に基づく吸収は，紫外部領域では観測されない．$n \rightarrow \sigma^*$ 遷移は，N，S や O 原子を含む飽和化合物の n 電子の反結合性 σ 軌道への遷移をいう．この遷移による吸収は吸収スペクトルにおいて 200 nm 付近に観測されるが，有機化合物の研究では重要ではない．紫外・可視吸収スペクトルで観測されるのは，主として $\pi \rightarrow \pi^*$ 遷移および $n \rightarrow \pi^*$ 遷移によるものである．$\pi \rightarrow \pi^*$ 遷移は，π 電子の反結合性 π 軌道への遷移をいう．$n \rightarrow \pi^*$ 遷移は，C=O のように π 結合と n 電子をもつ原子団における n 電子の反結合性 π 軌道への遷移をいう．カルボニル化合物の $n \rightarrow \pi^*$ 遷移は本来禁制遷移なので，これに起因する吸収帯は長波長側に弱く観測される．例えば，アセトンの λ_{max} は 279 nm（n-ヘキサン，$\varepsilon = 15$）にある．$n \rightarrow \pi^*$ 遷移による吸収帯は R 吸収帯と呼ばれる．

紫外・可視領域における吸収の原因となる原子団は，**発色団** chromophore と呼

ばれるπ電子をもつ不飽和な原子団である．発色団には C＝C, C＝O, C＝N, N＝N, N＝O, CN, NO$_2$, 芳香環などがある．OH, NH$_2$ およびそれらのアルキル誘導体などは，単独ではこの波長領域の光を吸収しないが，発色団のπ結合と共役する形で結合すると吸収帯は長波長に移動し，吸光度も強くなる．このような原子団を助色団と呼ぶ．

共役二重結合や α, β-不飽和カルボニルのように，2つの発色団が共役すると最高被占準位のエネルギーは上昇し，最低空準位のエネルギーは下がり，両者のエネルギー差が小さくなる．このために吸収帯の位置は長波長に移動し，同時に吸光度も増加する．これを深色効果 bathochromic effect と呼び，吸収帯の長波長への移動を深色移動 bathochromic shift という．深色移動は発色団と助色団と共役している場合にも起こる．これとは逆に，2つの発色団が共役している系において，その共役をさえぎるように，別の原子団を導入すると吸収帯は短波長に移動し吸光度も小さくなる．これを浅色効果 hypsochromic effect と呼び，吸収帯の短波長への移動は浅色移動 hypsochromic shift と呼ばれる．

芳香環の存在は，紫外吸収スペクトルによって容易に認識される．ベンゼンの紫外吸収スペクトルは，204 nm に1つの強い吸収帯（共役吸収帯 conjugation absorption band, K 吸収帯, と呼ばれている）と 250～260 nm の間に，主として4つのピークからなる複雑で弱い吸収帯（ベンゼノイド吸収帯 benzenoid absorption band, B 吸収帯, と呼ばれている）が観察される．ベンゼンに置換基がつくと，通常，深色移動が観察され，吸収帯も単純になる．

遷移確率 transition probability（励起エネルギー準位に遷移する確率）が高いほど吸収強度が大きく，モル吸光係数は大きくなる．一例としてスチルベンのシスおよびトランス異性体のモル吸光係数を比較してみよう．シス異性体の K 吸収帯の λ_{max} は 279 nm ($\varepsilon = 10{,}200$) にあるのに対して，トランス異性体のそれは 296 nm ($\varepsilon = 28{,}100$) にある．スチルベンにおいて，ベンゼン核とその間にある二重結合との間の強い $\pi \rightarrow \pi^*$ 遷移が起こるためには，ベンゼン核と二重結合が同一平面になければならない．シス-スチルベンゼンでは，立体障害によってこれらが同一平面になることがかなり障害される．この結果，シス異性体の吸収極大はトランス異性体のそれよりも短波長にあり，遷移確率も小さくなるのでモル吸光係数も小さくなる．

紫外・可視吸収スペクトルはランベルト-ベールの法則が成立するので，化合物の定量によく用いられている．しかし，高濃度の溶液，懸濁液や溶液中で変化する場合，会合する場合などではランベルト-ベールの法則が成立しない．

紫外吸収スペクトルは，pHや溶媒の極性によっても影響を受ける．極性溶媒中では，溶媒との静電気的相互作用によって基底状態も励起状態も安定化する．$n \rightarrow \pi^*$遷移では，溶媒による安定化のエネルギーが基底状態のほうが励起状態よりも大きいので，これに起因する吸収は長波長に移動する．

電子スペクトルの光源には紫外部領域に重水素ランプが，可視部領域にはタングステンランプが使われており，波長に応じて切り替える．セルの材質として石英が使われるが，可視部領域用には石英製のほかガラス製も使われる．2つの成分の混合物の紫外スペクトルには，二波長分光光度計が使われる．これは2つの異なった波長における吸光度を同時に分析する装置である．

2.8.3　発光スペクトル

基底状態の分子が光を吸収して，**電子的励起状態**に達した分子が吸収したエネルギーを失い，再び基底状態に戻る過程には，吸収したエネルギーを振動エネルギーや回転エネルギーに変えたり，分子の衝突などにより熱エネルギーとして放出するもの（無放射遷移）と，最低励起状態から基底状態に戻る過程で電磁波を放射するもの（放射過程遷移）がある．

結合性波動関数に入る2個の電子が逆平行の場合には全スピン$S = 0$の状態で，一重項状態（S）という．平行の場合には全スピン$S = 1$となり，三重項状態（T）という．通常の分子は**基底一重項状態**であり，分子が光を吸収すると，基底一重項状態から**励起一重項状態**に遷移する．励起一重項状態に達した励起分子は，他の分子との衝突あるいは無放射的に熱運動のエネルギーとして失い，励起一重項状態（S_1）に到達する．励起一重項状態から基底一重項状態への遷移に伴って放射される光が蛍光 fluorescence である．したがって，放射される蛍光の波長は吸収された光の波長よりも長い．この遷移は比較的容易に起こり，蛍光は$10^{-8} \sim 10^{-4}$秒持続する．一方，励起一重項状態（S_1）から無放射的に**励起三重項状態**に遷移（この遷移を項間交差 intersystem crossing という）し，ここから基底状態に遷移するとき

2.8 分子の振動,回転,電子遷移

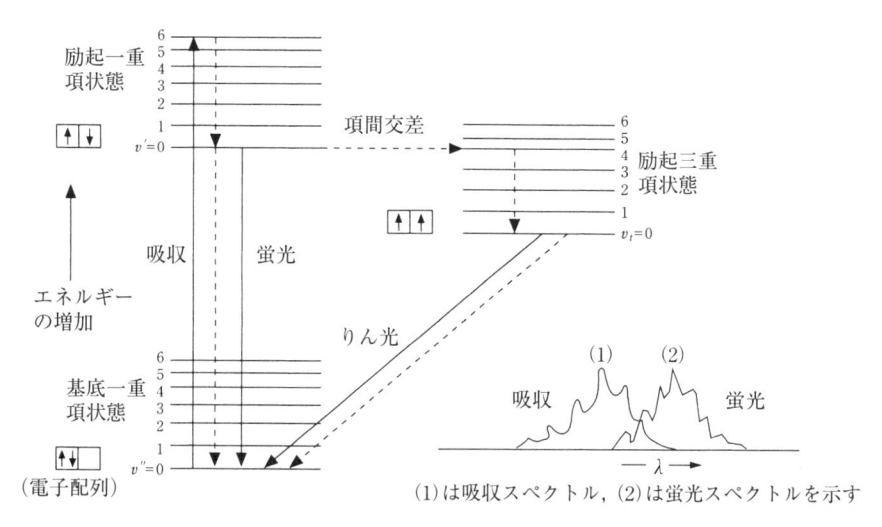

図2.20 分子のエネルギー準位の遷移

(1)は吸収スペクトル,(2)は蛍光スペクトルを示す

に放射する光がりん光 phosphorescence である.この励起三重項-基底一重項遷移は禁制なので,りん光は 10^{-1} 〜数秒と長い時間にわたって持続する.図2.20に蛍光とりん光の放射過程を表す概念図を図示する.ここでは,それぞれの電子状態に振動準位 0 〜 6 が考えられている.

蛍光性をもつ有機化合物の特色は,$-NH_2$,$-OH$ のような電子供与性の置換基が導入されると遷移の確率が増大するので蛍光強度は高まり,一方,$-COOH$,$-NO_2$ のような電子吸引性の置換基が導入されると一般に減少することが知られている.蛍光を利用して物質の定量または定性分析を行う蛍光分析は,きわめて感度が高く選択性も高いので,微量分析の手段として使われている.

蛍光強度は,希薄溶液では蛍光物質の濃度に比例する.蛍光物質の濃度を c,光路長を l,入射光の強度を I_0,透過光の強度を I とすると,ランベルト-ベールの法則より

$$I = I_0 e^{-\varepsilon cl} \quad (\varepsilon はモル吸光係数)$$

である.したがって,吸収された光の強さは $I_0 - I = I_0(1 - e^{-\varepsilon cl})$ となる.

蛍光自身は溶液に吸収されることはなく,また,蛍光強度 F は吸収された光の強度に比例すると仮定すれば,蛍光強度 F は

$$F = KI_0(1 - e^{-\varepsilon cl})\phi$$

となる．ここで K は比例定数，ϕ は吸収された励起光の量に対する総蛍光量の比である．希薄溶液では $(1 - e^{-\varepsilon c l})$ は $\varepsilon c l$ に近似されるので

$$F \fallingdotseq KI_0 \phi \varepsilon c l$$

が成り立ち，蛍光強度は蛍光物質の濃度と励起光の強度とに比例する．蛍光分析に使用される濃度は通常 $10^{-4} \sim 10^{-9}$ M 程度である．ある濃度以上になると，蛍光強度は蛍光物質の濃度と励起光の強度とに比例しなくなる．これは励起された分子と励起されていない分子との衝突により蛍光強度が減少するためと，$1 - e^{-\varepsilon c l} \fallingdotseq \varepsilon c l$ が成立しなくなるからである．

蛍光強度の測定に使われる蛍光分光光度計 spectrophotofluorometer は一般に，光源部，光源から放出される光から特定の波長の光を限定する励起モノクロメータ，試料セル，蛍光モノクロメータ，検出部よりなる．励起光源には水銀ランプまたはキセノンアークランプが使われる．一般に入射光に対して直角方向に放射された蛍光のみが測定される．励起スペクトルは，蛍光モノクロメータを蛍光極大波長に合わせ，入射光のモノクロメータを全波長にわたって連続的に変化させ，蛍光強度をプロットしたグラフである．入射光のモノクロメータを吸収極大波長に合わせ，全波長領域を蛍光モノクロメータで連続的に変化させると蛍光スペクトル fluorescence spectrum が得られる．2 成分の混合物の測定には，各成分の蛍光ピークに対応する 2 つの波長で測定することによってそれぞれの濃度を求めることができる．また，pH を変えることによって 1 成分の蛍光を除去することができる．

蛍光を利用して物質の定量または定性を行う蛍光分析法はきわめて感度が高く，吸光度分析法の約 1000 倍である．さらに選択性も高いので，微量分析の重要な手段として使われている．この方法は血液，尿などの試料中に含まれる薬物や代謝産物の定量にもよく応用される．蛍光を発しない化合物でも，その化合物に蛍光団 fluorophor と呼ばれる官能基を導入することにより発光性物質に変えることができる．りん光は減衰時間が長く，励起光を消しても測定できるので迷光による妨害はなく，りん光スペクトルは，ときには蛍光スペクトルのさらに 1000 倍の高感度をもつ．

2.9 核磁気共鳴スペクトル

核磁気共鳴 nuclear magnetic resonance（NMR）スペクトルは，核スピンをもつ原子核が磁場に置かれたときに磁場との相互作用によって起こるエネルギー変化を観測するスペクトルで，有機化合物の構造解析によく用いられている手段である．

原子核は特有の核スピンをもっており，その核スピン量子数 I は，原子核を構成する陽子と中性子の数によって決まる．陽子と中性子がいずれも偶数なら，核スピン量子数 I は 0 である．陽子と中性子がいずれも奇数ならば，その核スピン量子数 I は整数である．陽子と中性子の一方が奇数，他方が偶数の原子核の核スピン量子数は半整数（1/2, 3/2, ……）である．例えば，^{12}C および ^{18}O は $I = 0$，^{1}H，^{13}C，^{19}F，^{31}P は $I = 1/2$ の核の例である．$I \neq 0$，の原子核は原子核1つ1つが1個の軸を中心に回転している核磁石と考えてよく，**核磁気モーメント** μ をもつ．これらの核が外部磁場 B 中におかれた場合，核は外部磁場の軸を中心に歳差運動をする．これをラーモア歳差運動といい，歳差運動の周波数を**ラーモア周波数**と呼ぶ．ラーモア周波数は外部磁場 B_0 に比例し，

$$\nu = \frac{\gamma B_0}{2\pi} \text{ Hz}$$

で表される．

γ は磁気回転比と呼ばれ，磁石としての強さを表す目安となる，原子核固有の値である．核磁気モーメントをもつ原子核は磁場の中に置かれると，核スピンのエネルギー準位は $(2I + 1)$ 通りに分裂する．この分裂の現象をゼーマン Zeeman 効果といい，分裂したエネルギー準位をゼーマン準位という．ここでは，最もよく使われている ^{1}H や ^{13}C-NMR について述べる．

^{1}H や ^{13}C の核スピン量子数 I が 1/2 であるので 2 つのエネルギー準位，すなわち，核スピンが磁場に対して逆平行と平行に配向する 2 つのエネルギー準位に分裂する．このエネルギー準位間で遷移を引き起こすのに必要な周波数はラーモア周波数に一致している．遷移エネルギー差 ΔE は，外部磁場の強さに比例し，

$$\Delta E = h\nu = \frac{h\gamma B_0}{2\pi}$$

で与えられる．核磁気共鳴（NMR）はこれに相当するエネルギーをもつ電磁波（ラジオ波）の照射によって起こる．

核磁気共鳴の測定には 60 ～ 600 MHz の装置が使われている．

核磁気共鳴装置は，かつて周波数を一定にして磁場を連続して掃引する方法 continuous wave（CW）法が使われていたが，現代ではもっぱら**パルスフーリエ変換核磁気共鳴** pulsed Fourier transformed nmr（FT-nmr）装置が使われている．パルスフーリエ変換核磁気共鳴は，高出力の共鳴周波数ラジオ波をパルスの形で試料に照射し，試料中の全 ^{1}H 核（あるいは ^{13}C 核）を同時に励起させる方法である．受信器によって受信されたシグナルをコンピュータを用いてフーリエ変換する．数学的処理をするとスペクトルが得られる．NMR シグナルの分離や感度を上げるのに安定な強い磁石が必要である．そのために超伝導磁石が用いられている．

化合物のスペクトルは共鳴周波数を表すケミカルシフト chemical shift（化学シフト）とその共鳴シグナルの分裂の様式によって特徴づけられる．

ケミカルシフト：分子中のプロトンの共鳴周波数は，プロトンが置かれている化学的環境によって異なる．共鳴周波数のずれはケミカルシフトと呼ばれ，分子の構造を知る上で重要な情報である．ケミカルシフトの違いは，核のまわりの電子の遮蔽効果によって生じる．分子を磁場におくと，分子中の核のまわりの電子は外部磁場に対して逆向きの**誘起磁場**を生じる．その結果，核が受ける有効磁場は外部磁場よりも小さくなる．核が受ける正味の磁場の強さは，核をとりまく電子の遮蔽効果によって異なる．共鳴を起こすためには，遮蔽された磁場を補う分だけ大きな磁場をかけなければならない．この外部磁場の強さを H_0，誘起磁場の強さを H' とすると，遮蔽された原子核が実際に受ける磁場の強さ H は，$H = H_0 - H'$ で表される．$H'/H_0 = \sigma$ とすると $H = H_0(1 - \sigma)$ となる．σ を遮蔽定数 shielding constant と呼ぶ．プロトンの周囲の電子密度が高いほど遮蔽効果は増大する．すなわち，σ 値が大きくなり，そのプロトンは高磁場で共鳴する．電子吸引性の原子や置換基があると遮蔽効果が小さくなり，そのプロトンは低磁場で共鳴する．

有機化合物の ^{1}H 核の共鳴シグナルを観測する場合，そのプロトンの共鳴周波数は外部磁場の大きさに依存するので，共鳴シグナルの位置を表すのに磁場の大きさ

表 2.9　有機化合物中の ^1H のケミカルシフト

プロトンの型	化学シフト（δ）
標準ピーク（$CH_3)_4Si$	0
$C-CH_3$	0.7～1.3
$C-CH_2-C$	1.2～2.0
$C-CH-C$	1.4～2.1
$-C=C-CH_3$	1.6～2.2
$-CO-CH_3$	1.9～2.5
$Ar-CH_3$	2.0～2.5
$-C\equiv C-H$	2.5～2.7
$Cl-C-H$	3.3～4.0
$-O-C-H$	3.3～4.5
$-C=C-H$	4.9～6.5
$Ar-H$	6.5～8.0
$R-CHO$	9.7～10.0

に依存しない形式で表示する必要がある．そのために，標準物質として通常テトラメチルシラン（$CH_3)_4Si$（TMS）を用い，TMS のプロトンの共鳴位置を基準（0）とし，問題にしているプロトンの共鳴位置との差として次式で表される．ケミカルシフトの表示には δ を用いる．

$$\delta = \frac{\text{問題にしているプロトンの共鳴位置} - \text{TMSのプロトンの共鳴位置}}{\text{発信機の周波数}} \times 10^6 (\text{ppm})$$

炭素原子についている原子団の I 効果から，その炭素原子についているプロトンの共鳴位置を予想することができる．表 2.9 に通常の有機化合物にみられる ^1H-NMR のケミカルシフトの一般的な領域を示す．

スペクトルの各ピークの面積は，共鳴に関与するプロトンの数に比例する．したがって，各ピークの面積比からどのような型のプロトンがいくつあるかわかる．

ケミカルシフトに影響を与える因子として，上述の炭素原子についている原子団の I 効果のほかに誘起磁力線による反磁性異方性 diamagnetic anisotropy がある．外部磁場は電子に対して誘起環電流を起こさせるが，二重結合やベンゼン環が外部磁場と直行するように整列したとき，π 電子は外部磁場に対して直角に円運動して環流 π 電子を生じる．図 2.21 に二重結合とベンゼン環の環流 π 電子と，それによっ

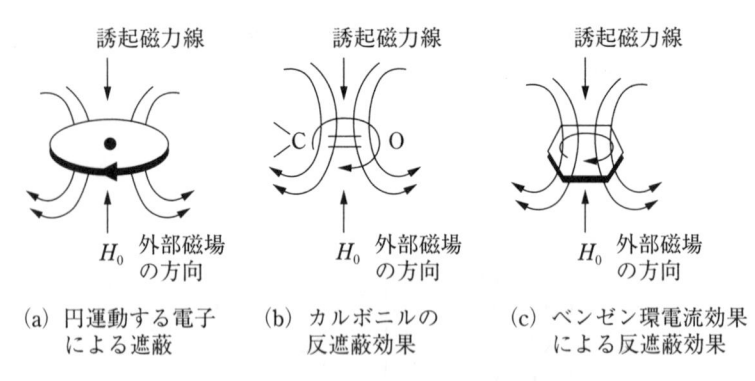

(a) 円運動する電子による遮蔽　(b) カルボニルの反遮蔽効果　(c) ベンゼン環電流効果による反遮蔽効果

図 2.21　遮蔽および反遮蔽効果の例

て誘起される誘起磁力線の様子をそれぞれ示した．環流 π 電子の上側あるいは下側にあるプロトンは遮蔽され，高磁場で共鳴する．二重結合や芳香環の同一面の領域にあるプロトンは反遮蔽される．オレフィンのプロトンやベンゼン環のプロトンが脂肪族炭化水素のプロトンと比較して低磁場で共鳴するのは誘起磁力線による反遮蔽効果による．C=O が磁場に置かれたとき，外部磁場に対し図 2.21(b) に示される空間配置をとり，π 電子は外部磁場に対して直角に円運動をして，外部磁場とは反対方向の磁力線を誘起する．カルボニルが遮蔽を減少させる顕著な例はアルデヒドのプロトンにみられる．例えば，アセトアルデヒドのプロトンシグナルは特徴的に低磁場（9.97 ppm）に観察される．

通常の有機化合物のプロトンの δ 値は 0〜10 ppm の範囲にある．炭素原子に結合するプロトンのケミカルシフトは，誘起磁場の反磁性異方性によって外部磁場を強めるか弱めるかすることによって影響を受ける．

スピン-スピンカップリング：プロトンの共鳴シグナルはプロトンがおかれている炭素原子や隣接炭素原子に共鳴周波数の異なるプロトンがあるとき，それと相互作用することにより分裂したシグナルとして観察される．このような相互作用をスピン-スピンカップリング spin-spin coupling といい，分裂の大きさ（ピーク間の距離）はスピン結合定数といい，J（単位は Hz）で表される．スピン-スピンカップリングに起因する分裂様式の解析から，問題のプロトンに隣接する化学構造を知ることができる．

プロピオフェノンの NMR スペクトル（図 2.22）を例にとり，CH_3 と隣接 CH_2 の

2.9 核磁気共鳴スペクトル

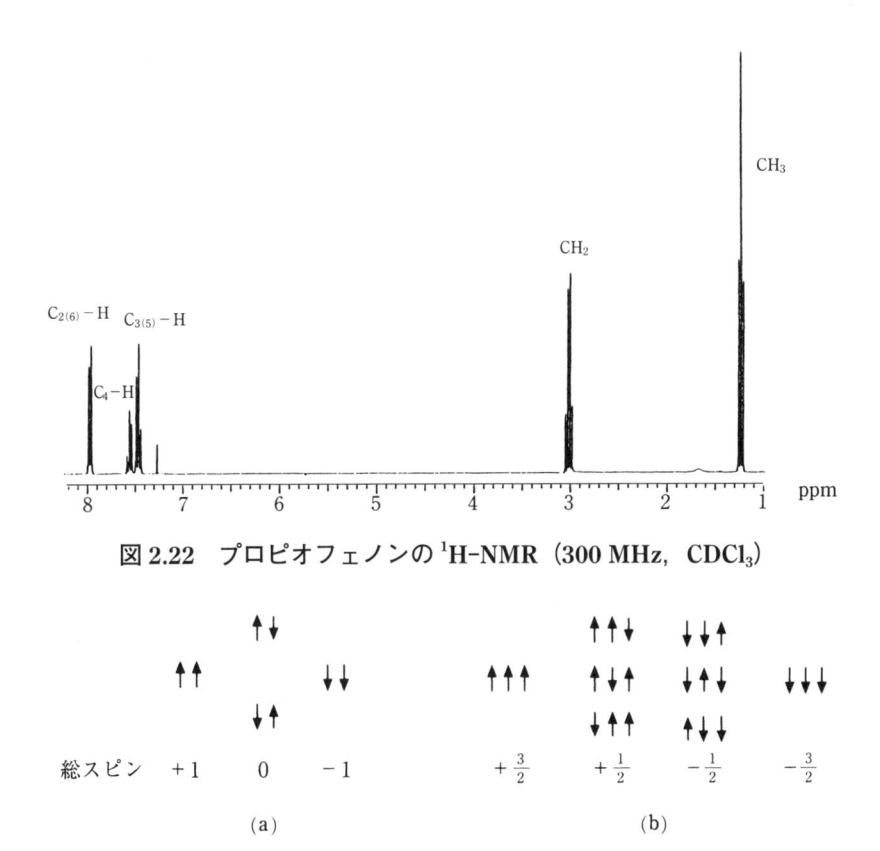

図2.22 プロピオフェノンの ^{1}H-NMR (300 MHz, CDCl$_3$)

図2.23 (a) CH$_2$ と (b) CH$_3$ スピン配向状態

分裂の様式を例にあげて説明しよう．図2.23にCH$_2$，CH$_3$のスピンの配列状態を示す．CH$_3$の共鳴シグナルは，隣接CH$_2$との相互作用により強度比が1：2：1の3つのピーク（三重線triplet）として観察される．CH$_2$の2個のプロトンは3種（4組）の異なるスピン配列をとる．

スピンの配向が，一方が磁場に平行と他方が逆平行の組合せは，CH$_3$プロトンとカップリングしても共鳴位置を変える効果はゼロである．2個とも逆平行をとる組合せは，これを高磁場にシフトさせる効果をもつ．これがCH$_3$の共鳴シグナルが三重線として現れる理由である．CH$_2$のシグナルは，強度比が1：3：3：1の4本に分裂したシグナルとして観察される．CH$_2$が相互作用するCH$_3$の3個のプロトンは，4種（8組）のスピン配列をとる．これらは，それぞれCH$_2$の共鳴位置をシ

フトさせる大きさの異なる効果をもつ．したがって，シグナルは四重線となる．

4級炭素についている CH_3 や酢酸エチルエステルのカルボニルと結合している CH_3 のように，相互作用するプロトンがないときはそのシグナルは一重線 singlet である．$CH-CH_3$ の CH_3 のプロトンのように，相互作用するプロトンが1個あるときは強度比が1：1の2つのピーク（二重線 doublet）として観察される．プロトンとプロトンのスピン結合定数は0〜20 Hzの範囲にあり，外部磁場の強度には無関係である．結合定数の値は種々の要素（例えば，脂肪族環状化合物では立体的要素）に依存し，構造解析の有力な手がかりとなる．

ベンゼン環上の水素スピン結合定数の観察から置換様式を決定するのに有用な手段である．オルト位水素間の J は7〜9 Hz，メタ位水素間の J は2〜3 Hz でパラ位水素間ではほぼ0である．

^{13}C-NMR の解析は，^{1}H-NMR と同様にケミカルシフトおよびスピン-スピン分裂の原理に基づいて行われる．^{13}C核は通常の炭素化合物にわずか1.107％しか含まれていないが，FT-核磁気共鳴の発達によって測定も容易になった．標準物質として ^{1}H-NMR の場合と同様に TMS が使われる．^{13}C-NMR が ^{1}H-NMR よりも優れている点は，シグナルが現れる範囲がきわめて広く，δ 値が0から250 ppm に達することである．このことは，わずかに化学的環境の異なる炭素の性質を容易に見分けることができるのである．

sp^3 混成 ^{13}C の δ 値は0〜80 ppm の範囲で，sp^2 混成 ^{13}C のそれは80〜170 ppm の範囲で共鳴する．カルボニル炭素は特に容易に見分けることができ，低磁場側 δ 値170〜220 ppm に観察されるが，炭素に結合している官能基によって大きく異なる．

^{13}C-NMR の装置でいくつかの異なった測定法が可能であるが，最も一般的な測定法はプロトンノイズデカップリング法である．これは ^{1}H 核すべてを同時にその共鳴周波数のラジオ波で照射されながら測定することによって，^{13}C-^{1}H カップリングをすべて除去する方法である．分子中に存在する非等価な炭素原子は，それぞれ1本ずつの鋭い共鳴線として観察される．複雑な分子構造解析には ^{1}H-NMR と ^{13}C-NMR が併用されている．最近では種々のパルステクニックを用いた測定法の改良が行われ，構造解析がより精度の高いものになった．核磁気共鳴は磁気共鳴画像診断（MRI，magnetic resonance imaging）に応用されている．

2.10 質量スペクトル

質量スペクトル mass spectrum (MS) は分子から電子1個をたたき出すことによってイオンを生成させ，生成した分子イオンおよびさらに分子イオンの開裂によって生じる**フラグメントイオン** fragment ion の質量 m と電荷 Q の比 m/Q，実用的には m/z を横軸に，そのイオンの強度を縦軸にとり，表したものである．m/z の数値はそのイオンの質量に等しい．分子量の正確な決定や分子構造の推定を行うのに重要な手段として使われている**質量分析** mass spectrometry は試料のイオン化，質量の異なるイオンの分離，イオンの検出の3つの過程から成り立っている．

試料のイオン化：最も一般的なイオン化の方法は，電子衝撃イオン化 electron impact ionization (EI) 法である．これは高真空中で加熱気化した分子に加速電子を衝撃する方法で，分子から電子1個が放出されて分子量と等しい質量数をもつ分子イオン molecular ion ($M_{\bullet}^{+}$) が生成する．これがさらに開裂してラジカルとフラグメントを与える．

$$[R-R']_{\bullet}^{+} \longrightarrow R^{+} + R'^{\bullet} \quad \text{あるいは} \quad R'^{+} + R^{\bullet}$$

生成したイオンは通常1価のイオンであるが，まれには1価のイオンから，さらにもう1つの電子が放出されて2価のイオンが生成されることもある．この場合のイオンピークは m/z の1/2の質量として現れる．

EI 法では，分子量の大きな有機化合物，分子イオンが不安定な化合物や難揮発性化合物の分子イオンは観察されないことがある．そのような場合には，化学イオン化 chemical ionization (CI)，フィールドイオン化 field ionization (FI)，フィールド脱着 field desorption (FD)，二次イオン質量分析 secondary ion mass spectrometry (SIMS)，高速原子衝撃 fast atom bondbardment (FAB) などの各方法が適用される．CI 法は試薬ガスと呼ばれるメタンやアンモニアなどをイオン化室に導入し，これを電子流で衝撃すると CH_5^{+}，CH_3^{+} などのイオン群が生じるが，これらはメタン分子と反応して CH_5^{+} を生成する．$[M+H]^{+}$ は擬分子イオンと呼ばれる．これは EI 法における $[M]^{+}$ とは異なり，偶数電子をもつ安定なイオンなので，CI 法はフラ

グメントイオンが少ない単純なスペクトルを与える.

　難揮発性の化合物や熱に不安定な化合物の測定には，FI, FD, SI, FAB の各方法が適する. FI 法は鋭い金属の針を陽極として高電圧をかけておき，そこに気化した試料分子を導入することにより，分子から1個電子を陽極に移動させてイオン化する方法である. この方法では [M]$^{\bullet}$ の相対強度は大きく，フラグメントイオンが少ないスペクトルが得られる. FD 法は，エミッターと呼ばれるタングステンワイヤーにカーボンまたはシリコンニードルを生成させたものに試料溶液を塗布し FI と同様に操作する方法である. エミッターを陽極として電流を流し，加熱すると試料の分子はイオン化し，エミッターから脱着しイオンビームが得られる. 吸着に用いた溶媒からのプロトン移動で [M + H]$^+$ が生成し，分子量を確認できる. SI 法は試料を Ag のような金属板に薄く塗り，それに加速した一次イオン（例えばアルゴンイオン Ar$^+$）を照射し，二次的に試料分子をイオン化する方法である. FAB 法は SI 法でのアルゴンイオンを照射する代わりに，加速した中性のアルゴンを衝突させて試料分子をイオン化する方法で，比較的分子量の大きなものに適用される. アルゴンの代わりにキセノンが用いられるようになっている.

　質量の異なるイオンの分離とそれらを検出する装置に，磁場型質量分析計 sector type mass spectrometer と四重極型質量分析計 quadruple mass spectrometer がある. 図 2.24 に磁場型質量分析計の構成概念図を示す. イオン化室で生成した分子イオンおよびさらに分子イオンの開裂によって生じる粒子は，2枚の板にあけられたスリットを通過する. イオン化室とスリットの間に電圧 V をかけて加速したとき，このイオンの運動エネルギーは

$$\frac{1}{2} mv^2 = zeV$$

である. 次にイオンが速度 v で扇型の磁束密度 B の磁場に入ると半径 r (cm) で方向を曲げ，イオンの質量によって異なる円運動をする. 磁場によっていろいろな質量をもつ各イオンは m/z の大きさの順に分離される. すなわち，イオンが受ける遠心力 mv^2/r と磁場から与えられる値から $Bzev$ は釣り合うので $mv^2/r = Bzev$ となる. e として 1.60×10^{-19} クーロンを用いると，これらの式から，イオンの質量 m は r, B, V と次の式に関係づけられる.

$$m/z = 4.82 \times 10^{-5}(B^2r^2)/V$$

2.10 質量スペクトル

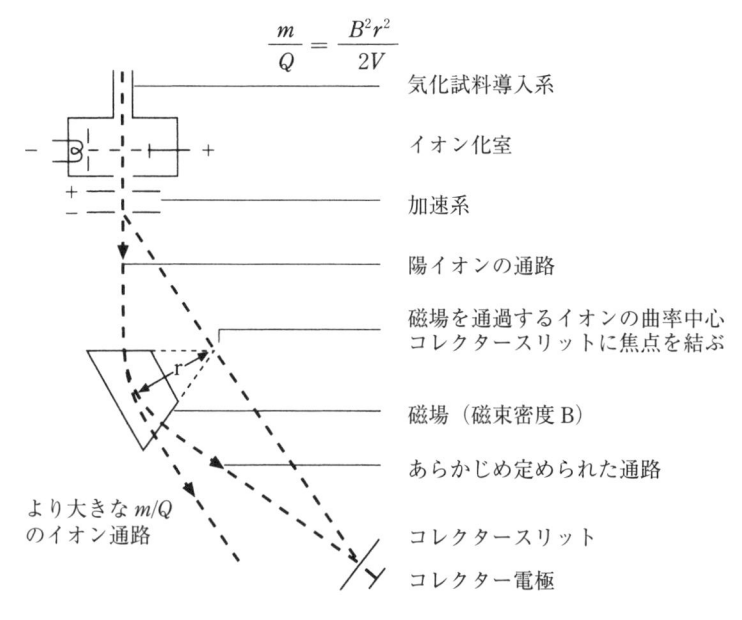

$$\frac{m}{Q} = \frac{B^2 r^2}{2V}$$

- 気化試料導入系
- イオン化室
- 加速系
- 陽イオンの通路
- 磁場を通過するイオンの曲率中心 コレクタースリットに焦点を結ぶ
- 磁場（磁束密度 B）
- あらかじめ定められた通路
- より大きな m/Q のイオン通路
- コレクタースリット
- コレクター電極

図 2.24 磁場型質量分析計の構成
分析管は省略されている．

m/z は加速電圧と磁場の強さに応じて定められた m/z 値のイオンのみが曲率 r をとり，図 2.24 に示されるように，コレクタースリットを通過してコレクター電極に集められたイオン電流として記録される．コレクターに集められたイオンは，コレクター電極に電荷を与えてイオンの量に比例した電流に変わるので，増幅して記録計に記録される．

四重極型質量分析計では，直流と高周波交流が重ね合わされた電圧を印加された相対する 2 対の双極子電極（四重極）間を通過するイオンを検出する．

スペクトルに現れるイオンピークで，最高質量のピークを親イオンピーク parent ion peak（P）という．親イオンピークが 1 個の分子から電子 1 個を失った分子イオンに由来するピークは分子イオンピーク molecular ion peak に相当する．強度が最も強いピークを基準ピーク base peak といい，これを 100 として，他のピークは基準ピークとの相対強度で表される．

図 2.25 にプロピオフェノンの EI-マススペクトルを示す．各イオンピークにはそれぞれ 1 m/z（含まれている原子によっては 2 m/z）多いピークが認められる．これ

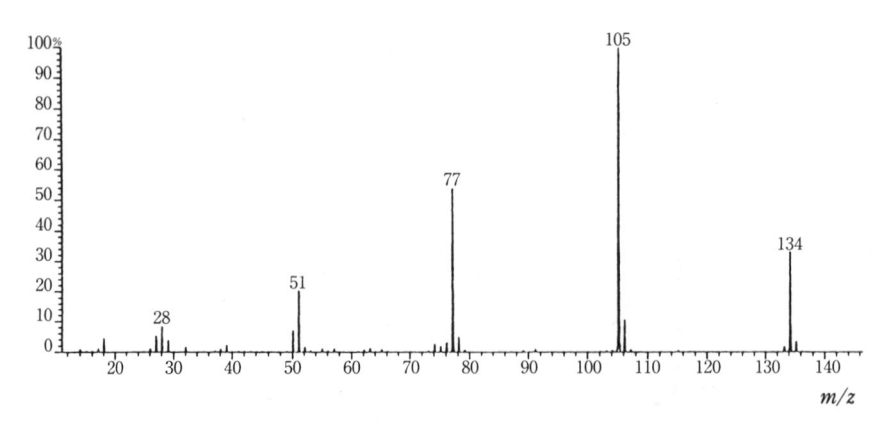

図 2.25 プロピオフェノンの EI-マススペクトル

らは同位体ピーク isotope peak と呼ばれ，一定の強度比で現れる．例えば，塩素原子1個を含む分子イオン（およびフラグメントイオン）の同位体ピークは 2 m/z 多い位置に 3:1 の強度比で現れる．臭素原子1個を含むイオンの場合に 2 m/z 多いピークが 1:1 の強度比で現れる．これは，塩素原子は ^{35}Cl と ^{37}Cl が 3:1，臭素原子は ^{79}Br と ^{81}Br が 1:1 の同位体からなることに起因している．同位体ピークの観察から，その分子の組成を知ることができる．

大抵の分子は分子イオンから特徴的な開裂様式 fragmentation pattern で開裂するので，分子の構造を知る手がかりになることが多い．質量分析の大きな利点は，感度がきわめて高い（〜 pg）こと，試料が固体，液体，気体のいずれでもよいことなどである．

2.11　光学活性物質の旋光性

通常の自然光は，ガラスや水などのような等方性の媒体中では，光の進行軸に対してあらゆる方向に振動している．光の進行方向と電場を含む面を偏光面という．ある波長の単色光が方解石やニコルプリズムのような異方性をもつ媒体（偏光子）polarizer を通過すると，偏光面は一平面に限られた光だけが通過する．これを平面

2.11 光学活性物質の旋光性

偏光 plane polarized light または直線偏光という．偏光には平面偏光のほかに円偏光 circularly polarized light がある．円偏光は進行方向を軸としてその周りに円運動をしながら進む．進んでくる光に向きあう観測者からみて反時計まわりに回転するものを左円偏光といい，同様にみて時計まわりに回転するものを右円偏光という．平面偏光は振幅と波長が等しい反対向きに回転する2つの円偏光を重ね合わせたものとみなすことができる．偏光の測定には偏光計 polarimeter が使われる．偏光計は光源，偏光子，試料管および検光子 analyzer から構成されている．検光子は一方向にだけ振動する光だけを通過させる機能をもっている．肉眼による測定では，±0.01°の精度で旋光度の測定ができるが，最近では光電子増倍管を用いて，光量を電気的に測定することによって旋光度 α を自動的に表示できる自動旋光計がもっぱら用いられている．

偏光が光学不活性物質中を通過する場合には，左右円偏光の振動方向の回転の度合は同じであるので，両者は互いに打ち消しあい，その偏光面を回転しない（図2.26(a)）．それに対し，光学活性分子を通過すると，通過した光線の偏光面を回転させる．偏光面が回転する現象を旋光 optical rotation といい，回転した角度 α を旋光度という．この現象は，光学活性分子を通過する左右円偏光の屈折率が異なることによって生じる．すなわち，光学活性分子中に直線偏光が入射すると，2つの逆向きに回転する右円偏光と左円偏光のうちの一方が他方よりも速く伝搬する．試料

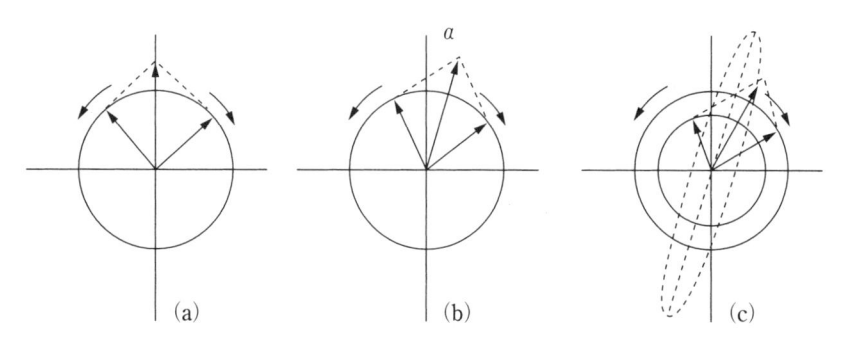

図 2.26 右円偏光と左円偏光の合成
(a) 光学不活性の媒体を通過：右円偏光と左円偏光の進行速度が等しいと，透過光は平面偏光になる．
(b) 光学活性の媒体を通過：右円偏光の進行速度が左円偏光より速い．
(c) 右円偏光に対する左円偏光の吸光係数が異なる透過光は楕円偏光になる．

の長さを l とすると，2つの成分が試料を通過したとき，合成された光の位相関係が変化して，入射した直線偏光は偏光方向に対して $\angle\theta$ の角度だけ振動面が回転する（図 2.26(b)）．旋光度 α は次式で表される．

$$\alpha = \frac{180\, l(n_L - n_R)}{\lambda}$$

ここで，n_L および n_R はそれぞれ左および右円偏光に対する屈折率，λ は光の波長，l は試料の層長（cm）である．屈折率は光の波長によって異なるので，旋光度 α も光の波長によって異なる数値を示す．α は測定する温度，測定に用いられる溶媒によっても異なる．α は試料の層長および光路に存在する分子の数に比例するので，旋光度の大きさを比較する尺度として，次のように定義される比旋光度 specific optical rotatory power, $[\alpha]_\lambda^t$ が使われる．

$$[\alpha]_\lambda^t = \frac{100\alpha}{l\,c}$$

ここで，t は測定時の温度，λ は観測に用いた単色光の波長（ナトリウム D 光線を用いたときには，D と記載する），l は試料の層長（mm），c は 1 mL 中に存在する試料の質量（g）である．一般に，室温で，層長 100 mm の試料管で測定する．旋光度は試料の濃度と比例関係があるので，光学活性物質の同定，純度試験のほか，定量法にも利用される．アミノ酸のように，同系列で分子の異なる化合物の旋光度の比較には分子旋光度 molar optical rotatory power, $[M]$（または $[\phi]$）も使われる．ここで M は分子量である．

$$[M] \text{ または } [\phi] = [\alpha]M/100$$

旋光度は測定する光の波長によっても変化する．この現象は旋光分散 optical rotatory dispersion（ORD）と呼ばれる．通常，長波長から短波長に向かって旋光度をプロットしたとき旋光度の絶対値が増加するが，測定波長領域に電子スペクトルの吸収帯が存在すると，この領域で異常に変化する．この現象をコットン効果と呼び，この現象が現れる曲線はコットン効果曲線 Cotton effect curve と呼ばれる．旋光分散において，長波長から短波長にいくにつれて旋光度が正に増大して，やがて極大値に達した後に減少していくものを正のコットン効果曲線，その反対のものを負のコットン効果曲線という．旋光度が波長とともに単調に変化して極大も極小もない曲線は単純曲線と呼ばれる．測定波長が短波長になるにつれて旋光度が＋側

に大きくなる単純曲線を正の単純曲線，その逆を負の単純曲線と呼ぶ．

発色団を有する光学活性物質では，その吸収帯の波長領域で左円偏光と右円偏光とで異なるモル吸光係数を示す．この現象を円二色性 circular dichroism（CD）と呼ぶ．左円偏光および右円偏光のモル吸光係数をそれぞれ ε_L, ε_R とすると，円二色性は入射光の波長に対して $\Delta\varepsilon = \varepsilon_L - \varepsilon_R$ を記録したものである．試料溶液を通過した直線偏光は振幅に差が生じるので偏光面が楕円形に回転し，2つの和は楕円偏光となる．図2.26(c)に，円二色性を楕円の短軸と長軸の比が $\tan\theta$ となる角 θ で定義される楕円率で示す．左円偏光と右円偏光で吸収の差 $\Delta\varepsilon$ は不斉分子中の発色団に起因するので，吸収のない波長領域では CD はゼロになる．

旋光分散においてコットン効果が生じるのは左右円偏光に対する吸収の差による．円二色性は旋光分散と密接な関係があり，旋光分散が吸収帯の付近で長波長から短波長に向かって正から負に符号が変化するとき，対応する円二色性の符号は正，逆に旋光分散が負から正に変化する場合では円二色性は負である．円二色性波長の極大波長は吸収スペクトルの波長に一致する．図2.27に吸収（ε），ORD（α）および CD（$\Delta\varepsilon$）の関係を模式的に示した．

円二色性と旋光分散はともに不斉分子の立体化学の研究，とくに絶対配置の推定に利用されている

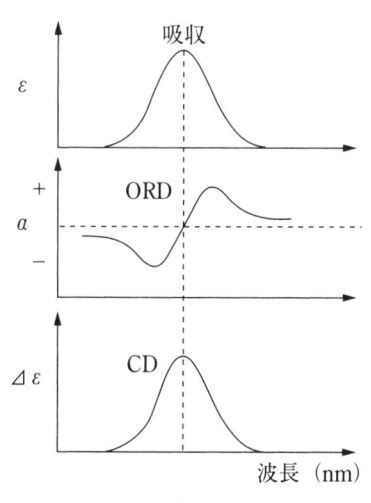

図2.27　吸収（ε），ORD（α），CD（$\Delta\varepsilon$）の関係

不斉中心が複数個存在している分子では，いくつかのコットン効果が重なり複雑なORDを与える．そのような場合，CDはORDよりも高い分解能をもっている．CDおよびORDは薬物と生体高分子との相互作用の研究にもよく利用されている．薬物分子が生体高分子と相互作用すると，その薬物は大きな不斉環境の影響を受けることになり，光学的に不活性な薬物であっても，光学的に活性であるかのように振る舞う．

参考文献

1) 馬場茂雄監修，渋谷　皓，松崎久夫編（2001）薬学生の物理化学　第2版，廣川書店
2) 大塚昭信，近藤　保編（1992）薬学生のための物理化学　第3版，廣川書店
3) 佐治英郎，須田幸治，長野哲雄，本間　浩編（2005）スタンダード薬学シリーズ2，物理系薬学，Ⅰ．物質の物理的性質，東京化学同人
4) R. Chang著（岩澤康裕，北川禎三，濱口宏夫訳）（2003）化学・生命科学系のための物理化学，東京化学同人
5) 松島美一，高島良正（1984）生命の無機化学，廣川書店
6) 小倉治夫，膳昭之助，高田　純，松本嘉夫，大沢昭緒，横江一朗（1987）無機化学　第2版，廣川書店

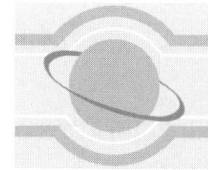

練習問題

1. HCl, HBr および HI における結合の長さは，それぞれ 0.127, 1.142 および 0.160 nm である．電子の電荷を 1.602×10^{-19} として，これらの分子が完全にイオン型であると仮定した場合，これらの双極子モーメントを D 単位で求めなさい．

2. 次の記述に誤りがあれば正しく直しなさい．
   a. 屈折率は温度と測定する光の波長が等しければ，氷と水で等しい数値を示す．
   b. 光の速度は真空中では，温度および波長に関係なく一定である．
   c. 旋光性は偏光が光学活性物質を通過するときの右円偏光と左円偏光の吸収の差によって起こる現象である．
   d. 比旋光度の値からその化合物の分子量を求めることができる．
   e. 旋光度は測定する溶液の濃度と関係しないので，医薬品の定量には用いられない．
   f. 旋光度の値から比旋光度を求めるのに使用する濃度は w/w% である．

3. 波長 λ の光子1個当たりの電磁波のエネルギーおよび1モル当たりのエネルギーを説明しなさい．

4. ある物質（分子量 376）エタノール液が 444 nm に吸収極大を示す．この吸収極大における比吸光度は 323 である．この物質の 444 nm における分子吸光係数と1モル当たりの電子遷移エネルギーを求めよ．
   波長 λ の光子1個当たりの電磁波のエネルギーおよび1モル当たりのエネルギーを説明しなさい．

5. 波長が 300 m 電磁波の1モル当たりのエネルギーを求めなさい．

6. 2個の原子からなる結合（X-Y）の振動は伸び縮みの振動だけであるが，3個の原子からなる結合（X-Y-Z）の振動にはどのようなものがあるか．

7. 質量スペクトルにおけるベースピーク，親イオンピーク，同位体ピークについて説明しなさい．

8. 紫外・可視吸収スペクトルに使用される光源について説明しなさい．
9. 濃度の高い溶液では，蛍光強度は蛍光物質の濃度に比例しなくなる．その理由を説明しなさい．
10. 蛍光の波長は励起光の波長よりも長い．この現象が起こる理由を説明しなさい．
11. 赤外吸収スペクトルにおいて 1600 cm^{-1} よりも高波数の領域と低波数の領域ではかなり異なる現象が現れる．この理由を説明しなさい．
12. 酢酸エチルの ^{1}H-NMR スペクトルにおいて，2 個の CH_3 と CH_3 のケミカルシフトが異なる理由について説明しなさい．
13. 分子中に結合モーメントの大きな結合があっても，その分子の双極子モーメントが 0 であることがある．その分子はどのような分子か，説明しなさい．

Chapter 3

分子間相互作用

到達目標

1) 静電相互作用について例をあげて説明できる.
2) ファンデルワールス力について例をあげて説明できる.
3) 双極子間相互作用について例をあげて説明できる.
4) 分散力について例をあげて説明できる.
5) 水素結合について例をあげて説明できる.
6) 電荷移動について例をあげて説明できる.
7) 疎水性相互作用について例をあげて説明できる.

　この世界に存在する私どもの身体も含めて,すべての物質は膨大な分子の集合によって構成されている.物質を構成している分子間で種々の相互作用が働いていることによって,物質に特有の性質が生まれ,分子のもついろいろな機能が発現する.分子が反応して新しい化学結合が生じ,別の化合物が生成するのも分子どうしに相互作用が働いているからである.物質の性質の解明は物理化学の基本的なテーマの1つである.薬物がその受容体と結合して,薬理作用を発現する機構においても,また酵素の活性部位と基質との結合,あるいは生体高分子の安定化においても分子間相互作用がそれらの役割を担っている場合が多い.分子間で働く相互作用にはファンデルワールス結合のような弱い相互作用から,新しい共有結合ができるような強い相互作用まで種々の相互作用が考えられる.本章では,分子間に働く力について概観することにする.

3.1 分子の電気的性質

3.1.1 双極子モーメント

希ガスの単原子分子，O_2 や N_2 ような二原子分子は，電荷がこれらの分子の重心に対して均一に分布しているので，正電荷の中心と負電荷の中心が一致している．このような分子を**無極性分子** non-polar molecule という．しかし，**電気陰性度** electronegativity が異なるいくつかの原子から構成されている分子の場合，その分子の電荷は電気陰性度の大きな原子のほうにより多くの電子が分布し，電荷の偏りが生じるため，分子中の電子分布の中心と核電荷分布の中心は一致しない場合が多い．結合電子の電荷が結合の中心からずれる現象を分極しているといい，分極の度合いを**双極子モーメント** dipole moment という．**分極**している分子には双極子 dipole が存在することになる．双極子が存在する分子は**極性分子** polar molecule と呼ばれる．

2つの原子間でみると，結合電子は電気陰性度の大きい方の原子に引き寄せられ，正電荷 $+q$ と負電荷 $-q$ の中心が存在する．このために，分子全体としては中性であっても，共有結合にイオン結合性が加えられることになる．正電荷 $+q$ と負電荷 $-q$ はそれぞれ核電荷分布と電子分布の中心に相当し，分極の度合いが大きいほど結合エネルギーは大きくなる．一般に，負に帯電した部分を $\delta -$，正に帯電した部分を $\delta +$ と表している．正電荷 $+q$ と負電荷 $-q$ が距離 r を隔てて存在するとき，双極子モーメントは $\mu =$ (電荷) $\times$ (距離) $= qr$ として定義される．双極子モーメン

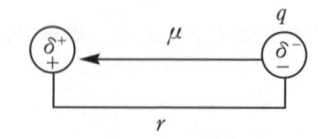

図 3.1　電気的双極子

3.1 分子の電気的性質

トは，大きさと負電荷から正電荷への方向をもつベクトル μ で表される．分子の極性の大小を比較するには双極子モーメントを用いると便利である．

双極子モーメントのSI単位において，q はクーロン（C），r はメートル（m）であるので，双極子モーメントの大きさは，$\mu =$（電荷）×（距離）$=$ C・m で表される．1個の電子の電荷（$e = 1.602 \times 10^{-19}$ C）に等しい2つの反対の電荷が0.1 nm離れて存在しているとき，その双極子モーメントは，SI単位では

$$\mu = 1.602 \times 10^{-19} \text{C} \times 10^{-10} \text{m} = 1.602 \times 10^{-29} \text{C m} \tag{3.1}$$

となる．しかし，一般的には双極子モーメントの値は，扱いやすいデバイ（Debye, D）単位で表される．1 esu $= 3.336 \times 10^{-10}$ C から，1 D は，

$$1 \text{D} = 1 \text{esu} \cdot 1(\text{cm}) \cdot 10^{-18} = 3.336 \times 10^{-10} \text{C} \cdot 10^{-2} \text{m} \cdot 10^{-18}$$
$$= 3.336 \cdot 10^{-30} \text{C m} \tag{3.2}$$

前記の双極子モーメントをデバイ（D）で表すと，4.8 D となる［1 C m $=$ $(1/3.336) \cdot 10^{30}$ D を代入して 1.602×10^{-29} C m は 4.8 D となる］．

3.1.2 結合モーメント

分子内の個々の結合の双極子モーメントは**結合モーメント** bond moment と呼ばれる．二原子分子の双極子モーメント μ はベクトルの方向が結合軸の方向にそっているので，結合モーメントに等しいと考えてよい．代表的な結合モーメントの例を表3.1に示す．多原子分子の双極子モーメントは，近似的に分子を構成する個々の結合の結合モーメントをベクトル的に合成して予測できることが経験的に知られ

表3.1　数種の結合の双極子モーメント μ（D）

結合	μ (D)	結合	μ (D)
C–H	0.54	C–O	0.74
C–C	0	C=O	2.3
C=C	0	C–F	1.41
O–H	1.51	C–Cl	1.46
N–H	1.31	C–Br	1.38
C–N	0.2	C–I	1.19
C=N	0.9		

ている.また,単純な分子の双極子モーメントの値を各結合の寄与に分解することによって各結合モーメントを求めることが可能である.双極子モーメントから分子の幾何学的な構造に関して**電荷分布**,**原子間距離**,**結合角**などを推定することができる.

2つの結合が角度θをなす分子の双極子モーメントμは,2つの結合モーメントをμ_1, μ_2とすると

$$\mu = (\mu_1^2 + \mu_2^2 + 2\mu_1\mu_2 \cos\theta)^{1/2} \tag{3.3}$$

で表せる.もし,2つの結合モーメントが等しければ,この式は$\mu = 2\mu\cos(\theta/2)$になる.水分子を例にあげると,H–O–Hの結合角は105°,H–Oの結合モーメントは1.51 Dであることが知られているので,双極子モーメントの予想値は,式(3.1)から1.85 Dとなる.また,水分子の双子モーメント1.85 DとH–Oの結合モーメント1.51 Dの値からH–O–Hの結合角を求めると105°となる(図3.2).簡単な分子の双極子モーメントの値を表3.2に示す.

$$\mu_{H_2O} = \sqrt{\mu_{OH}^2 + \mu_{OH}^2 + 2\mu_{OH}^2 \cos 105°}$$
$$= 2\mu_{OH} \cos 52.5 = 1.85$$
$$\mu_{OH} = 1.51$$

分子内に結合モーメントの等しい2つの結合が対称的に存在している場合,個々の結合は分極していてもそれぞれの結合の双極子モーメントは逆向きのモーメントにより相殺されるために,その分子全体の双極子モーメントが観測されない場合がある.例えば,o-ジクロロベンゼンの双極子モーメントは2.5 D,m-ジクロロベンゼンのそれは1.7 Dであるのに対しp-ジクロロベンゼンでは0 Dである(図3.3).双極子モーメントから分子の対称性を判断できる例として,1,2-ジ置換アルケンのシス-トランス異性体の区別がある.cis-ジクロロエチレンの双極子モーメントは

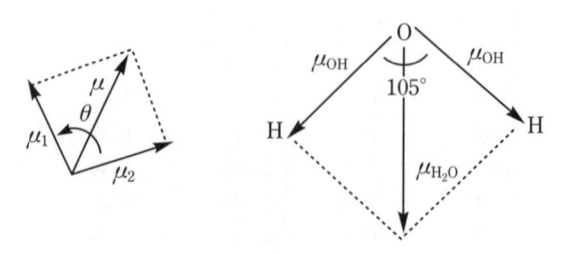

図3.2 水分子の双極子モーメントとH–O結合モーメント

3.1 分子の電気的性質

表3.2 双極子モーメントの例

化合物	μ (D)	化合物	μ (D)
アセトン	2.71	塩化水素	1.08
メチルエチルケトン	2.7	臭化水素	0.78
クロロベンゼン	1.55	ヨウ化水素	0.30
ニトロベンゼン	3.90	シアン化水素	2.93
o-クロロニトロベンゼン	3.78	硫化水素	1.10
p-クロロニトロベンゼン	2.78	水	1.84
ベンゾフェノン	2.95	二酸化炭素	0
ジエチルエーテル	2.72	二酸化硫黄	1.60
フッ化水素	1.95	アンモニア	1.48

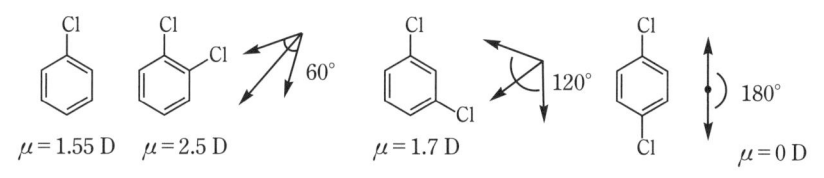

μ = 1.55 D μ = 2.5 D μ = 1.7 D μ = 0 D

図3.3 ジクロロベンゼンの双極子モーメント

1.8 D であるのに対し，*trans*-ジクロロエチレンのそれは 0 D である．

　結合モーメントの大きさはその結合のイオン性（%）ionic character の尺度になる．結合のイオン性は，一対の正負の電荷が完全にイオンに解離していると仮定したときの双極子モーメント μ_{ionic} と比べて何%になっているかを表したもので，双極子モーメントの実測値を μ_{obs} とすると，$(\mu_{obs}/\mu_{ionic}) \times 100$ で求められる．HCl（気体）が完全にイオン結合をしていると仮定すると，H–Cl の距離は 0.127 nm であるので，HCl の双極子モーメントの計算値は μ_{ionic}，4.8 D × 0.127/0.100 = 6.1 D となる．しかし，実際には HCl（気体）の双極子モーメントの実測値 μ_{obs} は 1.08 D であるので，HCl のイオン性は $(1.08/6.1) \times 100 = 17$（%）となり，17%しかイオン結合をしていないことを示している．

3.2 モル分極とモル屈折

3.2.1 モル分極

　極性分子が双極子モーメントをもつことはすでに述べたが，分子中の正負の電荷分布が一致して，電荷の偏りのない無極性分子が電場の中に置かれると，その分子は電場を感知して電子分布に歪みが生じることに起因して，分子中に双極子ができる．このときにできる双極子は，その分子に存在する固有の双極子（これを**永久双極子** permanent dipole と呼ぶ）と区別して**誘起双極子** induced dipole と呼ばれる．永久双極子をもつ極性分子も電場の中に置かれると新たに生じる誘起双極子をもつようになる．電荷分布の歪みは，近くに存在するイオンや双極子などによって引き起こされる外部電場によっても起こる．したがって，極性分子が他の分子と相互作用する場合には，本来存在している永久双極子と他分子の電場によって生じる誘起双極子の両方の寄与が関与する．

　誘起双極子モーメントの大きさは電場の強さ E に比例し，誘起双極子モーメント $= \alpha E$ で表される．比例定数 α を**分極率** polarizability という．極性分子が，他の分子に接近したときにもその分子を分極させる．永久双極子モーメントをもつ極性分子も，電場に置かれると，電場の方向に永久双極子が配列するために**分極**が起こる．この場合の分極率は $\mu^2/3k_\mathrm{B}T$ で表される．分子全体の分極率は，これに誘起双極子による分極が加えられるので，これら 2 つの項の和からなる．すなわち，

$$\text{分子全体の分極率} = \alpha + \mu^2/3k_\mathrm{B}T$$

である．1 モル当たりの分極率は**モル分極** $P\mathrm{m}$ と呼ばれ，次の**デバイの式**で表される．

$$P\mathrm{m} = \frac{N_\mathrm{A}}{3\varepsilon_0}\left(\alpha + \frac{\mu^2}{3k_\mathrm{B}T}\right) \tag{3.4}$$

ここで，N_A はアボガドロ数，μ は永久双極子モーメント，k_B はボルツマン定数，

ε_0 は真空中の**誘電率** dielectric constant, T は絶対温度である. 極性分子では, 分子どうしがかなり相互作用を及ぼしあうので, デバイの式は希薄溶液でないと適用されない. 気体状態あるいは無極性溶媒中で測定されたモル分極の値はその化合物特有の定数である. 永久双極子モーメントからの寄与がない無極性分子の場合には, モル分極は次に示すクラウジウス-モソッティ Clausius-Mosotti の式によって誘電率の測定値から求められる.

$$Pm = \frac{\varepsilon/\varepsilon_0 - 1}{\varepsilon/\varepsilon_0 + 2} \cdot \frac{M}{\rho} = \frac{N_A \alpha}{3\varepsilon_0} \tag{3.5}$$

M は分子量で, ρ はその密度である. ε_0 は真空中の誘電率で, $\varepsilon/\varepsilon_0$ は真空中に対する物質の誘電率の比で比誘電率といい, ε_r を使って表す.

物質の誘電率は, コンデンサーの間に試料がない (真空) のときの電場と試料を満たしたときの電場の比で表される. 電極板間の電場が試料の双極子を配向させるが, 双極子の配向は電極板間の電場を減少させる.

$$\varepsilon_r = \frac{E}{E_0} \tag{3.6}$$

ここで, E_0 は真空の電極板間の電場, E は試料溶液があるときの電場である. 実験的に容易に測定できる量として, 電極板間の溶液の静電容量 C と真空の静電容量 C_0 の比から誘電率を求めることができる. 式 (3.6) は式 (3.7) のように書くことができる.

$$\varepsilon_r = \frac{C}{C_0} \tag{3.7}$$

誘電率の大きな物質ほど, 極性の大きな物質である. 異なる温度でモル分極率を求め, その値を $1/T$ に対してプロットすると直線が得られる. その直線の勾配から永久双極子モーメント μ の値が求められる. 直線を $1/T = 0$ に外挿すると縦軸の切片から分極率を求めることができる.

分子に光が通過すると, 光の電場の成分によって分極が生じる. 分子の分極率を調べる最も便利な方法は, 次に述べる**屈折率** refractive index を応用することである.

3.2.2 屈折率

　光が等方性の第1の媒質から第2の媒質に入るときに，各媒質中における光の速度が異なるために，その境界面で光の進行方向の角度が変わる．この現象を**屈折**という．真空に対する媒質の**屈折率**を絶対屈折率といい，2つの物質の絶対屈折率の比を相対屈折率といい，n の記号で表す．

$$絶対屈折率 = \frac{真空中の光の速度}{空気中の光の速度} \times \frac{空気中の光の速度}{媒質中の光の速度}$$

で表される．屈折率を測定する光学的装置は**屈折計** refractmeter と呼ばれる．日本薬局方の屈折率測定法は，試料の空気に対する屈折率を求める方法で，アッベ Abbe の屈折計が用いられる．この装置では，入射角の正弦と屈折角の正弦の比を屈折率として読む（図 3.4）．空気中の光の速度と媒質中の光の速度の比と考えてよい．

　屈折率の値は測定温度および屈折率は測定に用いた光の波長に依存するので測定温度および測定波長の数値を記す必要がある．アッベの屈折計では白色光を用いてナトリウムのD線（波長 λ = 589.0 nm と 589.6 nm の二重線）に対する屈折率を直接読むことができる．ナトリウムのD線を用いて，20℃で測定した測定値は n_D^{20} と記述する．単に n_D と記述する場合もある．屈折率が大きい媒体から小さい媒体へ入射するとき，入射角がある角度以上になると**全反射**が起こる．この角度を全反射の**臨界角** θ_c という．

　屈折率は分子構造と関連づけられるほか，分析的にも応用される．日本薬局方の

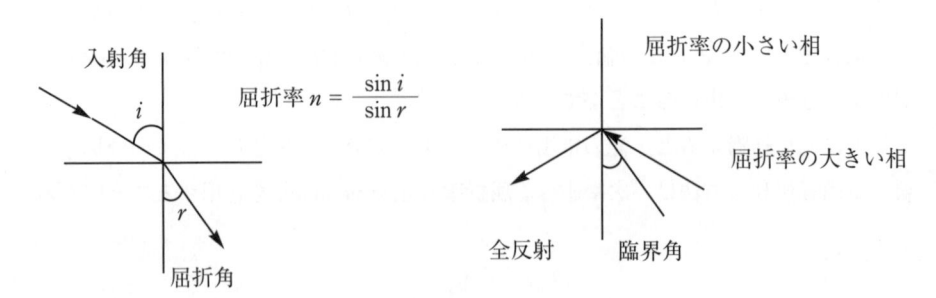

図 3.4 光の屈折率と全反射

3.2 モル分極とモル屈折

表 3.3 液状化合物の屈折率

化合物	n_D	化合物	n_D
グリセリン	1.449 〜 1.454	フィトナジオン	1.525 〜 1.529
クロフィブラート	1.500 〜 1.505	ジメルカプロール	1.570 〜 1.575
酢酸トコフェロール	1.494 〜 1.499	はっか油	1.455 〜 1.467
トコフェロール	1.503 〜 1.507	ベンジルアルコール	1.538 〜 1.541
ハロタン	1.369 〜 1.371		

一般試験法の**屈折率測定法**では，医薬品各条に規定される温度の±0.2℃の範囲内でD線を用いて測定するとn_Dの範囲は1.3〜1.7，精密度は0.0002で屈折率を得ることができる．純粋な液状化合物は，その物質に特有の屈折率の値を示すので，その液状化合物の純度を知ることができる．表3.3にいくつかの液状化合物の屈折率を示す．また，2種の液体混合物の屈折率は個々の液体の混合比によってそれぞれ特有の屈折率を示すので，構成している2種の液体の混合比と屈折率の関係を求めておけば，屈折率から液体の組成を求めることができる．

3.2.3 モル屈折

透明な等方性媒質に光が通過すると，誘電率εはマクスウェルの電磁波理論の関係式から$n^2 = \varepsilon/\varepsilon_0$となる．屈折率とその分子の分極率との関係は，物質の密度をρ，モル質量をMとすると，ローレンツ-ローレンス Lorentz-Lorenz の式

$$R\mathrm{m} = \frac{n^2 - 1}{n^2 + 2} \cdot \frac{M}{\rho} = \frac{N_A \alpha}{3\varepsilon_0} \tag{3.8}$$

で表される．$R\mathrm{m}$はモル屈折 molar refraction で，光の波長が一定であれば物質固有の値である．したがって，分子の分極率は試料の屈折率を測定し，クラウジウス-モソッティの式を使って，可視光に相当する振動数で測定することによって求めることができる．屈折率nには次元がないのでモル屈折$R\mathrm{m}$は体積を物質の量で割った次元をもっており，$\mathrm{m}^3\,\mathrm{mol}^{-1}$あるいは$\mathrm{cm}^3\,\mathrm{mol}^{-1}$で表される．

3.3 分子間相互作用

3.3.1 イオン結合

　陽イオンと陰イオンの間に静電引力が働いて生じる化学結合が**イオン結合**であるが，結合電子は電気陰性度の高いほうの原子に引き付けられ，局在化している．同符号の電荷の間には斥力が働くが，異符号の間には引力が働く．**クーロン力**には指向性がなく，陽イオンのまわりではどの方向からも陰イオンができるだけ接近しようとし，反対に陰イオンのまわりには陽イオンが集まろうとする．イオン結合によって結合された最もよく知られているものに塩化ナトリウムがある．塩化ナトリウムでは，電子はNaからClに移ってNa^+Cl^-のように各原子はイオンになっており，各イオン間はクーロン力が働いている．図3.5に示すようにNa^+とCl^-が交互に結晶内に配列し，各イオンは反対の電荷をもつ6個のイオンに囲まれている．Na^+－Cl^-の距離をrとすると，2つの隣り合うイオン間のクーロン相互作用エネルギーは距離に反比例し，$V_c = -q^2/4\pi\varepsilon_0 r$で表される．イオン結晶のクーロン力はかなり強く，格子エネルギーは約$100\ kJ\ mol^{-1}$から数百$kJ\ mol^{-1}$にもなる．したがって，一般にイオン結晶の融点が高く，例えば，食塩の融点は800℃，沸点が1413℃である．

　イオン結合でできているイオン結晶は，水に溶けてイオンに解離する．それぞれ

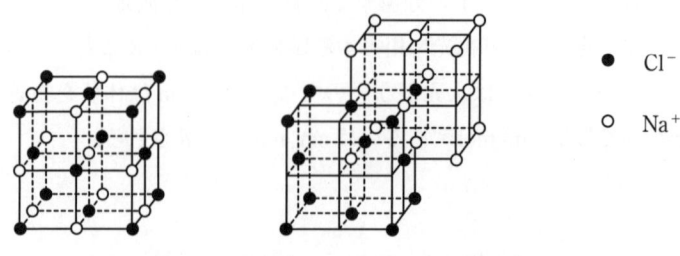

図3.5　塩化ナトリウムの結晶格子

の両イオンは溶媒和イオンを形成する．NaClは，水溶液中ではNa$^+$，Cl$^-$に解離し，Na$^+$，Cl$^-$のいずれも水和している．極性溶媒中ではNa$^+$−Cl$^-$結合は弱くなるが，溶媒の誘電率が低下するとイオンとイオンの結合が強くなり，溶媒に溶けにくくなる．

タンパク質内のイオン的相互作用は，構造・機能の関係を決定する要因となる．イオン結合は強い結合であるので，これを内部にもつタンパク質は構造安定に有利となり，熱によって機能を失う機会（変性）は起こりにくくなる．

3.3.2　水素結合

水素原子が，酸素，窒素原子などのように電気陰性度の大きい原子と結合している共有結合，例えば，O−HやN−Hの結合電子はO，Nのほうに引き寄せられるので，水素原子の電子密度が小さくなり，$X^{\delta-}-H^{\delta+}$（X = N，O，F）で示されるような分極を示す．このような水素原子は，プロトンとして放出されやすい．電荷の分極が関与する分子間力のうち，このように電子密度が小さくなっている水素原子Hが介在する結合が**水素結合**である．この水素原子は，隣接分子の電子密度の高い原子$Y^{\delta-}$との間に静電的に結合し，水素結合を形成する．水素結合を点線で示し，模式的に$X^{\delta-}-H^{\delta+}\cdots Y^{\delta-}-R$（例えば，O−H$\cdots$O，O−H$\cdots$N，N−H$\cdots$O）のように示される．$X^{\delta-}-H^{\delta+}$はプロトンドナーと呼ばれ，$Y^{\delta-}-R$はプロトンアクセプターと呼ばれる．

水素結合はプロトンドナーとプロトンアクセプターとの間で形成される結合で，分子会合の中で最も重要な原因になっている．分子間で水素結合を形成するとみかけの分子量が大きくなり高い沸点を示す．例えば，水の分子量が18で，小さいにもかかわらず高い沸点を示すのは，分子間水素結合が沸点を高くする原因となっている典型的な例である．分子量が大きいH_2Sが気体である．水の水素結合の強さは温度によって異なり，4℃で密度が最大になる．アルコール，ROHが同程度の分子量をもつ炭化水素に比較して高い沸点を示すのも，分子間で水素結合をつくるからである．プロトンドナー（X−H）のXの電気陰性度が大きいほど，強い水素結合を形成する傾向がある．

水素結合は分子間ばかりでなく分子内でも生じる．*o*-ニトロフェノールでは水素

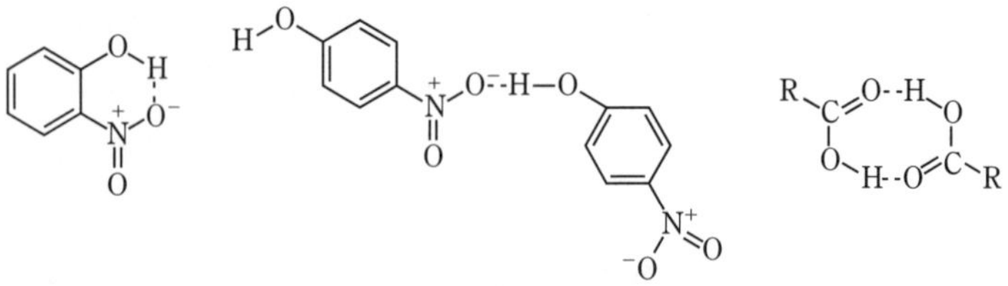

図 3.6 o-ニトロフェノールの分子内水素結合と p-ニトロフェノールの分子間水素結合，およびカルボン酸の水素結合による二量化

結合は分子内で成立しているのに対して，そのメタ異性体やパラ異性体では分子間水素結合が形成される．このため，パラ異性体はメタ異性体やオルト異性体よりもはるかに沸点が高い．しかし，O–H…O の結合エネルギーはせいぜい 17 ～ 30 kJ mol^{-1} 程度で，熱によって容易に開裂する．

　溶質と溶媒間の水素結合は，溶解度を増大させる．固体状態では，ほとんどすべての場合，分子はできるだけ多くの分子間水素結合が形成されるような配列をとっている．各水素結合は，原子 B が結合 A–H の延長上にくる場合に最も強くなるので，このような分子間水素結合は相手方分子に対して配向性を及ぼすことになる．大抵の物質では，固体のほうが同温度の液体より密度が大きいが，氷は完全に水素結合した構造をとることによって同温度の水よりも密度が小さい．共有結合の O–H 距離は 0.096 nm であるのに対し，水素結合を形成すると O–H…O の O–H 距離は 0.180 nm と長くなるため，氷の結晶には水分子よりも空隙が多い．氷は，O–H…O 型の水素結合で水分子が整然と配列された結晶が形成されているからである．氷が融解して水になると，規則正しい分子配列が崩れ，水素結合の一部が切断されて，より多くの分子で水素結合を形成するため水は氷よりも密度が大きくなる．水になると体積は小さくなって密度が増す．

　その他，カルボン酸は 2 分子間で会合して 2 量体として存在しているため，同程度の分子量をもつアルコールよりも高い沸点を示す原因となっている．アルコール類においても分子間水素結合が形成されている．

　典型的な水素結合の距離は N–H…O に対しては 0.30 nm，O–H…O に対しては 0.27 nm である．生体高分子では，水素結合は特に重要である．例えば，タンパク質分子の α ヘリックスや β 構造においては，ペプチド間で形成される N–H…O＝C 型の水素結合の形成によって，その立体構造の保持，生体反応の促進に大

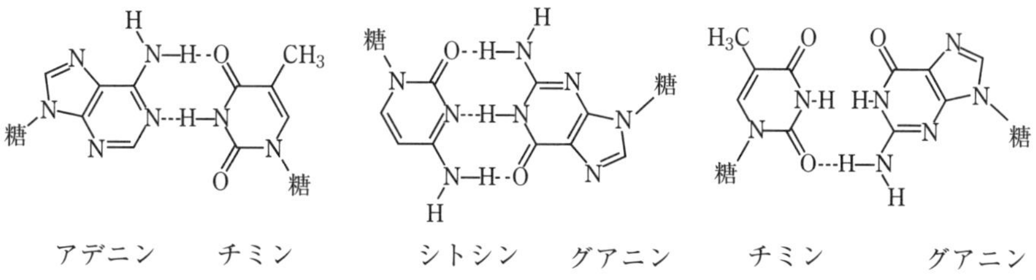

3.3 分子間相互作用

図3.7 アデニンとチミン，シトシンとグアニンの水素結合およびチミンとグアニンとの水素結合は不利になる様子

きな役割を果たしている．炭水化物においても，O–H⋯Oのようにすべて高度に水素結合した形で存在している．水素結合は分子間結合力を著しく大きくするが，それほど強い結合ではないので加熱すると分解する．このほか，デオキシリボ核酸（DNA）が細胞の遺伝情報を司っていることも，生物化学における水素結合の意義の1つである．

DNA分子は分子量が数百万以上の高分子で，リン酸基，糖（デオキシリボース），およびプリン塩基（アデニン，グアニン）あるいはピリミジン塩基（シトシン，チミン）からなる．DNAにおいて，アデニン(A)–チミン(T)とシトシン(C)–グアニン(G)の水素結合形成がDNAの二重らせん構造の安定化の鍵になっている．チミンとグアニンの組合せは立体的に不利になり，水素結合を形成することはできない．

炭素に結合している水素原子でも，炭素に電気陰性度の大きな元素が結合していると，水素原子は一部H^+として解離し，プロトン供与体として働くことにより，H_2OやHFにみられる水素結合よりも弱いがプロトン受容体と水素結合を形成する．そのような例として，クロロホルム–アセトンの分子間相互作用をあげる．クロロホルム–アセトン間の水素結合は，最高の沸点を与える共沸の原因となっている．

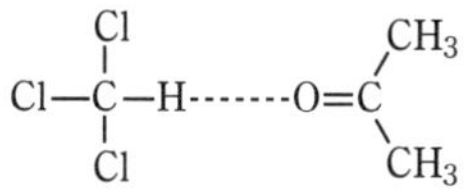

3.3.3 ファンデルワールス力

電荷をもたない2個以上の中性の分子（あるいは原子）が互いに近づいたとき

に，それらの永久双極子モーメント（あるいは誘起双極子モーメント）によって分子間で生じる弱い結合力を**ファンデルワールス力** van der Waals force という．実在気体が低温にしたり，高圧にすると液化することは，気体分子間にも引力が働いていることを示唆している．そのような力は，分子がより密に存在している液体および固体状態においては，さらに強い効果を及ぼしている．ファンデルワールス結合は，**双極子-双極子相互作用**（配向力 orientation force），**双極子-誘起双極子相互作用**（誘起力 induction force）および**誘起双極子-誘起双極子相互作用**（分散力 dispersion force）の3つに分類される．

1) 双極子-双極子相互作用

多くの分子は，分子内の陽電荷の中心と陰電荷の中心が離れていることに起因する永久双極子モーメントをもっている．そのような極性分子が互いに近づいたときに，1つの分子の陽電荷と隣りの分子の陰電荷との間に相互作用が生じて両分子間に力が働く．その力の大きさは，分子間の相対的な位置や向き（配向）に著しく依存する．同じ符号の電荷をもつものどうしが近づけば反発力となるが，反対の電荷をもつものが互いに近づけば引力が生じ，分子は互いに安定な配向をとろうとする．

2つの分子を結び付けている分子間力は強くないので，温度が高くなると熱運動が激しくなって，双極子は配向しにくくなり，配向力のファンデルワースル力の寄与は小さくなる．

2つの永久双極子モーメントをもつ2個の分子の相互作用の平均エネルギー $V(r)$ は次式で表されるように，距離 r の6乗に反比例する．

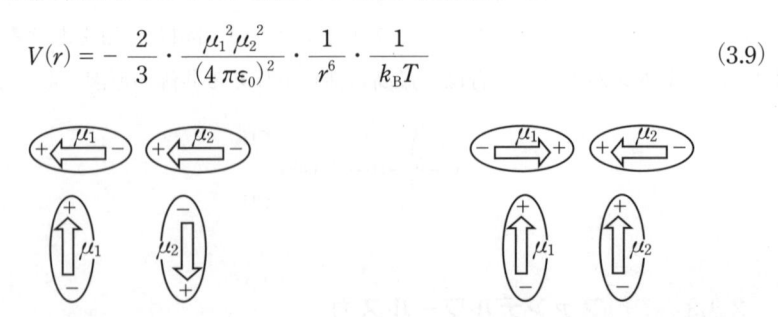

$$V(r) = -\frac{2}{3} \cdot \frac{\mu_1^2 \mu_2^2}{(4\pi\varepsilon_0)^2} \cdot \frac{1}{r^6} \cdot \frac{1}{k_B T} \tag{3.9}$$

(a) 引力を及ぼしあう相互作用　　(b) 反発力が働く相互作用

図3.8　双極子をもつ分子間の相互作用

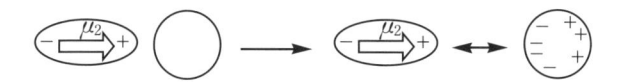

図 3.9 双極子-誘起双極子の分子間力

ここで，μ_1，μ_2 はそれぞれ分子 1 および分子 2 の永久双極子モーメント，r は 2 つの双極子間の距離，ε_0 は真空中の誘電率，k_B はボルツマン定数，T は絶対温度である．

2) 双極子-誘起双極子相互作用

イオンや極性分子が，無極性に近づくと，その無極性分子の中に双極子を誘起させる．その結果，無極性分子内に生じる誘起双極子と最初の極性分子との間の相互作用により，2 つの分子が互いに引き合うことになる．この相互作用は極性分子の永久双極子モーメント μ_1 と誘起双極子モーメントを生ずる分子の分極率 α_2 の大きさによって決まり，2 つの分子の間の相互作用の平均エネルギーは次の式で表される．

$$V(r) = -\frac{\mu_1^2 \alpha_2^2}{(4\pi\varepsilon_0)^2} \cdot \frac{1}{r^6} \tag{3.10}$$

誘起双極子モーメントは，電子のゆらぎによって生じるもので，熱運動の効果を考慮する必要はなく，温度 T の項は無関係となる．

3) 誘起双極子-誘起双極子相互作用

永久双極子をもたない無極性分子の分子内の電子分布は，静止して固定したものではなく，分子内電子が運動していることにより電子の状態は常にゆらいでいる．それによって瞬間的に電荷の偏りが生じ瞬間的に誘起双極子 μ_1^* が生じる．また，このような誘起双極子 μ_1^* は，この分子に接近している他の無極性分子を分極させ，誘起双極子 μ_2^* を生じさせる．こうして生じた 2 つの誘起双極子は互いに引力を及ぼしあう．その極端な例が，Ne や Ar など不活性原子間の相互作用である．これらは低温で液化され，分子間力が存在することが示唆される．ロンドンは，不活性原子間に働いている分子間引力を次のように説明した．不活性原子では，ある短い時間にわたって平均された電子の確率的な分布は原子核に対して対称的であるけれ

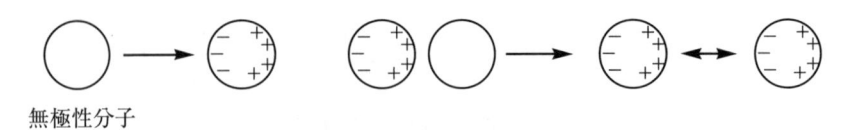

図3.10 誘起双極子-誘起双極子の分子間力

ども，ある瞬間においては電荷が原子の片方へ偏り，その結果，瞬間的に生じる双極子が近傍にある原子の中に双極子を誘起させ，この２つの双極子が足並みをそろえて並ぶことによって分子間引力が生まれる．この種の分子間相互作用を**ロンドンの分散力** London dispersion force あるいは分散力と呼ばれる．

分子の運動によって分子配向が変わっても，誘起されて生じる第二の分子の分極は第一の双極子に従うことになる．この相互作用のエネルギーは２つの分子の分極率 α_1, α_2 に依存し，温度は関係しない．電子の動きやすさは，分子を構成している原子核が外殻電子をどの程度ひきつける力があるかにかかっている．そこで，電子の原子核の束縛からのはずれやすさを反映しているイオン化ポテンシャルの項を考慮して，分散力の相互作用エネルギーの式はロンドンの式とも呼ばれ，次の式で表される．

$$V(r) = -\frac{2}{3} \cdot \frac{I_1 I_2}{I_1 + I_2} \cdot \frac{\alpha_1 \alpha_2}{r^6} \tag{3.11}$$

ここで，I_1, I_2 はそれぞれの分子のイオン化ポテンシャルである．

以上３つのエネルギーは，いずれも負の値をとる．分子間に存在する微弱な引力に基づく全相互作用エネルギーは，この３つのエネルギーの和として与えられる．いずれも r^{-6} に比例しており，一般に分子間の引力のエネルギーは次の式のように表される．

$$V(r) = -\frac{C_6}{r^6} \tag{3.12}$$

ここで，C_6 は分子に固有の定数である．

双極子-双極子引力および双極子-誘起双極子引力は，双極子に沿って最も強くなるが，ロンドンの分散力には方向性がなく，すなわち，全方向に向かって同じ強さで働く．この分子間力は，分子と分子が接する面積が大きくなるほど強くなる．炭素数が等しいアルカンでみると，直鎖状のアルカンは，枝分かれしたものよりも分

子間相互作用が強くなる．ペンタンがその異性体である 2,2-ジメチルプロパンよりも沸点が高いのは，このことに起因する．

　誘起双極子の間の引力は，静電結合での原子間の恒久的な分極と比べれば非常に弱く，せいぜい 4 kJ/mol 以下の結合エネルギーである．しかし，この作用は疎水性相互作用とともに，医薬品と受容体の結合や，生体高分子の安定化に重要な役割をしている．

　双極子-双極子引力，双極子-誘起双極子引力ならびにロンドンの分散力をまとめてファンデルワールス引力と呼ぶ．ファンデルワールスの状態方程式における a/V^2 の項を与えているのは，これらの3つの引力である．これらの分子間引力は気体の諸性質に影響を及ぼすほか，液体や固体状態では，分子間の親和性を高めたり，さらには物質が溶媒に溶けたり吸着したりする過程にも関係している．

3.3.4　疎水性相互作用

　炭化水素あるいは炭化水素基をもつ物質の水に対する溶解性が非常に小さいのは，水分子と炭化水素との間に働くファンデルワールス力が水分子どうしの双極子引力よりも小さいので溶解による安定化に伴うエネルギーの減少がほとんどないことと，炭化水素のまわりに水分子の氷様構造がつくられて規則性が増し，系のエネルギーの減少も乱雑さの増加もみられないからである．溶解性が大きくなるためには，炭化水素基と水分子の接触が最小限になるような変化が起こる必要がある．後章で述べる**界面活性剤**のミセル生成やリン脂質の小胞体生成は，このような変化の一例である．ミセル形成では，分子の炭化水素基どうしが集合して極性基を水のほうに向ける．このような現象は**疎水性**の炭化水素基が水分子との接触を避けるために

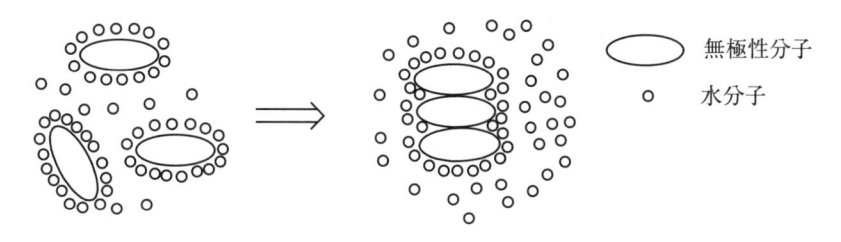

図 3.11　疎水性相互作用による無極性分子の集合
水の中の無極性分子は，疎水性相互作用の結果として無極性分子が寄り集まる．

起こるので，疎水性の炭化水素基どうしの相互作用を**疎水性相互作用** hydrophobic interaction または**疎水結合** hydrophobic bonding という．疎水性相互作用は水の構造のエントロピーの増加をもたらしている．この様子を図3.11に示す．

　疎水性基どうしの相互作用は互いに接触できる距離に達していて，立体障害などで不利にならなければ疎水的相互作用はファンデルワールス力を通して起こるが，この寄与は決して大きくない．疎水性相互作用では，溶媒の水が介在していることがきわめて重要である．疎水的相互作用によりエネルギーが低下し，疎水性基から解放されて自由に動きまわることができる水分子が増加して乱雑さが増える．したがって，水以外の溶媒中では，これほど顕著な現象はみられない．

　疎水的相互作用は水中でタンパク質分子が**α-ヘリックス構造**の形成にも寄与している．タンパク質どうしのらせん構造はペプチド結合間の水素結合によって維持されているが，その安定化にはペプチド中のアルキル側鎖やフェニル基どうしの疎水的相互作用がかなり寄与している．また，医薬品がタンパク質に結合するときにも，その安定化に，医薬品分子の疎水性基とタンパク質分子の側鎖中の疎水性基との相互作用が寄与している．

3.3.5　電荷移動錯体

　電子供与性の分子と電子受容性の分子が混合すると，電子供与性の分子から電子受容性の分子に電荷の移動が起こり，両者間で働く**静電相互作用**によって**錯体**が形成される．このようにして形成される錯体を**電荷移動錯体**という．有機化合物は一般に，電気を通しにくい絶縁体であるが，電荷移動錯体が形成されると電気伝導性をもつようになることが知られている．また，電荷移動錯体が形成されると光学的な変化が生じ，異なる吸収帯が生じることがある．

　電荷移動錯体が形成される例として，ベンゼン中やピリジン中にヨウ素を溶かしたときにみられる．ヨウ素の四塩化炭素溶液は分子状のヨウ素による紫色を呈する

図3.12　ヨウ素-ベンゼン錯体

図 3.13 ポビドンヨードの生成

のに対し，ベンゼン溶液は赤褐色を呈する．これは，ヨウ素の吸収位置がベンゼンとの相互作用によってシフトするからである．この可視部領域にみられる現象の他に，新しく 279 nm に吸収極大をもつ強い吸収帯が観測される．この現象が現れるのは，ベンゼンからヨウ素に電子が移動してヨウ素-ベンゼンの錯体が形成されることを示している．

消毒用のポビドンヨード液はヨウ素とポリビニルピロリドン（ポビドン）を混合して形成される電荷移動錯体である．

電荷移動錯体を形成する電子受容体と電子供与体の例を示す．

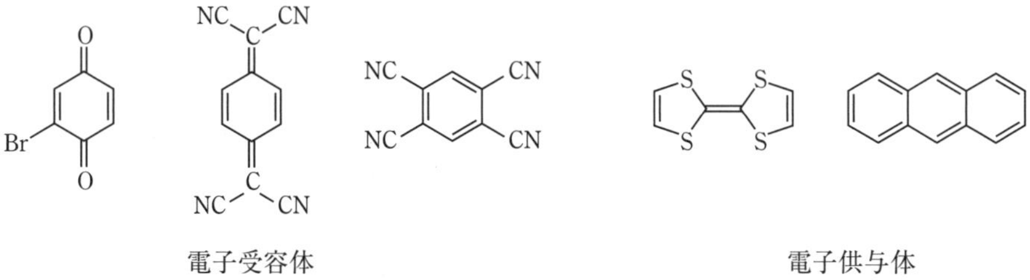

電子受容体　　　　　　　　　　　電子供与体

参考文献

1) 馬場茂雄監修，渋谷　皓，松崎久夫編（2001）薬学生の物理化学　第 2 版，廣川書店
2) 大塚昭信，近藤　保編（1992）薬学生のための物理化学　第 3 版，廣川書店
3) 佐治英郎，須田幸治，長野哲雄，本間　浩編（2005）スタンダード薬学シリーズ 2，物理系薬学，I．物質の物理的性質，東京化学同人
4) R. Chang 著（岩澤康裕，北川禎三，濱口宏夫訳）（2003）化学・生命科学系のための物理化学，東京化学同人

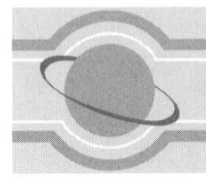

練習問題

1. 次の分子に関して,生じると考えられる分子間相互作用をそれぞれ列挙しなさい.
   - a He
   - b SO_2
   - c HF
   - d H_2O
   - e CH_3OH
   - f C_6H_6

2. Br_2 と ICl は同数の電子をもっているが,Br_2 は -7.2 ℃ で融解するのに対して,ICl の融点は 27.2 ℃ である.この理由を説明しなさい.

3. ペンタン(C_5H_{12})には3つの構造異性体があり,それぞれ,9.5 ℃,27.9 ℃,36.1 ℃ である.これら3つの構造を書き,沸点の高い順に並べなさい.またこのような順序となる理由を説明しなさい.

4. 以下に述べる性質のうち,液相での強い分子間相互作用の存在を示すのはどれか.
   (a) 表面張力が非常に小さいこと,(b) 臨界温度が非常に小さいこと,(c) 沸点が非常に低いこと.

5. 塩化ナトリウムの水溶液にエチルアルコールを加えると,塩化ナトリウムの溶解度が減少して,塩化ナトリウムが析出してくる理由を述べなさい.

6. ジエチルエーテル($C_2H_5OC_2H_5$)の沸点は 34.5 ℃,1-ブタノール(C_4H_9OH)の沸点は 117 ℃ である.両者で沸点の差が生じる理由を説明しなさい.

7. 界面活性剤の水溶液の濃度を高めていくと,やがてミセルが生成する理由を説明しなさい.

8. ヨウ素は,クロロホルムの溶液とピリジンの溶液では色が異なる理由を説明しなさい.

9. o-ニトロフェノールと p-ニトロフェノールで,沸点の高いのはどちらか.またその理由を説明しなさい.

10. 氷が水に浮く理由を説明しなさい.

11. H_2O は分子量が 18 と小さいにもかかわらず，高い沸点（100 ℃）を示し，それより分子量の大きな H_2S は気体である理由を説明しなさい．
12. タンパク質分子や DNA 分子は，分子量の大きな高分子であるが，これらの構造の安定性を生む要因について説明しなさい．

Chapter 4

気体の性質

到達目標

1) ファンデルワールスの状態方程式について説明できる.
2) 気体分子運動とエネルギーの関係について説明できる.
3) エネルギーの量子化とボルツマン分布について説明できる.

　物質は一般に温度および圧力の値によって気体, 液体, 固体の3つの状態をとる. これらの状態は, 分子または原子間における互いに引き合う分子間力と分子間引力の束縛に打ち勝つのに必要なエネルギーを受け取るときにみられる2つの傾向の均衡によって決まる. 固体は, 体積を変えることも形を変えることも困難な状態である. 分子あるいは原子が規則正しく配列されている結晶では, **結晶格子** crystal lattice は分子の熱運動よりもはるかに強い状態でできているが, 外界から熱を吸収すると分子の振動が激しくなり, ある温度に達すると規則的な配置がくずれ, 固体は溶けて流動性をもった液体になる. 大気圧のもとで固体が液体になる温度が**融点**であり, このときに必要なエネルギーが**融解熱**である.

　液体分子の動きは比較的激しく, 振動, 回転をしながら同じ位置に止まることなく併進運動して液体中の全領域を自由に動き回っている. 液体分子は近距離内では, ある程度配向しており, 固体と同程度の体積と密度をもつ. 液体の温度が低下すると, 融解熱と等しい熱を外界に放出して液体は固体になる. この現象を**凝固**といい, このときの温度が**凝固点**である. 融点においては固体と液体が平衡に存在し, 純物質の融点と凝固点は等しい. また, 液体が外界から熱を吸収すると, 液体を形成している**分子間力**に打ち勝って, 分子間結合が切断されて気体となる. 蒸気圧が大気圧に等しくなるとき液体は沸騰する. このときの温度が**沸点**であり, このときに必

要なエネルギーが蒸発熱である．気体の温度が低下すると，気体は蒸発熱に等しいエネルギーを外界に放出して液体になる．この現象を凝縮という．沸点において，液体と気体は平衡に存在する．

ここでは，物質の気体，液体，固体の3つの存在状態のうち，質量，圧力，体積および温度の4つの状態変数によってその状態が決まる気体の性質について述べる．

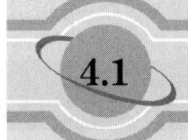

4.1 気体の性質

4.1.1 理想気体

気体分子は非常に小さく，気体分子自身の占める体積を無視できるとし，また，気体分子は常に種々の方向に自由に違った速度で運動しているが，分子間の相互作用はないと仮定したときの気体を**理想気体**という．理想気体として取り扱う限りにおいては，温度を低下させたり，圧力を高くしても**分子間相互作用**は働くことはないと考えられるので気体が液化することはないと考えると，理想気体の圧力Pは単位体積に含まれる物質量および温度に比例し，体積に反比例する．比例定数Rは**気体定数**と呼ばれる．これらの関係は，**ボイル-シャルルの法則**として知られている．これらの関係を表す**理想気体の状態方程式**は，次の式で表される．

$$PV = nRT \tag{4.1}$$

ここで，P：圧力，V：体積，n：物質量（n mol），R：気体定数，T：絶対温度（単位はK，ケルビン）

1モルの理想気体は，0℃（273.15 K），1 atm（101325 Pa = 101325 Nm^{-2}）において，22.4 L（22.4×10^{-3} m^3）の体積を占めることから，比例定数Rの単位をSI単位で表すと，

$$R = \frac{101325 \text{ Nm}^{-2} \times 22.4 \times 10^{-3} \text{ m}^3}{273.15 \text{ K} \times 1 \text{ mol}}$$

$$= 8.3145 \text{ Nm} \cdot \text{K}^{-1} \cdot \text{mol}^{-1}$$

$$= 8.3145 \, \text{J} \cdot \text{K}^{-1} \cdot \text{mol}^{-1}$$

で表されるので，R は 1 K 当たり，1 mol 当たりのエネルギーの次元をもつ．

4.1.2 混合気体の圧力

2種類の気体 A, B の混合物が温度 T で容積 V の容器に閉じ込められたときに，気体の全物質量を n，A, B の物質量をそれぞれ n_A，n_B とすると，この容器に A, B 各成分気体が単独に存在したときに示す圧力は，それぞれ $P_A = (n_A RT)/V$，$P_B = (n_A RT)/V$ である．P_A, P_B をそれぞれの分圧と呼ぶ．

混合物全体の圧力 P は，各成分の分圧の和 $P = P_A + P_B$ である．混合気体の各成分の分圧は，各成分のモル分率で決まる．A, B のモル分率 x_A, x_B はそれぞれ，全物質量に対する各成分の物質量の比，すなわち，$x_A = n_A/(n_A + n_B)$，$x_B = n_B/(n_A + n_B)$ で表される．これを**ドルトンの分圧の法則**という．

$$P_A = x_A P \qquad P_B = x_B P$$

4.1.3 実在気体

理想気体の状態方程式（式 (4.1)）$PV = nRT$ は，気体分子の分子間力および体積は無視できると仮定して表したもので，気体の圧力 P と体積 V の積 PV は温度 T のみで決まり，一定温度においては一定の値である．しかし，実在気体では，PV は圧力の関数でもある．実在気体の挙動が，理想気体の状態方程式からずれる程度は，実在気体の圧力 P から計算された体積 V_{obs}（$= RT/P$）と，観測された体積 V_{obs} の比 (Z) $Z = V_{obs}/V_{cal}$ で表される．Z を**圧縮因子** compression factor という．Z は $V_{obs}/V_{cal} = V_{obs}/(RT/p)$ で表されるので，理想気体では，温度が一定ならば，どのような圧力，温度においても $Z = 1$ である．

図 4.1 に 1 モルの気体の PV と P との関係を示す．二酸化炭素は分子間力が強いので，PV は，はじめ著しく減少する．水素では P が増すにつれて PV が増す．しかし，十分低温になると水素も酸素のように P が増すと PV が減少し，その後に増加に転じるようになる．実在気体でも体積が大きい（圧力が小さい）場合には，分子間力あるいは分子の大きさは重要でなくなり，$Z = 1$ に近く，理想気体の状態方

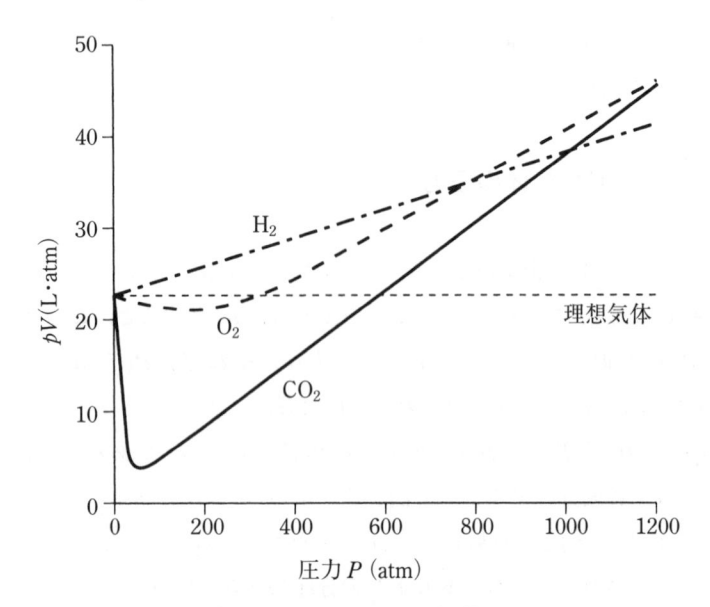

図 4.1 0 ℃における 1 モルの気体の PV-P 図

程式がよい近似で成立する．しかし，気体が圧縮されて体積が小さくなっていくにつれて，理想気体の状態方程式からのずれが次第に大きくなる．

4.1.4　ファンデルワールスの状態方程式

実在気体を扱う場合に，気体分子はきわめて小さいが体積があるので，体積 V は気体の体積から気体分子が占める体積だけ小さくなっている．また，理想気体では分子間力はないとしたが，動き回っている分子が互いに近づいたときにわずかに分子間力が働くので，壁に近づく分子は内部の分子によって引き戻される．それによって圧力 P は分子間力によって減少し，その分だけ減少する．ファンデルワールスは，実験的な根拠と熱力学的な考察に基づいて気体の体積および圧力を補正して，式 (4.1) に代わる状態方程式を提唱した．これが次に述べる**ファンデルワールス van der Waals の状態方程式**として知られている実在気体の状態方程式である．

実在気体の理想気体からのずれは，実在気体の分子が大きさをもち，分子間には引力が働くことに起因している．分子の体積に基づいて，理想気体の状態方程式を

4.1 気体の性質

表 4.1　ファンデルワールス定数

	a (L² atm)	b (L)		a (L² atm)	b (L)
He	0.034	2.36×10^{-2}	CO_2	3.60	4.28×10^{-2}
H_2	0.034	2.67×10^{-2}	NH_3	4.0	3.6×10^{-2}
O_2	0.034	3.12×10^{-2}	C_2H_4	4.4	5.6×10^{-2}
N_2	0.034	3.94×10^{-2}	SO_2	6.7	5.6×10^{-2}

補正すると, n モルの分子が動きまわる空間の体積は V から $V - nb$ に制限されることになるので, 実在気体の圧力 P は, $P = nRT/(V - nb)$ になる.

また, 分子間に働く引力は, 分子の密度 (n/V) の2乗に比例する. この分子間引力は器壁に及ぼす分子の力, つまり気体の圧力を $a(n/V)^2$ 減少させる. このため, 気体の圧力は

$$P = \frac{nRT}{V - nb} - a\left(\frac{n}{V}\right)^2 \tag{4.2}$$

$PV = nRT$ に対応する形で書き換えると, 次のファンデルワールスの状態方程式が得られる.

$$\left(P + a\frac{n^2}{V^2}\right)(V - nb) = nRT \tag{4.3}$$

ここで, a (L² atm), b (L) はそれぞれ, 理想気体の状態方程式に対する分子間力による圧力および体積の補正値で, **ファンデルワールス定数**として知られている気体固有の定数である.

ファンデルワールスの状態方程式は, 実在気体の性質を定性的によく説明する. 図 4.2 に示した二酸化炭素の P-V 図は, 理想気体からのずれをよく表している. 13.1 ℃ において気体を圧縮していくと, 状態は P → Q → R → S のように変化する (PQ 間が気体, RS 間が液体, QR 間は気体と液体が共存). 体積の大きな P 点から Q 点まではほぼ理想気体の状態方程式に従うが, Q 点では液化が始まる. QR 間の点線はファンデルワールス方程式による値を模式的に表している. これによれば, Q 点の気体が点線のように変化して R 点の液体に相変化が起こる. ファンデルワールス方程式は相変化を含んでいないが, QR 間を実線で補正すれば, 気体と液体の状態を1つの式で表していることになる. Q 点から R 点までは気体と液体が共

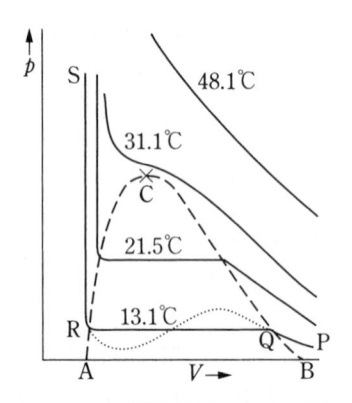

図 4.2　二酸化炭素の P-V 図

存する．この範囲では，圧縮すると気体が液化し，液体の量は増加していくが，気体がすべて液体になるまで圧力は変化しない．R 点ではすべて液体になり，さらに圧縮すると圧力が急激に大きくなる（RS の勾配が大きい）．温度が高くなると気体と液体が共存する範囲（QR に相当）は次第に狭くなり，C 点よりも高温では気体-液体の**相変化** phase change は観測されなくなる．図 4.2 の破線 ACB で囲まれる部分は気体と液体が共存する領域である．C 点を**臨界点** critical point といい，この点における物質の状態を臨界状態といい，液体と気体の区別はなくなる．二酸化炭素の**臨界温度**（T_c）は 31.0 ℃，**臨界圧**（P_c）は 73.0 atm，**臨界体積**（V_c）は 0.0942 L・mol^{-1} である．さらに高温になると，P-V 関係は理想気体の式（4.1）に近づいていく．臨界温度において，気体の密度と液体の密度が等しくなり，溶解性の高い液体の性質と流動性の高い気体の両方の性質を有する状態が現れる．この状態の物質を**超臨界流体**といい，液体クロマトグラフィーの移動相に利用される．

図 4.2 において，臨界温度（T_c），臨界圧（P_c），臨界体積（V_c）と定数 a, b との間には次に示される関係がある．

$$T_c = \frac{8a}{27Rb} \qquad P_c = a/27b^2 \qquad V_c = 3nb$$

臨界温度よりも高温では，気体を圧縮していっても相変化は起こらず，気体と液体の区別はなくなる．

気体の体積が非常に大きい場合には，n/V は無視できるから，ファンデルワールスの状態方程式（式（4.2））は理想気体の状態方程式（式（4.1））に近似している

と考えてよい.

理想気体からのずれをさらに詳しく表すには，PV/nRT をモル体積 (V/n) の逆数のベキで展開すればよい.

$$\frac{PV}{nRT} = 1 + B\left(\frac{n}{V}\right) + C\left(\frac{n^2}{V^2}\right) + \cdots \tag{4.4}$$

これをビリアル展開 vilial expansion という．ここで，B, C は第二ビリアル係数，第三ビリアル係数といい，温度の関数である．第二ビリアル係数は分子間力の引力部分が支配的な低温では負の値をもち，温度が上昇するにつれて，ある特性温度以上では正の値をもつようになる.

4.2 ジュール・トムソン効果

理想気体の内部エネルギーは温度のみに関係するから，理想気体を断熱的に自由膨張（仕事を伴わない不可逆的な断熱膨張）させても温度は変化しない．しかし，実在気体では分子間力が働いているので，断熱的自由膨張により体積（平均分子間距離）が増加すると温度も変化する．ジュールとトムソンは，管内においた多孔質の栓を通して気体を定常的に流すと，気体が栓を通って通過するときに圧力が降下することによる温度変化を測定した（ジュール・トムソンの細孔栓の実験）．細孔栓による圧力降下において，理想気体では温度は変化しないが，実在気体では体積の膨張に伴って温度が低下するを実験的に証明したものである.

この現象をジュール・トムソン Joule-Thomson 効果という．分子間の引力が支配的な低温では温度降下が起こる．実際，酸素，空気，二酸化炭素などの気体では，常温常圧で温度の低下がみられる．これは図 4.1 において，PV の値が理想気体の値よりも小さいことに関係している．また，式 (4.4) の第二ビリアル係数が負であることに対応する．水素，ヘリウムでは温度上昇が起こるが，ある温度（逆転温度）以下では温度降下がみられる．水素の逆転温度は約 $-80\,°C$ である.

ジュール・トムソン効果を利用すれば，沸点の低い気体も液化することができる．通常，この効果による温度降下は小さいが，気体を繰り返し循環させることにより，

ついには液化することができる．水素やヘリウムも，あらかじめ逆転温度以下に冷却すれば，ジュール・トムソン効果を利用して液化することができる．

ファンデルワールスの状態方程式において，温度 T を一定に保って圧力 P と体積 V をプロットすると図4.2が得られる．これを等温線という．ファンデルワールスの状態方程式（式（4.4））は V の三次式である．展開すると，式（4.5）になる．

$$V^3 + \left(b + \frac{RT}{P}\right)V^2 + \frac{a}{P}V - \frac{ab}{P} = (V - V_1)(V - V_2)(V - V_3) = 0 \tag{4.5}$$

体積を縮小すると圧力が大になる．やがて，液化が起こる．図4.2では，やがてC点に達する．C点の温度以上になると，体積を縮小しても液化は起こらない．

4.2.1 気体の分子運動とボルツマン分布

気体分子の運動エネルギーは，気体分子の質量（m）に比例し，気体分子の速度（u）の二乗に比例することが知られている．気体の分子1個当たりの運動エネルギーを e とすると，

$$e = \frac{1}{2}mu^2 \tag{4.6}$$

である．一辺の長さが L の立方体の中に，質量 m の理想気体1モルが入っているとする．気体分子は立方体の x 軸，y 軸，z 軸の3辺の方向に速度 u で自由に動き回っている．速度はベクトル量であるから，速度 u は，x 軸方向，y 軸方向，z 軸方向の各成分ベクトルをそれぞれ u_x, u_y, u_z, とすると，u_x, u_y, u_z, の和 $u = u_x + u_y + u_z$ で表せる．また，気体は等方向的であるから，3方向への速度は等しく，$u_x = u_y = u_z$ である．$u = 3u_x = 3u_y = 3u_z$, $u^2 = u_x^2 + u_y^2 + u_z^2 = 3u_x^2 = 3u_y^2 = 3u_z^2$ と扱うことができる．したがって，

$$u_x^2 = \frac{1}{3}u^2, \ u_y^2 = \frac{1}{3}u^2, \ u_z^2 = \frac{1}{3}u^2$$

である．

1個の分子が，x 軸に垂直な壁に衝突して跳ね返ってもとの位置に戻ってきたとする．

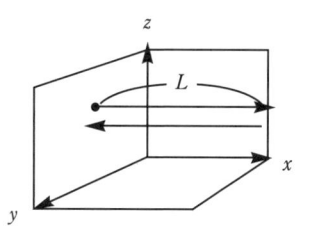

図 4.3　立方体中の理想気体分子運動

　分子1個の x 軸方向の速度は $-mu_x$ から mu_x に変化するので，1回の衝突による運動量の変化の大きさは $2mu_x$ である．x 軸方向で分子が壁に衝突する衝突回数は，速度 u_x を動く距離 $2L$ で割ったもの（$u_x/2L$）で表すことができる．1個の分子が壁に及ぼす力 f は，$f=$（衝突回数）・（運動量の変化）であるので，

$$f = \frac{u_x}{2L} \cdot 2mu_x$$

で表されるので $f = mu_x^2/L$ となる．

　圧力は単位面積にかかる力，（力）/（面積）であるので，気体分子の1個当たりの圧力 P は，

$$P = \frac{mu_x^2}{L} \times \frac{1}{L^2} = \frac{mu_x^2}{V}$$

であるので，気体分子が1方向に働くとき，1モルの気体の圧力 P は

$$P = \frac{N_A mu_x^2}{V} \quad \text{すなわち,}$$

$$PV = N_A mu_x^2$$

u_x^2 をその平均値 $\overline{u_x^2}$ で置き換え，$\overline{u_x^2} = \overline{u_y^2} = \overline{u_z^2} = (1/3)\overline{u^2}$ を適用すると，気体の圧力 P は

$$PV = N_A \cdot \frac{1}{3} mu^2 \tag{4.7}$$

$$N_A \cdot mu^2 = 3PV \tag{4.8}$$

で表される．気体1個の分子の運動エネルギー e は式（4.6）から $e = (1/2)mu^2$ である．1 mol 当たりのエネルギーを E とすると，$E = N_A e = (1/2)N_A mu^2$ となる．式（4.7）を代入すると，

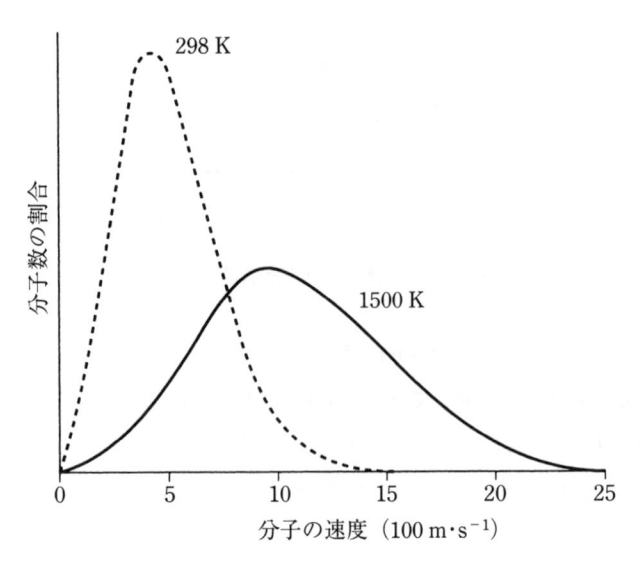

図 4.4　分子の速度分布

$$PV = \frac{2}{3}E \tag{4.9}$$

を得る．式（4.1）から，$PV = RT$ であるので，気体1モルの運動エネルギー E は $(2/3)E = RT$ から $E = (3/2)RT$ が得られる．

　気体中の分子運動の速度は広い範囲に分布している．理想気体が同種の分子からなるとき，その速度は**マクスウェル-ボルツマンの速度分布**によって与えられる（図4.4）．分子の平均速度は温度 T に比例して増加し，高温になるほど，より高速度で運動する分子の割合が多くなる．質量が大きいほど速度は小さく，分布の幅も狭くなる．エネルギーの等配分布則はマクスウェル-ボルツマンの速度分布から導くことができる．また，同種の分子からなる理想気体が温度 T に保たれているとき，1個の分子がより大きな運動エネルギーをもつ確率は $\exp(-\varepsilon/k_\mathrm{B}T)$ で与えられる．この指数因子をボルツマン因子という．ここで，k_B はボルツマン定数，$1.38058 \times 10^{-38}\,\mathrm{J\cdot K^{-1}}$ である．

　気体分子1個の運動エネルギーは，式（4.5）から $1/2\,mu^2$ であるので，気体の運動速度は，一定体積の下で，分子量の平方根に反比例する．これを**グレアムの法則**と呼んでいる．2種類の気体の流出時間を t_1, t_2, 流出速度を u_1, u_2, それぞれの

分子量を M_1, M_2 とすると，これらの関係は

$$\frac{t_1}{t_2} = \frac{u_1}{u_2} = \left(\frac{M_2}{M_1}\right)^{1/2}$$

で表される．

　分子が定常的に許される状態にはいくつかの束縛がある．自由に動き回る粒子が存在できる場所は自由ではなく，ある確率的に分布している．分子の並進運動エネルギーは周期運動ではなく，連続的になっていると考えられるが，箱の中に閉じ込められた粒子の場合は，両端の壁で周期的な往復運動をするので**量子化**することができる．周期運動をする系では，あるエネルギーを連続的にとることはできず，特定のエネルギーの値のみ許されることを量子化という．**分子の回転エネルギー，振動エネルギー，電子の励起エネルギー**など，分子のエネルギーはすべて量子化されている．

　長さ L の一次元の箱の中に質量 m の粒子が閉じ込められているとすると，長さ L の線にそって粒子が運動する自由粒子のエネルギーは，

$$E_n = \frac{n^2 h^2}{8mL^2}$$

にそって量子化されている．n は量子数で，$n = 1, 2, 3, \cdots$ をとる．E_n は n 番目のエネルギー準位である．このエネルギーの大きさは離散的で，量子数 n の2乗に比例する．最も低いエネルギー準位は0ではなく，$h^2/(8mL^2)$ であり，粒子は決して止まらないことを意味している．1辺の長さが L の立方体（三次元）の中では，そのエネルギーは

$$E_{nx, ny, nz} = \frac{h^2}{8mL^2(n_x^2 + n_y^2 + n_z^2)}$$

一次元の場合と比べて自由度は3に増え，量子数も n_x, n_y, n_z の3個になり，エネルギー準位の数は多くなり，エネルギーも高くなる．

参考文献

1) 馬場茂雄監修, 渋谷　皓, 松崎久夫編（2001）薬学生の物理化学　第2版, 廣川書店
2) 大塚昭信, 近藤　保編（1992）薬学生のための物理化学　第3版, 廣川書店
3) 佐治英郎, 須田幸治, 長野哲雄, 本間　浩編（2005）スタンダード薬学シリーズ2,

物理系薬学，I．物質の物理的性質，東京化学同人
4) R. Chang 著（岩澤康裕，北川禎三，濱口宏夫訳）(2003) 化学・生命科学系のための物理化学，東京化学同人

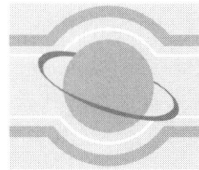

練習問題

1. 理想的にふるまう気体に最も影響を及ぼす条件の組合せは次のどれか．
   a 低圧，低温　　b 低圧，高温　　c 高圧，高温　　d 高圧，低温
2. 窒素と水素を含む混合気体の質量が 3.50 g であり，300 K, 1.00 atm において，7.46 L の体積を占めている．これら 2 つの気体の質量分率を求めなさい．
3. 等量の H_2 と D_2（重水素，モル質量は 2.01 g mol^{-1}）がある温度で開口を通して噴散するとき，開口を通った気体の組成をモル分率で示しなさい．
4. 実在気体が，理想気体からずれる原因について説明しなさい．
5. ベンゼンのファンデルワールス定数 a および b は，それぞれ 18.00 atm L^2 mol^{-2}, 0.115 L mol^{-1} である．ベンゼンの臨界圧 Pc および臨界温度 Tc を求めなさい．
6. アンモニアのファンデルワールス定数 a および b はそれぞれ 4.0 atm L^2 mol^{-2}, 0.036 L mol^{-1} として，アンモニアの臨界圧 Pc および臨界温度 Tc を求めなさい．
7. 不純物を含む $CaCO_3$ 3.00 g を過剰の HCl に溶解させたところ，20 ℃，792 mmHg で 0.656 L の CO_2 が生成した．ここで，使用した $CaCO_3$ の質量パーセントを示しなさい．
8. 気体のボルツマン分布について説明しなさい．

Chapter 5
平衡とエネルギー変化

到達目標

1) 系,外界,境界について説明できる.
2) 状態関数の種類と特徴について説明できる.
3) 仕事および熱の概念を説明できる.
4) 定容熱容量および定圧熱容量について説明できる.
5) 熱力学第一法則について式を用いて説明できる.
6) 代表的な過程(変化)における熱と仕事を計算できる.
7) エンタルピーについて説明できる.
8) 代表的な物理変化,化学変化に伴う標準エンタルピー変化を説明し,計算できる.
9) 標準生成エンタルピーについて説明できる.
10) エントロピーについて説明できる.
11) 熱力学第二法則について説明できる.
12) 代表的な物理変化,化学変化に伴うエントロピー変化を計算できる.
13) 熱力学第三法則について説明できる.
14) 自由エネルギーについて説明できる.
15) 熱力学関数の計算結果から,自発的な変化の方向と程度を予測できる.
16) 自由エネルギーの圧力と温度による変化を,式を用いて説明できる.
17) 自由エネルギーと平衡定数の温度依存性(van't Hoffの式)について説明できる.

18) 相変化に伴う熱の移動（Clausius-Clapeyron の式など）について説明できる．
19) 平衡と化学ポテンシャルの関係を説明できる．

5.1 系の状態と状態量

5.1.1 系と外界

　熱力学で対象として取り扱うのは物質の集まりであり，これを系 system という．そして，その系の周りにあるすべての系を外界 surroundings という．系と外界との境を境界といい，境界を通じて物質やエネルギーの移動が可能か否かによって，系は開放系，閉鎖系および孤立系に分類される．
　開放系 open system とは，外界との間に物質とエネルギーの授受が起こる．
　閉鎖系 closed system とは，外界との間にエネルギーのみ授受が起こる．
　孤立系 isolated system とは，外界との間に物質もエネルギーも授受がない．
　また，エネルギーのうち，熱の授受が起こらない閉鎖系を断熱系といい，ここでは仕事など他のエネルギーの授受は起こる．

5.1.2 状態関数

　内部エネルギーのような物理量は系の状態が定まると，一義的に定まる．このように，状態に依存する物理量を**状態関数** state function あるいは状態量という．状態関数は2つに分類される．示量性状態関数は，系の大きさや含まれる物質量に依存する状態関数であり，質量や体積などのように加成性がある．一方，示強性状態関数は，系の大きさや物質量に依存しない状態関数で，温度，圧力，濃度や密度などがある．

熱力学的諸量内部エネルギー，エンタルピー，エントロピー，ギブズ自由エネルギーは示量的状態関数である．

5.2　熱力学第一法則

5.2.1　熱力学第一法則

　熱力学第一法則を理解するために，まず熱力学で用いられる用語を簡単に説明する．熱力学においては，我々が考察の対象として設定した宇宙の一部に系 system を定義する．我々の扱う系は，ある大きさの物理的あるいは生物的な実在物のこともあるし，大気中に開口している容器中の化学反応または生化学反応のこともある．

　熱力学第一法則 first law of thermodynamics は，熱が関係するときの**エネルギーの保存則**である．しかし，熱力学の成立段階では熱がエネルギーの一種であることは必ずしも明らかではなかった．仕事と熱が互いに変換することは比較的早くから知られていたが，力学的エネルギーの保存則を熱変化を含めて一般化するには，マイヤー，ジュール，ヘルムホルツらの研究が必要であった．ドルトンの原子説などによって原子，分子の存在が明らかになると，熱の本質が分子の運動エネルギーとして理解されるようになった．

　系の状態は，温度，圧力，体積および相の組成によって決まる．各相に対してこれらの量は適当な状態方程式で関係づけられる．決まった状態にある系は一定量の**内部エネルギー** internal energy (U) をもっている．内部エネルギーは系の運動エネルギーと位置エネルギーの和である．運動エネルギーは系内の分子，原子またはイオンの運動エネルギーである．これに対して，位置エネルギーは系およびその各部分（分子など）の位置と配列に関するエネルギーである．しかし，系の状態が変化しても基準点は同じなので，系の内部エネルギー変化 ΔU は明確に決めることができる．

$$\Delta U = U_2 - U_1 \tag{5.1}$$

ここで，U_1 と U_2 はそれぞれ系の初めの状態と終わりの状態の内部エネルギーである．

熱 heat (q) とは，温度が異なる2つの物体が接触するとき，温度の高い物体から温度の低い物体に移動するエネルギーをいう．熱は熱エネルギーともいい，ミクロにみると，分子，原子およびイオンの乱雑，無秩序な運動（普通，回転，分子間および分子内振動運動）に伴うエネルギー変化である．

仕事 work (w) とは，粒子が系の外に向かって，秩序ある，協同した運動をするときのエネルギー変化である．仕事の例としては，気体の膨張または収縮によるピストンの運動，筋繊維または細菌細胞の鞭毛の運動，電線を伝わる電子の流れ，エンジンまたはモーターの回転，物体の上げ下げ，バネの伸張または伸縮，身体の運動などがある．仕事は化学反応によっても行われることがある．例えば，筋肉中のアクチンとミオシン錯体中で起こるアデノシン三リン酸（ATP）のアデノシン二リン酸（ADP）と無機リン酸イオンへの加水分解によって，力学的な仕事がなされる．また，炭化水素が酸素により酸化されて生じる二酸化炭素と水によって，エンジンが動かされる．電気的な仕事は，化学電池またはある種の魚にある電気器官の細胞内で起こる化学反応によって行われる．

力学的な仕事は，加えた力と作用点が力の方向に動いた距離との積で与えられる．仕事，熱を含めてすべてのエネルギーのSI単位はジュール（J）である．1ニュートン（N）の力が働いて，力の方向に動いた距離が1メートル（m）のときになされる力学的な仕事が1Jである．系が体積膨張によって行う仕事は，圧力と系の体積変化との積で与えられる．圧力のSI単位はパスカル（Pa）である．1 Pa = 1 N·m^{-2} であるから，1 Pa × 1 m^3 = 1 J となる．質量が1 kgの物体に加えたとき1 m·s^{-2} の加速度を生じる力が1 Nである．したがって，1 N = 1 kg·m·s^{-2}，1 J = 1 N·m = 1 kg·m^2·s^{-2} である．エネルギーのCGS単位はエルグ（erg）であり，力のCGS単位はダイン（dyne）である．1 erg = 10^{-7} J，1 dyne = 10^{-5} N の関係がある．

エネルギー変化の符号は，系に加えるときに正（＋），系から出て行くときに負（－）である．系を加熱するときの熱 q は正，系が体積を膨張させて行う仕事 w は負である．すると，熱力学の第一法則は符号を含めて次のように書くことができる．

$$\Delta U = q + w \tag{5.2}$$

すなわち，系の内部エネルギー変化は，系が得た熱と系が行った仕事との和である．

もしも，系の体積が変化しないならば，系に加えられた熱はすべて内部エネルギーの増加になる．すなわち，

$$\Delta U = q_\mathrm{v} \tag{5.3}$$

と表される．ここで，q_v は体積変化が生じない状態で加えられた熱である．

しかし，一般に圧力一定，たいていは大気圧（1気圧）の下で起こる変化を対象とする．このような場合には，系に加えられた熱エネルギーすべてが内部エネルギーに転化されるわけではなく，一部は系の体積膨張によって大気を押し戻す仕事に使われる．系として大気圧 P と釣り合っている一定量の気体に熱を加えると，熱はどこにも逃げないとすれば，気体の温度上昇と体積膨張が起こる．気体の温度が上昇すると気体の内部エネルギーが増加し，大気圧 P に逆らって体積が膨張するときに気体は仕事をする．すなわち，気体に加えた熱 q は気体の内部エネルギーの増加 ΔU と，気体の体積変化 ΔV によって行う仕事 $P\Delta V$ に変換される．系は熱 q を吸収して仕事 $w = P\Delta V$ を行い，その差が内部エネルギーの変化量 ΔU になる．

$$\Delta U = q - P\Delta V \tag{5.4}$$

これが熱力学第一法則であり，系に加えられた熱のエネルギーは仕事と系の内部エネルギーとに変えられるが，決して生成も消滅もしないことを示している．

そこで，この仕事による熱エネルギーの損失分を取り込んだ量，**エンタルピー** enthalpy（H）を導入する．すなわち，エンタルピーは次のように定義される．

$$H = U + PV \tag{5.5}$$

圧力一定の下でのエンタルピーの変化量は

$$\Delta H = \Delta U + P\Delta V \tag{5.6}$$

であるから，式（5.4）より

$$\Delta H = q_\mathrm{P} \tag{5.7}$$

となることがわかる．すなわち，圧力一定下で系に加えられた熱 q_P は系のエンタルピー変化に等しい．もちろん，q が負のときには系が放出する熱を表す．したがって，圧力が一定のときの反応熱（系に出入りする熱）は系のエンタルピー変化に等しい．

化学，生物学，薬学では，種々の反応または過程は大気圧，つまり，圧力一定の下で行われることが多い．

> **例題 5.1　気体の体積膨張による仕事**
>
> 理想気体1モルが，0 ℃，1気圧において加熱されて体積が10 %増加した．外圧に逆らって気体が行った仕事を求めよ．
>
> **解**　圧力 P と体積変化 ΔV を SI 単位で表すと，
> $$P = 1\,\text{atm} = 101.3\,\text{kPa} = 101.3 \times 10^3\,\text{N·m}^{-2}$$
> $$\Delta V = 22.41 \times 0.10\,l = 2.24 \times 10^{-3}\,\text{m}^3$$
> したがって，
> $$w = -P\Delta V = -227.0\,\text{N·m} = -227.0\,\text{J}$$

5.2.2　可逆過程と不可逆過程

熱力学第一法則は，熱もエネルギーの一種であり，変化の過程で熱エネルギーも含めてエネルギーが保存される．しかし，エネルギーは形を変えることはあっても，生成も消滅もしないことを表している．その変化の過程がどちらの方向に進むかについては何も示していない．以下では，自発的な変化がどのように起こるかを浸透圧を例にとって考察しよう．

図5.1のように，体積 V の水溶液が半透膜を隔てて純水と接している系を考える．溶液の密度を ρ とすると，半透膜には溶液と純水との高さの違い h による圧力差 (ΔP)

$$\Delta P = P_{\text{soln}} - P_0 = \rho gh \tag{5.8}$$

が加わっている．溶液には半透膜を通過できない n モルの溶質が溶けているとすれば，溶液の濃度 $C = n/V$ による浸透圧 osmotic pressure (π) は次の**ファント・ホッフ** van't Hoff **の式**で表される．

$$\pi = CRT \tag{5.9}$$

もしも，$\pi > P$ であれば，溶媒が半透膜を通して溶液中に入り込み（浸透），逆に $\pi < P$ であれば，溶液中の溶媒が半透膜を通って出て行き（逆浸透），溶液の体積は減少する．$\pi = P$ であれば，浸透も逆浸透も起こらず，系は平衡になる．

今，温度一定下で溶液の体積 V_1 を V_2 に増加させる場合を考える．π が P よりも無限小量だけ大きければ，浸透（体積増加）は無限にゆっくり起こり，逆に π が P

5.2 熱力学第一法則

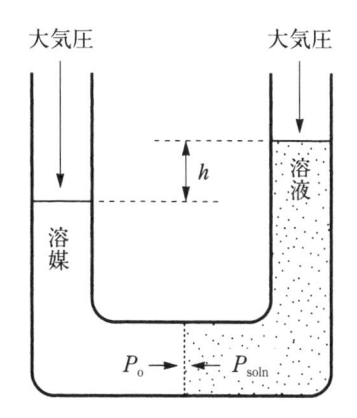

図 5.1 半透明で仕切られた溶液と溶媒

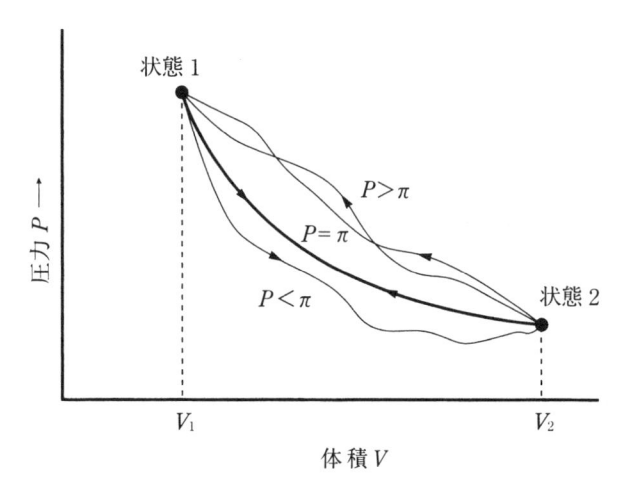

図 5.2 浸透圧 π がファント・ホッフの式に従うときの P-V 図

よりも無限小量だけ小さくすれば，逆浸透が無限にゆっくり起こり，同じ経路を逆行させることができる（図 5.2）．このように，常に平衡状態を保ちながら進行する過程を**可逆過程** reversible process という．これに対して，π が P よりも有限量大きければ浸透によって溶液の体積増加が有限の時間で起こり，π が P よりも有限量小さければ逆浸透が起こって溶液の体積減少が有限の時間で起こるが，浸透のときと同じ経路を逆行することはできない．これを**不可逆過程** irreversible process という．

系の体積が変化するときに周囲に対して行う仕事 w は，一般に

$$w = -\int_{V_1}^{V_2} PdV \tag{5.10}$$

で表される．マイナス符号は，系が周囲に対して仕事をすることを示す．仕事の大きさは図 5.2 の P-V 曲線下の面積に等しい．系の体積が増加するときには w は負になるが，図からわかるように，系が可逆過程（$\pi = P$）で行う仕事 $-w_{\mathrm{rev}}$ は不可逆過程（$\pi > P$）で行う仕事 $-w_{\mathrm{irr}}$ よりも常に大きく，

$$-w_{\mathrm{irr}} < -w_{\mathrm{rev}} = 最大 \tag{5.11}$$

となる．また，系の体積を減少させるためには，不可逆過程（$\pi < P$）では可逆過程におけるよりも多くの仕事を系に加えなければならない．すなわち，

$$w_{\mathrm{irr}} > w_{\mathrm{rev}} = 最小 \tag{5.12}$$

が成立する．

ここで，熱力学第一法則の式 (5.2) $\Delta U = q + w$ によれば，系には熱量 $q = \Delta U - w$ が出入りしていることがわかる（$q > 0$ なら吸熱，$q < 0$ なら発熱）．内部エネルギーは状態関数であるから，状態 1 からどのような経路を通って状態 2 に移っても温度一定下であれば内部エネルギー変化 ΔU の値は同じである（$\Delta U = 0$）．一般に，系の状態変化に伴う仕事および熱量は経路によって値が異なるので状態量ではない．しかし，この例の可逆過程では経路は一通りしか存在しないので，可逆過程における熱 q_{rev} と仕事 w_{rev} もまた状態量になる．不可逆過程では状態 1 と 2 とを結ぶ経路は無限に存在するので q_{irr} と w_{irr} は状態量ではないが，式 (5.2) と (5.12) から

$$q_{\mathrm{irr}} < q_{\mathrm{rev}} \tag{5.13}$$

の関係が成立する．仕事の場合とは逆に，系が放出する熱は可逆過程のとき最小（$-q_{\mathrm{irr}} > -q_{\mathrm{rev}} = 最小$）で，系が吸収する熱量は可逆過程のときに最大（$q_{\mathrm{irr}} < q_{\mathrm{rev}} = 最大$）になる．可逆過程は無駄のない理想的な過程と考えることができる．

ただし，熱機関の効率は，可逆機関でも 100 % にはなり得ない．高温の熱源（温度 T_{H}）から熱 Q_{H} をとり，低温の熱源（温度 T_{L}）に熱 Q_{L} を捨て，力学的な仕事 $w = Q_{\mathrm{H}} - Q_{\mathrm{L}}$ を行う熱機関を考えると（Q_{H}, $Q_{\mathrm{L}} > 0$ とする），可逆機関の効率 η は，

$$\eta = \frac{w}{Q_{\mathrm{H}}} = \frac{Q_{\mathrm{H}} - Q_{\mathrm{L}}}{Q_{\mathrm{H}}} = \frac{T_{\mathrm{H}} - T_{\mathrm{L}}}{T_{\mathrm{H}}} \tag{5.14}$$

で与えられる．熱機関の効率は決して 100 % にはなり得ないこと，熱機関は低温の

熱源に必ず熱 Q_L を捨てなければならないことがわかる．不可逆機関の効率はこれよりも悪い．

5.3　熱容量

　物質の温度を 1 K（= 1 ℃）上昇させるために必要な熱量を，その物質の**熱容量** heat capacity（C）という．物質 1 g 当たりの熱容量は比熱，また，物質 1 mol 当たりの熱容量はモル比熱という．熱容量は 2 通りの定義ができる．すなわち，体積を一定に保ったときの**定積熱容量**（C_v）と，圧力を一定に保ったときの**定圧熱容量**（C_p）である．熱容量は温度とともにわずかに変化するので，微分係数を用いて次のように表される．

$$C_v = \frac{dq_v}{dT} = \left(\frac{\partial U}{\partial T}\right)_v \tag{5.15}$$

$$C_p = \frac{dq_p}{dT} = \left(\frac{\partial H}{\partial T}\right)_p \tag{5.16}$$

　熱エネルギーの単位としてカロリー（cal）がよく使われる．1 cal は，1 気圧の下で 1 g の水の温度を 14.5 ℃ から 1 ℃ だけ上昇させるために必要な熱量として定義される（15 度カロリー，1 cal_{15} = 4.1855 J）．この定義から，水の比熱は 1 cal・K^{-1}・g^{-1} である．また，熱力学カロリー 1 cal_{th} = 4.184 J は化学熱力学においてよく使用される．

例題 5.2　**単原子理想気体の熱容量**

　単原子分子の理想気体 1 モルの熱容量を求めよ．

解　単原子分子の理想気体は並進の運動エネルギーだけをもつ．3 次元の運動エネルギーには，1 自由度当たり（1/2）RT のエネルギーが分配される．また，T = 0 K における内部エネルギーを U = 0 とおく（この値は任意で，後の結果に影響を及ぼさない）．これより，単原子分子の理想

気体1モルの内部エネルギーは次式で与えられる．

$$U = \frac{3}{2}RT$$

対応するエンタルピー H は，理想気体の状態方程式 $PV = RT$ を用いると

$$H = U + PV = \frac{3}{2}RT + RT = \frac{5}{2}RT$$

となる．理想気体1モルについては一般に，

$$H = U + RT$$

すなわち，

$$C_p = C_v + R$$

の関係が成り立つ．以上から，単原子分子理想気体の定積比熱 C_v と定圧比熱 C_p は，

$$C_v = \left(\frac{\partial H}{\partial T}\right)_v = \frac{3}{2}R = 12.45\,\mathrm{J\cdot K^{-1}\cdot mol^{-1}}$$

$$C_p = \left(\frac{\partial H}{\partial T}\right)_p = \frac{5}{2}R = 20.79\,\mathrm{J\cdot K^{-1}\cdot mol^{-1}}$$

となる．このとき，定圧比熱と定積比熱の比 γ は，

$$\gamma = \frac{C_p}{C_v} = 1.667$$

である．高温の多原子分子の気体では，内部エネルギーに寄与する自由度が多く，C_v の値が大きくなるので，γ の値は1に近づく．

例題 5.3 **固体の比熱**

結晶1モルの熱容量を求めよ．

解 単原子分子の固体（結晶）では，各原子は格子点を中心に振動し，振動の1自由度当たり平均して $(1/2)RT$ の運動エネルギーをもつから，3次元振動の平均運動エネルギーは $(3/2)RT$ になる．また，振動運動は平均して運動エネルギーと同じ量の位置エネルギーをもつ．したがって，

結晶中の単原子分子は，

$U = 3RT$

のエネルギーをもち，固体の定積比熱は式（5.15）より，

$C_v = 3R = 24.94\,\mathrm{J\cdot K^{-1}\cdot mol^{-1}} \fallingdotseq 6\,\mathrm{cal\cdot K^{-1}\cdot mol^{-1}}$

になることが予想される．これを**デュロン・プティ** Dulong-Petit **の法則**という．

5.4 エンタルピー

5.4.1 標準生成エンタルピー変化

標準状態の物質1モルを標準状態の最も簡単な元素や単体から生成するのに要するエンタルピー変化量を**標準生成エンタルピー** standard enthalpy of formation という．標準状態としては，25℃，1気圧をとり，標準状態で最も安定な元素や単体を用いる．物質Xの標準生成エンタルピーは$\Delta H_f^\circ(\mathrm{X})$と表す．例えば，気体の$\mathrm{H_2}$と$\mathrm{O_2}$から気体の$\mathrm{H_2O}$が生成する場合，

$$\mathrm{H_2(g)} + \frac{1}{2}\mathrm{O_2(g)} \longrightarrow \mathrm{H_2O(g)}$$

これは発熱反応であり，標準生成エンタルピー変化$\Delta H_f^\circ(\mathrm{H_2O})$は，約 $-286\,\mathrm{kJ\cdot mol^{-1}}$である．

5.4.2 反応に伴うエンタルピー変化（熱化学）

熱化学 thermochemistry は，化学反応に伴う熱の発生または吸収を扱う．化学反応が大気圧（圧力一定）の下で行われるときには，反応熱はエンタルピー変化（ΔH）に等しい．エンタルピーは状態量であるから，反応熱（反応のエンタルピー）は反応の経路に依存しない．これを**ヘス** Hess **の法則**という．反応熱は，反応物と

生成物の状態よって値が異なるので、熱化学方程式では標準状態における物質の状態を示し、通常 ΔH を方程式の後ろに書く．物質の標準状態は 1 気圧，25℃における最も安定な状態である．例えば，標準状態の酸素は気体 (g)，水は液体 (l)，炭素は黒鉛である（ダイヤモンドではない）．化合物の生成熱（生成エンタルピー）は，標準状態にある構成元素から 1 モルの化合物が生成されるときの生成エンタルピーとして定義される．したがって，標準状態の元素の生成熱は 0 である．

次に，二酸化炭素と一酸化炭素の生成反応の熱化学反応式を示す．

(i) C （黒鉛） $+ O_2(g) = CO_2(g)$ ； $\Delta H = -393.51 \text{ kJ}$

(ii) C （黒鉛） $+ \dfrac{1}{2} O_2(g) = CO(g)$ ； $\Delta H = -110.57 \text{ kJ}$

反応熱 ΔH の符号は，式 (5.2) の熱または仕事の符号と同じく，系が熱を吸収するときは (+)，放出するときは (−) にとる．(i)，(ii) における負の反応熱は，この反応が発熱反応であることを示している．1 モルの物質が酸素と完全に反応するときのエンタルピー変化を燃焼エンタルピーという．(i) は炭素（黒鉛）の燃焼エンタルピーでもある．ここでヘスの法則を使えば，一酸化炭素の燃焼エンタルピーを計算で求めることができる．反応熱（一般に熱）は示量性であるから，反応式と同時に反応のエンタルピーについても (i) 〜 (ii) を計算すると，

(iii) $CO(g) + \dfrac{1}{2} O_2(g) = CO_2(g)$ ； $\Delta H = -393.51 - (-110.57) = -282.94 \text{ kJ}$

となる．一酸化炭素の燃焼も，当然，発熱反応である．

1 モルの化合物が完全に分解して遊離の原子になる反応のエンタルピーを原子エンタルピーという．ヘスの法則を用いてメタンの原子エンタルピーを求めよう．まず，水素分子の解離エンタルピーと炭素の昇華エンタルピーはそれぞれ

(iv) $H_2(g) = 2H(g)$ ； $\Delta H = 435.94 \text{ kJ}$

(v) C （黒鉛） $= C(g)$ ； $\Delta H = 716.7 \text{ kJ}$

また、メタンの生成エンタルピーは

(vi) C （黒鉛） $+ 2H(g) = CH_4(g)$ ； $\Delta H = -74.5 \text{ kJ}$

である．(iv) × 2 + (v) − (vi) をすると，

(vii) $CH_4(g) = C(g) + 4H(g)$ ； $\Delta H = 435.94 \times 2 + 716.7 - (-74.5) = 1663.08 \text{ kJ}$

表 5.1　平均結合エンタルピー（25 ℃, kJ·mol^{-1}）

C−C	347.7	C−N	291.6	C−O	351.5
C=C	615.0	C=N	615.0	C=O (RCHO)	715.5
C≡C	811.7	C≡N	891.2	C=O (RR′CO)	728.0
C−H	413.4	N−H	390.8	O−H	462.8

このように，メタン1モルが完全に分解して気体状の原子になる．つまり，メタン分子の4個のC−H結合を完全に切断するために必要なエンタルピーである．これより，C−H結合の結合エンタルピー（B）が次のように算出される．

$$B(\text{C}-\text{H}) = \frac{1663.08}{4} = 415.8 \text{ kJ·mol}^{-1} \tag{5.17}$$

この値は，メタン分子の4個のC−H結合を1個ずつ切断する結合解離エンタルピーの平均値と考えられる．他の簡単な分子についても同じように結合エンタルピーを求め，同種の結合について平均したものを**平均結合エンタルピー**という．表5.1に平均結合エンタルピーの値を示す．この表の値とヘスの法則とから，データの得られない分子の生成エンタルピーが推定できる．

例題 5.4　ベンゼン分子の非局在化エネルギー

分子内に共役二重結合があると，電子の非局在化（共鳴）によって分子は安定化する．このとき，分子の極限構造と実在分子とのエネルギー差を非局在化エネルギー（共鳴エネルギー）という．このエネルギー差は平均結合エンタルピーの総和と原子化エンタルピーから求めることができるが，大きな数値の引算になるので誤差が生じやすい．これを回避するためには水素添加エンタルピーを用いるとよい．このことを，ベンゼンの非局在化エネルギーを例として求めよ．

解　ベンゼンの極限構造として3個の二重結合をもつケクレ構造を考え，水素付加のエンタルピーを求める．それには，二重結合を1個もつシクロヘキセンの水素添加エンタルピーを3倍すればよい．

(viii) シクロヘキセン + H$_2$ = シクロヘキサン；

ΔH(g, 82 ℃) = − 119.6 kJ·mol^{-1}

(ix) ケクレベンゼン + 3H$_2$ = シクロヘキサン；

ΔH(g, 82 ℃) = − 119.6 × 3 kJ·mol^{-1}

これに対して，ベンゼンの水素添加エンタルピーの測定値は − 208.4 kJ·mol^{-1} である．

(x) 実在ベンゼン + 3H$_2$ = シクロヘキサン；

ΔH(g, 82 ℃) = − 208.4 kJ·mol^{-1}

生成物はいずれもシクロヘキサンであるから，(x) − (ix) をすればケクレ構造のベンゼンと実在ベンゼンとのエンタルピー差を求めることができる．

ΔH = − 208.4 − (119.6) × 3 = 150.4 kJ·mol^{-1}

これがベンゼンの非局在化エネルギー（共鳴エネルギー）と考えられる．この値は，同様にして求めたブタジエン，シクロペンタジエンの非局在化エネルギー − 15.1 kJ·mol^{-1}，12.4 kJ·mol^{-1} と比較すると，特別に大きいことがわかる．この大きな非局在化エネルギーが，ベンゼンあるいはベンゼン環を含む芳香族化合物の安定性の原因と考えられる．

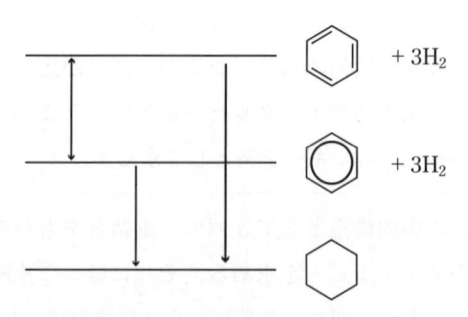

図 5.3 シクロヘキサン，実在ベンゼン，ケクレ構造のベンゼンのエネルギー

5.5 エントロピーと熱力学第二法則

5.5.1 熱力学第二法則

熱力学第二法則 second law of thermodynamics は，自然に起こる変化の方向を教え，さらに平衡の位置を示してくれる．まず，それに必要なエントロピーについて述べる．系に出入りする熱量は系の状態が変化する経路によって変わるが，図5.2の例のような温度 T が一定の可逆過程では経路は一通りしかないので，初めと終わりの状態を決めれば決まってしまう．このとき，q_{rev} は状態量であり，q_{rev} を系の絶対温度 T で割った値もまた状態量である．この状態量を**エントロピー** entropy (S) と呼ぶ．熱量の微少量の変化 dq_{rev} に対応するエントロピー変化は

$$dS = \frac{dq_{rev}}{T} \tag{5.18}$$

と表される．系が熱を放出するときには同時に系のエントロピーも減少する．逆に，熱を吸収するときには同時にエントロピーは増大する．もし，一定温度 T において，系が可逆的に熱を放出して状態1から状態2に変化すれば，それに伴って系のエントロピーも S_1 から S_2 へ変化する．このとき

$$S_2 - S_1 = \frac{q_{rev}}{T} \tag{5.19}$$

である．系の温度が変化するときのエントロピーを求めるには，式 (5.19) を積分する必要がある．ここで，エントロピーは可逆過程に伴う熱に対して定義されていることに注意しなければならない．

エントロピーの役割をみるために，系 Y と Y を取り囲む系 E を考える．系 Y が熱 q_Y を放出し ($q_Y < 0$)，系 E が熱 q_E を吸収する ($q_E > 0$) とする．系 E は外部との熱のやり取りがないとすれば（このとき，系 Y と系 E は孤立系をなすという），系 Y が放出した熱はすべて系 E に吸収され，

$$q_Y + q_E = 0 \tag{5.20}$$

となる.この熱の移動が可逆的に起これば,系 Y のエントロピー変化は $\Delta S_Y = q_{Y.rev}/T < 0$,系 E のエントロピー変化は $\Delta S_E = q_{E.rev}/T > 0$ である.ところが,系 Y と系 E を合わせた全体のエントロピー変化 ΔS_t は,

$$\Delta S_t = \Delta S_Y + \Delta S_E = \frac{q_{Y.rev} + q_{E.rev}}{T} = 0 \tag{5.21}$$

である.すなわち,可逆過程においては孤立系の全エントロピーは変化しない.

次に,熱が不可逆的に移動するときのエントロピー変化を求めよう.温度 T_1 の系 Y から温度 T_2 ($T_1 > T_2$) の系 E に不可逆的に熱 q_{irr} が移動したとする.不可逆過程では,系に出入りする熱量と系のエントロピー変化には直接の関係はないことから,エントロピーを計算するには等価な可逆過程を考える必要がある.まず,温度 T_1 の気体を系 Y に接触させ,可逆的に系 Y から q_{rev} の熱を気体に移す ($q_Y = q_{irr}$).気体を可逆的に断熱膨張させて温度を T_1 から T_2 に下げる.このときは,熱の出入りがないので,エントロピー変化もない.次に,この気体を温度 T_2 の系 E に接触させて q_{irr} の熱を可逆的に系 E に移す ($q_E = q_{irr}$).すると,系 Y と系 E を合わせた全体のエントロピー変化 ΔS_t は,

$$\Delta S_t = \frac{q_Y}{T_1} + \frac{q_E}{T_2} = -\frac{q_{irr}}{T_1} + \frac{q_{irr}}{T_2} \tag{5.22}$$

となる.ここで,$T_1 > T_2$ であるから,

$$\Delta S_t > 0 \tag{5.23}$$

となる.したがって,不可逆過程では孤立系のエントロピーは増加する.これらのことから,孤立系のエントロピーは,可逆過程では変化しないが不可逆過程では必ず増加する.

$$\Delta S_t \geq 0 \tag{5.24}$$

ここで,等号は可逆過程,不等号は不可逆過程を表す.逆に言えば,孤立系においては不可逆過程ではエントロピーが増加する方向に進行する(エントロピー増大の法則).これがエントロピーの言葉で表した熱力学第二法則である.

熱力学第二法則もまた経験則であり,種々の表し方がある.「熱は低温の物体から高温の物体に他に何の変化も残さずに移動することはできない」(**クラウジウス** Clausius の原理).「他に何の変化も残さずに熱を全部仕事に変えることはできな

い」(トムソン Thomson **の原理**).熱力学第二法則のこれらの表し方はすべて同等である.トムソンの原理は第2種の永久機関が実現不可能なこと,つまり,熱機関の効率が100%になり得ないことを述べている.

生物は,核酸,タンパク質,多糖類などの高度に秩序ある構造をもち,整然とした組織を形成している.したがって,生物は周囲の環境よりも非常にエントロピーの低い状態にある.この状態を維持するために,生物は低エントロピーの食料を摂取し,分解された高エントロピーの小分子および熱を放出する.

5.5.2 物理変化,化学変化に伴うエントロピー変化

1) 膨張または混合とエントロピー

理想気体または理想溶液は,混合に際して熱を放出も吸収もしない.また,混合は自発的に起こるけれども,その逆,すなわち,混合物が自発的に純粋な成分に分離することは絶対に起こらない.つまり,混合は不可逆過程で起こる.混合のエントロピーを計算するため,理想気体の混合と等価な仮想的な可逆過程を考える.

体積 V_A の理想気体 A の n_A モルと体積 V_B の理想気体 B の n_B モルとが,同一温度 T の下で,それぞれ一方の分子しか通さない半透膜で仕切られているとする(図5.4).

まず,気体 B のみを通す半透膜をゆっくり動かして,気体 A を体積 V_A から体積 $V = V_A + V_B$ まで可逆的に温度 T で等温膨張させる.膨張により気体 A が半透膜を押す仕事 w_A は

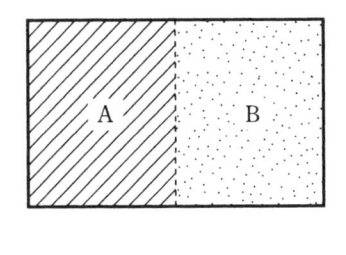

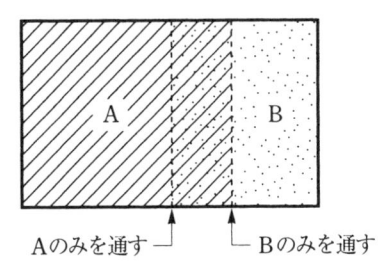

(a) 混合前　　(b) 半透膜を移動させて A のみを膨張させる

図5.4　気体混合の模式図

$$w_A = -\int PdV = -\int_{V_A}^{V} n_A RT \left(\frac{1}{V}\right) dV = -n_A RT \ln \frac{V}{V_A} \tag{5.25}$$

である．理想気体の内部エネルギーΔUは温度だけの関数であるから$\Delta U = 0$，熱力学第一法則（$\Delta U = q_A + w_A = 0$）より，吸収した熱量q_Aはすべて仕事w_Aに用いられる．すなわち，

$$q_A = -w_A = n_A RT \ln \frac{V}{V_A} \tag{5.26}$$

の熱量（$q_A > 0$）を吸収している．この等温膨張によるエントロピー変化は

$$\Delta S_A = q_A/T = n_A R \ln \frac{V}{V_A} > 0 \tag{5.27}$$

である．

同様に，気体Bを体積V_Bから体積Vまで等温膨張させれば混合が完了する．このとき吸収する熱量をq_B，仕事をw_B，膨張によるエントロピー変化をΔS_Bとすると，それぞれ次の式が得られる．

$$q_B = -w_B = n_B RT \ln \frac{V}{V_B} \tag{5.28}$$

$$\Delta S_B = \frac{q_B}{T} = n_B R \ln \frac{V}{V_B} > 0 \tag{5.29}$$

したがって，混合によるエントロピー変化ΔS_{mix}は，

$$\Delta S_{mix} = \frac{q_A + q_B}{T} \tag{5.30}$$

$$\Delta S_{mix} = R\left(n_A \ln \frac{V}{V_A} + n_B \ln \frac{V}{V_B}\right) > 0 \tag{5.31}$$

ここで，モル分率$x_A = V_A/V < 1$，$x_B = V_B/V < 1$を用いると，

$$\Delta S_{mix} = -R(n_A \ln x_A + n_B \ln x_B) > 0 \tag{5.32}$$

と表される．すなわち，等温膨張や混合によってエントロピーは増加する．

この結果は気体について導かれたものであるが，気体の混合だけでなく，液体の混合や固体と液体の混合（溶解）においてもエントロピーは増大するが，混合または溶解が必ずしも無制限に起こるわけではない．これは混合または溶解に際して熱の出入りがあるためである．

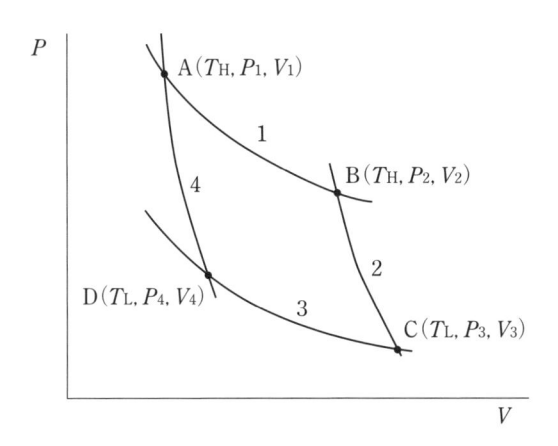

5.5 エントロピーと熱力学第二法則

図 5.5 *P-V* 座標上に示したカルノーサイクル

2) カルノーサイクルと熱効率

カルノー Carnot は理想機関について，摩擦によるロスがないとして図 5.5 のような循環過程を取り扱っている．

第 1 過程：温度 T_H の下で，気体の体積 V_1 から V_2 へ等温可逆的に膨張する過程．
第 2 過程：気体の体積が V_2 から V_3 へ断熱可逆的に膨張し，温度が T_H から T_L に低下する過程．
第 3 過程：温度 T_L の下で，気体の体積が V_3 から V_4 へ等温可逆的に圧縮される過程．
第 4 過程：気体の体積が V_4 から V_1 へ断熱可逆的に圧縮され，温度が T_L から T_H へと上昇する過程．

カルノーサイクル Carnot cycle の各過程はすべて可逆的なので，この機関の仕事はこれらの条件下でなしうる最大の仕事である．この機関に用いた気体が理想気体であるとすると，1 サイクルでの仕事を算出することができる．

第 1 過程は等温過程なので，$\Delta U = 0$．したがって，

$$q_H = -w(1) = nRT_H \ln \frac{V_2}{V_1} \tag{5.33}$$

第 2 過程は断熱的なので，$q = 0$．したがって，

$$w(2) = \Delta E = n \int_{T_H}^{T_L} C_v \, dT \tag{5.34}$$

$$\frac{V_3}{V_2} = \frac{T_H}{T_L} \cdot \frac{C_v}{R} \tag{5.35}$$

第3過程は等温過程なので，$\Delta U = 0$．したがって，

$$q_L = -w(3) = nRT_L \ln \frac{V_4}{V_3} \tag{5.36}$$

第4過程は断熱的なので，$q = 0$．したがって，

$$w(4) = \Delta E = n\int_{T_L}^{T_H} C_v \, dT \tag{5.37}$$

$$\frac{V_4}{V_1} = \frac{T_H}{T_L} \cdot \frac{C_v}{R} \tag{5.38}$$

1サイクルしたときの全仕事 w は，

$$w = w(1) + w(2) + w(3) + w(4) \tag{5.39}$$

ここで，$w(2) = -w(4)$ なので，

$$w = -nRT_H \ln \frac{V_2}{V_1} - nRT_L \ln \frac{V_4}{V_3} \tag{5.40}$$

さらに，V_4/V_1 と V_3/V_2 は，ともに $(T_H/T_L)C_v/R$ に等しいから，

$$\frac{V_4}{V_1} = \frac{V_3}{V_2}, \quad \frac{V_4}{V_3} = \frac{V_1}{V_2} \tag{5.41}$$

この関係を式（5.40）に代入すると，

$$w = -nRT_H \ln \frac{V_2}{V_1} - nRT_L \ln \frac{V_1}{V_2}$$

$$= -nR(T_H - T_L) \ln \frac{V_2}{V_1} \tag{5.42}$$

したがって，**カルノー機関** Carnot engine の効率 Eff は次のように表される．

$$\mathrm{Eff} = -w/q_H = nR(T_H - T_L) \frac{\ln \dfrac{V_2}{V_1}}{nRT_H \ln \dfrac{V_2}{V_1}}$$

$$= \frac{T_H - T_L}{T_H} \tag{5.43}$$

また，このサイクルでエネルギーは保存されるから，
$$-w = q_H + q_L \tag{5.44}$$
なので，カルノー機関の効率 Eff は次のように表される．
$$\text{Eff} = \frac{q_H + q_L}{q_H} = \frac{T_H - T_L}{T_H} \tag{5.45}$$

理想的なカルノー機関の効率は，機関が動作している温度によって制約されていることがわかる．高温熱溜めの温度 T_H と低温熱溜めの温度 T_L との温度差 $T_H - T_L$ が大きいほど，熱機関によって，より多くの熱が仕事に変換される．熱機関の効率は，$T_L = 0$ のとき 100 % になる．一方，高温熱溜めと低温熱溜めが同じ温度であるときには，熱機関は熱を仕事に変換することはできない．

5.5.3 熱力学第三法則

今までの議論は，初期状態と終期状態とのエントロピー差だけを問題にした．系を冷却していくと，系は熱を放出すると同時にエントロピーは減少する．したがって，温度が低いほど物体のもつエントロピーは少なく，絶対零度では完全結晶のもつエントロピーはゼロと考えてよい．これを**熱力学第三法則** third law of thermodynamics という．

系に熱を加えると，系のエネルギーと同時にエントロピーが増加する．系のエネルギーが増加すると，系の分子運動が激しくなって系がとり得る状態の数，つまり乱雑さが増加する．

したがって，エントロピーはまた乱雑さの尺度とも考えられる．系のとり得る状態の数（W）とエントロピーとの関係はボルツマン Boltzmann により求められた．全系の状態の数は部分系の状態の数の積であるのに対して，全系のエントロピーは部分系のエントロピーの和になっていることから，エントロピーが状態数の対数で表されることがわかる．これを表したのが次の**ボルツマンの原理**である．
$$S = k \ln W \tag{5.46}$$
ここで，k は**ボルツマン定数**であり，
$$k = R/N_A = \frac{8.314 \, (\text{J·K}^{-1}\text{·mol}^{-1})}{6.022 \times 10^{23} \, (\text{molec.·mol}^{-1})}$$

$$= 1.381 \times 10^{-22} \, (\mathrm{J \cdot K^{-1} \cdot molec.^{-1}}) \tag{5.47}$$

の値をもち，1分子当たりの気体定数に相当する．

　理想気体が等温膨張するときはエネルギーを吸収するが，内部エネルギー（分子の運動エネルギー）は変化していない．しかし，気体の体積，つまり気体分子が運動する空間が増加しているので，可能な状態の数 W が増加する．したがって，エントロピーが増大する．これがいわゆる配置のエントロピーである．系の温度が低くなると，可能な状態の数が減少し，エントロピーが減少する．絶対零度においては，完全結晶は基底状態にあり，$W=1$ である．したがって，式（5.46）から当然の帰結として絶対零度における完全結晶のエントロピーはゼロとなる．

5.5.4　絶対エントロピー

　今までは系のエントロピー変化を考えてきたが，熱力学第三法則によれば，絶対零度における系（完全結晶）のエントロピーはゼロである．このことから，任意の温度における物質の絶対エントロピーを熱量測定から決めることができる．

　まず，圧力一定の下での温度変化に伴うエントロピー変化を求める公式を導き，物質のもつ絶対エントロピーと温度との関係をみてみよう．

　ある物質の，温度 $T(\mathrm{K})$ における定圧熱容量を $C_\mathrm{p}(T)$ とすれば，物質に可逆的に微少量の熱 dq_rev を加えたときの温度上昇 dT とは $dq_\mathrm{rev} = C_\mathrm{p}(T)\,dT$，エントロピー変化 dS は，

$$dS = \frac{dq_\mathrm{rev}}{T} = \frac{C_\mathrm{p}(T)}{TdT} \tag{5.48}$$

で与えられる．これから，物質の温度が T_1 から T_2 まで上昇するときのエントロピー変化 ΔS は次の積分で表される．

$$\Delta S = S_2 - S_1 = \int_{T_1}^{T_2} \frac{C_\mathrm{p}(T)}{TdT} \tag{5.49}$$

$$= \int_{T_1}^{T_2} C_\mathrm{p}(T) d\ln T \tag{5.50}$$

この積分は，$C_\mathrm{p}(T)/T$ を T の関数として書いたグラフ，または，$C_\mathrm{p}(T)$ を $\ln T$ の関数として書いたグラフの曲線下の面積として求めることができる．もしも，この温

度範囲で定圧熱容量が一定（C_p）ならば，積分することができ，

$$\Delta S = C_p \ln \frac{T_2}{T_1} = 2.303\, C_p \log \frac{T_2}{T_1} \tag{5.51}$$

となる．

同様に，体積一定の下での温度変化に伴うエントロピー変化は，変化する温度範囲で定積熱容量が一定（C_v）ならば，

$$\Delta S = C_v \ln \frac{T_2}{T_1} = 2.303\, C_v \log \frac{T_2}{T_1} \tag{5.52}$$

となる．

5.6　ギブズ自由エネルギー

5.6.1　自発的変化とギブズ自由エネルギー変化

熱力学第二法則によれば，自発的に起こる変化は不可逆過程であり，系の変化はその系と周囲（対象とする系を含む孤立系）のエントロピーが増加する方向に進行する．すなわち，エントロピー増大の法則として表される．系が孤立系でない場合にこの法則を適用するためには，熱などのやり取りがある周囲の系をすべて考慮しなければならない．したがって，問題とする系だけに基づいた状態量があると大変便利である．

まず，自発的に起こる変化の過程におけるエンタルピーとエントロピー変化を考える．式 (5.13)，式 (5.18) より，

$$dq \leq TdS \tag{5.53}$$

が成立するから，熱力学第一法則式 (5.4) に代入すると，系の内部エネルギーの微小変化は，

$$dU \leq TdS - PdV \tag{5.54}$$

と表される．ここで，等号は可逆過程に，不等号は不可逆過程に対応する．今，

エンタルピー $H = U + PV$ の微小変化 $dH = dU + PdV + VdP$（完全微分）に式 (5.54) を代入すると,

$$dH \leq TdS + VdP \tag{5.55}$$

となる.

　系が圧力一定（$dP = 0$）の下にある場合を考える. 系のエンタルピーが一定下の変化（$\Delta H = 0$）では, 式 (5.55) より $TdS \geq 0$ となる. つまり, 自発的な過程（不可逆過程）はエントロピーが増加する方向に変化することを表している. 系のエントロピーが一定下の変化（$\Delta S = 0$）では, 式 (5.55) より $dH \leq 0$ となり, 自発的な過程はエンタルピーが減少する方向に進むことを表している. しかし, 実際の過程ではエンタルピーとエントロピーが同時に変化するのが普通である. 例えば, 等温, 等圧の下で系に可逆的に熱 q を加えると, $\Delta H = q$, $\Delta S = q/T$ である. したがって, エンタルピーとエントロピーを含む関数を考える必要がある. この関数が**ギブズ自由エネルギー** Gibbs free energy（G）である. ギブズ自由エネルギーは, エンタルピーとエントロピーを用いて次のように定義される.

$$G = H - TS \tag{5.56}$$

ギブズ自由エネルギーはエンタルピー項とエントロピー項で表されており, 温度が低いとエンタルピーの役割が大きく（エンタルピー支配）, 温度が高いとエントロピーの役割が大きくなる（エントロピー支配）.

5.6.2　化学反応の進行とギブズ自由エネルギー

　いま, 系内で定温, 定圧の下で化学変化が起こり, 系が熱 ΔH を放出し, 周囲が $-\Delta H$ の熱を受け取る場合を考える. 系と周囲を合わせた全エントロピー変化 ΔS_t は系と周囲のエントロピー変化の和として,

$$\Delta S_t = \Delta S - \frac{\Delta H}{T} \tag{5.57}$$

あるいは

$$-T\Delta S_t = \Delta H - T\Delta S \tag{5.58}$$

と表される. 反応が起こる条件は $\Delta S_t > 0$ であるが, これは $\Delta H - T\Delta S < 0$ と同じである. また, 式 (5.56) から, 温度一定のときのギブズ自由エネルギー変化 ΔG は,

5.6 ギブズ自由エネルギー

$$\Delta G = \Delta H - T\Delta S \tag{5.59}$$

と表される．したがって，エントロピー増大の法則式 (5.24) は，

$$\Delta G \leqq 0 \tag{5.60}$$

と書き換えることができる（等号は可逆過程，不等号は不可逆過程に対応する）．すなわち，**熱力学第二法則**は「自発的な過程は系とその周囲の全エントロピーが増大する方向に進行する」と表されるが，「その系のみのギブズ自由エネルギーが減少する方向に進行する」と言い換えることができる．もしも，$\Delta G > 0$ ならば，その反応または過程は逆方向に進行する．ギブズ自由エネルギーを用いれば，対象とする系のみを考慮すればよいので大変便利である．

化学，生物学，その他の実験をするときには，たいていは大気圧下，温度一定の下で行うことが多い．このとき，化学変化を含めてある過程が進行する方向は式 (5.60) によって与えられる．すなわち，すべての過程はギブズ自由エネルギーが減少する方向に進行する．

ここで，固体薬品の溶解を考えてみよう．固体薬品が完全に溶解するためには，溶解の前後でギブズ自由エネルギーが減少する必要がある．溶解におけるエントロピー変化 ΔS_{mix} は正である．したがって，溶解に際して熱を発生する場合は ΔH_{mix} が負なので $\Delta G_{mix} < 0$ となり，溶解は自発的に起こる．一方，熱を吸収する場合には ΔH_{mix} が正なので，$\Delta G_{mix} < 0$ となるためには $T\Delta S_{mix} > \Delta H_{mix}$ でなければならない．この場合，溶解が自発的に起こるためには温度が十分に高くなければならない．このことは，液体の混合においても同様である．液体が混合に際して熱を吸収する場合（これは溶液の蒸気圧が**ラウール Raoult の法則**から正にずれる場合に相当する），低温では混合が完全には起こらず，2 相に分離する．すなわち，液体が別の液体または固体を溶かすには限度（溶解度）がある．2 液体が混合して理想溶液をつくる（$\Delta H_{mix} = 0$）か，熱を発生する（$\Delta H_{mix} < 0$）ときには，必ず $\Delta G_{mix} < 0$ となるから，混合は自発的に起こり，2 液体はいかなる割合にも混合する．

熱力学第一法則は，系に加えた熱 q と仕事 w とによって式 (5.4) $\Delta U = q + w$ と表されるが，仕事 w を系の体積変化による仕事 $-P\Delta V$ とその他の仕事（有効仕事 w'）とに分けると，

$$\Delta U = q - P\Delta V + w' \tag{5.61}$$

となる．したがって，圧力一定下の変化では式 (5.6) より

$$\Delta H = q + w' \tag{5.62}$$

である．一方，温度が一定のときには系に出入りする熱 q と系のエントロピー変化 ΔS とは $q \leq T\Delta S$ の関係にあるから，

$$\Delta H \leq T\Delta S + w' \tag{5.63}$$

となる．

これらのことから，式 (5.59) より，定温，定圧下の変化について，

$$\Delta G \leq w' \quad \text{or} \quad (-\Delta G) \geq (-w') \tag{5.64}$$

が成立する．すなわち，$(-\Delta G)$ は可逆過程において系が行う有効仕事（利用可能なエネルギー）である．言い換えると，$(-\Delta G)$ は，系が定温，定圧下において体積変化以外に行うことのできる最大仕事である．

ギブズ自由エネルギーはエンタルピーとエントロピーから定義されるので状態関数であり，ギブズ自由エネルギー変化 ΔG は系が変化する経路には関係しない．しかし，系が行う有効仕事 w' は変化の経路によって 0 から $(-\Delta G)$ までのあらゆる値をとることができる．ギブズ自由エネルギー変化の意味をもう少し詳しくみてみよう．式 (5.59) の符号を変えると，

$$-\Delta G = -\Delta H + T\Delta S \tag{5.65}$$

となり，左辺の利用可能なエネルギー $(-\Delta G)$ が系のエンタルピー $(-\Delta H)$ とは $T\Delta S$ だけ異なっていることを示している．もし，系のエントロピーが減少する $(T\Delta S < 0)$ ならば，利用可能なエネルギーは系のエンタルピー減少量 $(-\Delta H)$ よりも $(-T\Delta S)$ だけ少ない．$(-T\Delta S)$ は，系がより秩序正しく配列しなおすために消費されるエネルギーであって，利用できないエネルギーとも呼ばれる．吸熱反応 $(\Delta H > 0)$ においても，エントロピーが増加する反応ならば，温度が高ければ $T\Delta S$ の寄与が大きくなり，やはり利用可能なエネルギーが得られる．自発的な過程は利用可能なエネルギーが放出されるように進行するといってよい．系の変化は利用可能なエネルギーがなくなるまで続き，そこでエンタルピー項とエントロピー項が釣り合い $(\Delta G = 0)$，系は平衡になる．

5.6.3　ギブズ自由エネルギーの温度および圧力依存性

次に，ギブズ自由エネルギーに関する重要な式を導こう．ギブズ自由エネルギー

5.6 ギブズ自由エネルギー

は,
$$G = H - TS \tag{5.56}$$
$$H = U + PV \tag{5.5}$$
$$G = U + PV - TS \tag{5.66}$$

と表されることから, G の微小変化（完全微分）は次のようになる.
$$dG = dU + PdV + VdP - TdS - SdT \tag{5.67}$$

ここで, 系の行う仕事が体積変化だけのときの式（5.54）を代入すると,
$$dG \leq VdP - SdT \tag{5.68}$$

の関係が得られる. この式から, 定温（$dT = 0$）かつ定圧（$dP = 0$）の系では
$$dG \leq 0 \tag{5.69}$$

の関係が得られる. 生体内の化学反応など多くの過程がこの条件下で起こっていると考えてよい.

系が内部平衡にあるならば, 式（5.68）で等式が成立する.
$$dG = VdP - SdT \tag{5.70}$$

1) ギブズ自由エネルギーの温度依存性

式（5.70）において, 圧力一定下（$dP = 0$）で温度が微少量だけ変化すれば, $dG = - SdT$ となるから,
$$\left(\frac{\partial G}{\partial T} \right)_P = - S \tag{5.71}$$

が成立する. 式（5.71）は系のエントロピーがギブズ自由エネルギーの温度に対する変化率として求められることを示している. 系が状態 1 から 2 に変化するときは, 式（5.71）の差をとれば,
$$\left(\frac{\partial (G_2 - G_1)}{\partial T} \right)_P = - (S_2 - S_1) \tag{5.72}$$

したがって, $\Delta G = G_2 - G_1$, $\Delta S = S_2 - S_1$ とおけば,
$$\left(\frac{\partial \Delta G}{\partial T} \right)_P = - \Delta S \tag{5.73}$$

となる. ここで, 式（5.59）の $\Delta G = \Delta H - T \Delta S$ に代入して ΔS を消去すれば,

$$\Delta G = \Delta H + T\left(\frac{\partial \Delta G}{\partial T}\right)_P \tag{5.74}$$

が成立する．この式を，**ギブズ-ヘルムホルツ** Gibbs-Helmholtz **の式**という．この式にはエントロピー項がない．それゆえ，定圧下で温度を変えて電池の起電力 ε ($\Delta G = -n\varepsilon F$) を測定すると ΔG と $(\partial \Delta G/\partial T)_P$ が求められるので，式 (5.74) から ΔH が算出できる．この方法は，熱量測定から求める方法よりも正確な ΔH が求められる．

2) ギブズ自由エネルギーの圧力依存性

式 (5.70) において，温度一定下 ($dT = 0$) で圧力が微少量だけ変化すれば，$dG = VdP$ となるから，

$$\left(\frac{\partial G}{\partial P}\right)_T = V \tag{5.75}$$

が成立する．式 (5.75) は，系の体積がギブズ自由エネルギーの圧力に対する変化率として求められることを示している．固体および液体は圧力が変化しても体積はほとんど変化しないので G は圧力と直線関係にある．しかし，気体の場合には圧力により大きく変化する．理想気体 1 モルについては $V = RT/P$ なので，

$$dG = RT\frac{dP}{P} \tag{5.76}$$

が成立する．温度一定下で積分すると，

$$\int_{G_1}^{G_2} dG = RT\int_{P_1}^{P_2} \frac{1}{P} dP$$

$$\Delta G = G_2 - G_1 = RT\ln\frac{P_2}{P_1} \tag{5.77}$$

となる．この式を用いると，理想気体では標準状態のギブズ自由エネルギーの値 $G°$ から任意の圧力における G が求められる．

例題 5.5 氷の融解とエネルギー変化

1 気圧，0 ℃において水と氷は平衡状態にあり，氷の融解熱は $\Delta H =$

6.01 kJ·mol^{-1} である．0 ℃近傍での融解のギブズ自由エネルギー変化を論ぜよ．

解 平衡では，融解のギブズ自由エネルギー変化 $\Delta G = \Delta H - T\Delta S$ は 0 であるから，0 ℃における氷の融解のエントロピー変化 ΔS は，式（5.18）を積分して得る式を用いると，

$$\Delta S = \frac{\Delta H}{T} = \frac{6010}{273.15} = 22.0 \text{ J·K}^{-1}\text{·mol}^{-1}$$

である．氷は融解によってエントロピーが増大し，より乱雑な状態になることを示している．0 ℃の近傍で ΔH と ΔS の値が不変であるとしても，+1 ℃と -1 ℃における融解の ΔG の値を求めると，

$$\Delta G(+1\text{℃}) = 6010 - 274.15 \times 22.0 = -21.3 \text{ J·K}^{-1}\text{·mol}^{-1}$$
$$\Delta G(-1\text{℃}) = 6010 - 272.15 \times 22.0 = 22.7 \text{ J·K}^{-1}\text{·mol}^{-1}$$

つまり，0 ℃より高温では氷の融解は自発的に起こるが（$\Delta G < 0$），0 ℃以下での自発的な過程は $\Delta G > 0$ なので，逆反応の固化であることを示している．

5.6.4 化学ポテンシャルと活量

これまでは閉鎖系内で内部平衡にある場合のギブズ自由エネルギー変化を考えた．ここでは，物質量が変化する開放系におけるギブズ自由エネルギー変化を考察する．定温，定圧の下で大量の溶液中に1モルの物質を加えたときのギブズ自由エネルギーの増分（部分モルギブズ自由エネルギー）をその物質の**化学ポテンシャル** chemical potential といい，記号 μ で表す．大まかには，物質Aの化学ポテンシャル μ_A は溶液中の物質Aの1モル当たりのギブズ自由エネルギーといってもよい．

この化学ポテンシャルを用いて，2種の液体AとBとが定温，定圧下において混合して理想溶液となるときのギブズ自由エネルギー変化を考えよう．純粋状態での液体Aおよび液体Bの化学ポテンシャルをそれぞれ μ_A^* および μ_B^* とする．液体Aの n_A モルと液体Bの n_B モルとを混合すると，ギブズ自由エネルギー変化は，

$$\Delta G = n_A(\mu_A - \mu_A^*) + n_B(\mu_B - \mu_B^*) \tag{5.78}$$

である．式（5.59）において，理想溶液の混合では $\Delta H = 0$ であるから，式（5.32）を用いて混合のギブズ自由エネルギー変化は次のように表される．

$$\Delta G = \Delta H - T\Delta S = RT(n_A \ln x_A + n_B \ln x_B) \tag{5.79}$$

式（5.78）と式（5.79）とを比較すれば，理想溶液中の液体Aおよび液体Bの化学ポテンシャルはそれぞれ，

$$\mu_A = \mu_A^* + RT \ln x_A \tag{5.80a}$$
$$\mu_B = \mu_B^* + RT \ln x_B \tag{5.80b}$$

と表されることがわかる．

混合物が理想溶液でないときには，式（5.80）は次のように書き換える必要がある．

$$\mu_A = \mu_A^\circ + RT \ln \alpha_A \tag{5.81a}$$
$$\mu_B = \mu_B^\circ + RT \ln \alpha_B \tag{5.81b}$$

ここで，μ_A° および μ_B° はそれぞれ標準状態における物質Aおよび物質Bの標準化学ポテンシャル，α_A および α_B はそれぞれ標準状態における物質Aおよび物質Bの**活量** activity（相対活量，活動度ともいう）であり，標準状態にあるとき α_A および α_B は1となる．標準状態は25℃，1気圧における最も安定な状態である．

溶液中の溶媒，あるいは溶媒と溶質の区別がつかない混合物の成分については，純粋状態を標準状態にとる．このとき成分iについて $\mu_i^\circ = \mu_i^*$，$\alpha_i = x_i = 1$ である．溶液中の溶質Bの標準状態は純粋状態ではなく，$\alpha_B = 1$ のとき $x_B \neq 1$，$\mu_B^\circ \neq \mu_B^*$ である．理想溶液においては式（5.81）は式（5.80）に帰結されるから，各成分の活量はモル分率に等しい（$\alpha_i = x_i$）．実在溶液も希薄になると理想溶液に近づくから，溶媒の活量もまたモル分率に近づく．したがって，希薄溶液の溶媒Aの活量は $\alpha_i \fallingdotseq x_i$ である．

溶液中の溶質の濃度は，モル濃度（mol/L）または質量モル濃度（mol/kg）で表されることが多い．実在溶液中の溶質Bの活量 α_B は濃度 m_B と活量係数 γ_B によって，

$$\alpha_B = m_B \times \gamma_B \tag{5.82}$$

から求められる．**ヘンリー** Henry **の法則**が成り立つような希薄溶液では，溶質Bの活量係数を $\gamma_B = 1$ とする．ヘンリーの法則からのずれを活量係数によって補正するので，濃度が大きくなるにしたがって活量係数は1からずれてくる．濃度の

表し方(モル濃度あるいは質量モル濃度)に対応して活量係数の値は異なるが,活量は同じになる.溶液の濃度が大きくなると溶質の活量も大きくなるが,活量が1になる状態を溶質の標準状態にとる.例えば,HClの水溶液では約 1.2 mol·kg^{-1}, NaOHの水溶液では約 1.5 mol·kg^{-1} である.

例題 5.6 希薄溶液の沸点上昇

ギブズ-ヘルムホルツの式を用いて,溶媒Aに不揮発性溶質Bを溶かした理想希薄溶液の沸点上昇度およびモル沸点上昇定数を求めよ.

解 溶媒Aに溶質Bが溶けている溶液と溶媒Aの蒸気とが平衡にある系を考える.温度および圧力が一定のとき,平衡の条件はそれぞれの化学ポテンシャルが等しいことである.溶液中の化学ポテンシャルとその蒸気の化学ポテンシャルが等しいとおけば,式 (5.80) より,

$$\mu_A^*(l) + RT \ln x_A = \mu_A^*(g)$$

が成立する.ここで,x_A は溶液中の溶媒のモル分率である.蒸発における化学ポテンシャルの変化を $\Delta\mu = \mu_A^*(g) - \mu_A^*(l)$ とおけば,

$$\ln x_A = \frac{\Delta\mu}{RT}$$

となる.この式を温度 T で微分してギブズ-ヘルムホルツの式 (5.74) を代入すれば,

$$\left(\frac{\partial \ln x_A}{\partial T}\right)_P = -\frac{\Delta H_{\text{vap}}}{RT^2}$$

となる.ここで,ΔH_{vap} は溶媒1モル当たりの蒸発エンタルピーである.この式を,ΔH_{vap} を一定として,溶媒 ($x_A = 1$) の沸点 T_b から溶液の沸点 T まで積分すると,

$$\ln x_A = \frac{\Delta H_{\text{vap}}}{R}\left(\frac{1}{T} - \frac{1}{T_b}\right) = \frac{\Delta H_{\text{vap}}}{R}\left(\frac{T_b - T}{TT_b}\right)$$

さらに,$\ln x_A = \ln(1 - x_B) \fallingdotseq x_B$, $TT_b \fallingdotseq T_b^2$ と近似すれば,沸点上昇 $\Delta T_b = T - T_b$ は

$$\Delta T_b = -\left(\frac{RT^2}{\Delta H_{vap}}\right)x_B = \left(\frac{RT_b^2 M_A}{\Delta H_{vap}}\right)m_B$$

となる.ここで,m_B は質量モル濃度,M_A は溶媒のモル質量であり,$x_B \fallingdotseq M_A \cdot m_B$ を用いた.したがって,モル沸点上昇定数 K_b は

$$K_b = \frac{RT_b^2 M_A}{\Delta H_{vap}}$$

と表される.

5.6.5 平衡定数と標準ギブズエネルギー

1) 平衡定数

比較的一般的な次のような化学反応

$$a\mathrm{A} + b\mathrm{B} = q\mathrm{Q} + r\mathrm{R} \tag{5.83}$$

を考える.ここで,A,B,Q,R は化合物を,a,b,q,r は係数を表し,化合物 A の a モルと化合物 B の b モルとが反応して,化合物 Q が q モルと化合物 R が r モル生成することを表している.反応物と生成物の全ギブズ自由エネルギーを化学ポテンシャルを用いて表すと,

$$G(\text{反応系}) = a\mu_A + b\mu_B \tag{5.84a}$$
$$G(\text{生成系}) = q\mu_Q + r\mu_R \tag{5.84b}$$

となり,化学反応(5.83)に伴うギブズ自由エネルギー変化 ΔG は,

$$\Delta G = G(\text{生成系}) - G(\text{反応系})$$
$$= (q\mu_Q + r\mu_R) - (a\mu_A + b\mu_B) \tag{5.85}$$

となる.化学ポテンシャル μ は,標準化学ポテンシャル μ° と活量 α を用いて,

$$\mu = \mu^\circ + RT \ln \alpha \tag{5.69}$$

と表されるので,

$$\Delta G = \Delta G^\circ + RT \ln \frac{\alpha_Q^q \alpha_R^r}{\alpha_A^a \alpha_B^b} \tag{5.86}$$

と表される.ここで,ΔG° は,

$$\Delta G^\circ = (q\mu_Q^\circ + r\mu_R^\circ) - (a\mu_A^\circ + b\mu_B^\circ) \tag{5.87}$$

である.

5.6 ギブズ自由エネルギー

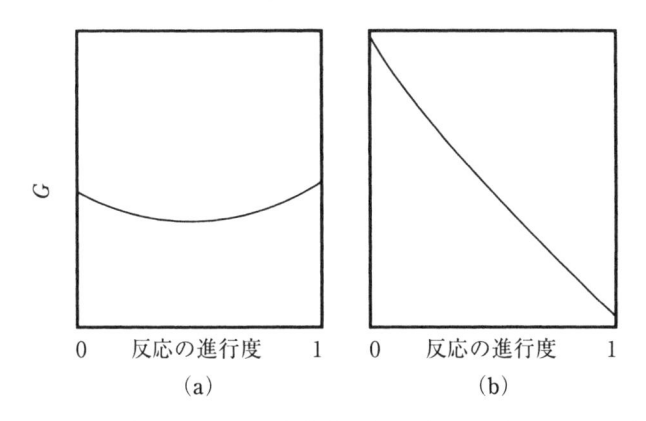

図 5.6 化学反応の進行度とギブズエネルギー G（1000 K，1 気圧）
(a) $H_2 + CO_2 = H_2O + CO$ ($K = 0.7$)
(b) $NO = 1/2\, N_2 + 1/2\, O_2$ ($K = 1.2 \times 10^4$)

ここで，典型的な2種類の化学反応，すなわち，(a) 反応物を混ぜ合わせると反応が始まるが，反応が途中で平衡に達する反応（図 5.6a），および，(b) 反応がほぼ完全に進んで反応物の1つが反応し尽くす反応（図 5.6b）を考える．

(a) の平衡反応の場合には，反応が自発的に進むと当然ギブズ自由エネルギーは減少する（$\Delta G < 0$）が，反応が進むにつれて次第に減少量が少なくなり，ある程度反応が進んで反応物と生成物がある濃度（活量）になると平衡になる．平衡到達時点では，微少量の反応に対してギブズ自由エネルギーは変化せず（$\Delta G = 0$），もはや自発的な正味の反応は起こらない．平衡時には，式（5.86）は，

$$0 = \Delta G^\circ + RT \ln \left(\frac{\alpha_Q^q \, \alpha_R^r}{\alpha_A^a \, \alpha_B^b} \right)_{eq} \tag{5.88}$$

になる．ここで，下添字 eq は，系が平衡状態にあることを表す．右辺に現れる活量は平衡状態における値である．温度と圧力を決めれば標準ギブズ自由エネルギー変化 ΔG° は決まった値をとり，対数項は定数になる．この定数 K は**平衡定数** equilibrium constant といい，

$$K = \left(\frac{\alpha_Q^q \, \alpha_R^r}{\alpha_A^a \, \alpha_B^b} \right)_{eq} \tag{5.89}$$

と表され，

$$\Delta G^\circ = -RT \ln K \tag{5.90}$$

となる.

　このように，平衡定数 K は標準ギブズ自由エネルギー変化 $\varDelta G^\circ$ から求められるから，温度と圧力の関数になっている．このことは，温度または圧力が変化すると系の平衡が移動することに対応している．もしも，反応物と生成物の役割を逆にして式 (5.83) の逆反応を考え，化合物 Q と R とを混ぜるとやはり反応が進み，反応の途中で $\varDelta G^\circ = 0$ になり，系は平衡に達する．すなわち，どちらから反応が進んでも同じ平衡状態に達する．これは，平衡定数 K が 1 に近い $10 > K > 0.1$ のときに起こる（図 5.6a）.

　これに対して，平衡定数 K が非常に大きい場合（$K > 100$）には，式 (5.89) からわかるように，平衡における反応物の活量（したがって濃度）は生成物の活量に比べて非常に小さい．つまり，反応はほぼ完全に進み，反応物（少なくとも 1 種類）は事実上，全部，生成物に変化したと考えてよい（図 5.6b）．平衡定数 K が非常に小さい場合（$K < 0.01$）には，(b) の場合の反応物と生成物の役割を逆にしたことに相当する．すなわち，反応物を混ぜるとわずかに反応が進んですぐに平衡に達してしまう．

　化学反応が平衡に達すると反応は止まったようにみえる．しかし，実際は正反応と逆反応が同じ速さで起こっていて，正反応の速度定数を k_1，逆反応の速度定数を k_{-1} とすれば，平衡定数は**質量作用の法則** law of mass action によって，

$$K = \frac{k_1}{k_{-1}} \tag{5.91}$$

と表される．すなわち，平衡定数は正反応と逆反応との速度定数の比であるから，正反応の方が速度定数が大きく，正反応の速度が大きければ，化学反応は中間より進んだところで平衡に達する．これに対して，逆反応の速度が大きければ，反応が少し進んだところで平衡に達する．

　理想溶液における平衡の場合には，活量はモル分率に等しい．したがって，理想溶液または理想溶液とみなせる溶液ならば，平衡定数 K は活量の代わりにモル分率 x を用いて次のように表される．

$$K = \left(\frac{x_Q^q x_R^r}{x_A^a x_B^b} \right)_{eq} \tag{5.92}$$

また，反応物および生成物がすべて気体の場合には，式 (5.92) のモル分率は分圧

に置き換えてもよく，平衡定数 K は分圧 P を用いて次のように表される．

$$K_\mathrm{P} = \left(\frac{P_\mathrm{Q}^q P_\mathrm{R}^r}{P_\mathrm{A}^a P_\mathrm{B}^b}\right)_\mathrm{eq} \tag{5.93}$$

K_P は**圧平衡定数**と呼ぶ．ドルトン Dalton の分圧の法則によれば，気体の全圧力 P と分圧との関係は，例えば，$P_\mathrm{Q} = x_\mathrm{Q} P$……なので，$K_\mathrm{P}$ と K との間には

$$K_\mathrm{P} = K^{\Delta n} \tag{5.94}$$

の関係がある．ここで，$\Delta n = (q + r) - (a + b)$ は生成物と反応物の化学量論数の差である．

溶液中の反応物および生成物の量はモル濃度 C(mol/L) で表すのが普通である．溶液が十分に希薄ならば，溶質の活量係数は 1 としてよく，活量の代わりに濃度 C を用いればよい．このとき，平衡定数は

$$K_\mathrm{C} = \left(\frac{C_\mathrm{Q}^q C_\mathrm{R}^r}{C_\mathrm{A}^a C_\mathrm{B}^b}\right)_\mathrm{eq} \tag{5.95}$$

と表され，K_C を**濃度平衡定数**と呼ぶ．反応に溶媒が関与する場合には，式 (5.95) に溶媒の濃度を含めてはいけない．希薄溶液の溶媒はほとんど純粋なので，その活量は事実上 1 であり，濃度の代わりに活量の値 1 を用いなければならない．つまり，溶媒の濃度を式 (5.95) から省けばよい．

平衡定数 K_P または K_C は，化学量論数の差 Δn がゼロでないときには単位をもつ．しかし，平衡定数は単位（次元）のない量であり，特に式 (5.90) に代入するときなどには単位をもつと具合が悪い．この不具合を簡単に回避するには，式 (5.92) の分圧を基準の圧力（例えば 1 気圧）に対する比で表せばよい．また，式 (5.95) では濃度 C に活量係数 1 をかけて単位を除いたモル濃度の数値，つまり，活量の近似値を用いればよい．ただし，理想溶液からのずれが大きいときには式 (5.89) を用いなければならない．

2) 平衡定数の温度依存性

平衡定数は温度と圧力の関数である．これは，温度または圧力が変化すると化学平衡が移動することと密接に関係している．平衡定数の温度依存性を調べるには，平衡定数と標準ギブズ自由エネルギーとの関係式

$$\Delta G^\circ = -RT \ln K \tag{5.90}$$

を，圧力を一定として温度 T で微分すればよい．

$$\left(\frac{\partial \Delta G^\circ}{\partial T}\right)_P = -R \ln K - RT \left(\frac{\partial \ln K}{\partial T}\right)_P \tag{5.96}$$

この式をギブズ-ヘルムホルツの式 (5.74)

$$\Delta G = \Delta H + T\left(\frac{\partial \Delta G}{\partial T}\right)_P \tag{5.74}$$

に代入し，式 (5.90) の関係を用いると，

$$\left(\frac{\partial \ln K}{\partial T}\right)_P = \frac{\Delta H^\circ}{RT^2} \tag{5.97}$$

となる．これを**ファントホッフの反応等圧式**という．

反応に伴う標準エンタルピー変化ΔH° が，考えている温度範囲で一定のときには，式 (5.97) は積分することができ，

$$\ln K = -\frac{\Delta H^\circ}{RT} + \text{const.} \tag{5.98a}$$

が得られる．$\ln K$ を $1/T$ に対してプロットすると，勾配が $-\Delta H^\circ/R$ の直線が得られるので，いくつかの温度で平衡定数を測定すれば，ΔH° が得られる．また，温度 T_1, T_2 における平衡定数 K_1, K_2 を用いると，

$$\ln \frac{K_2}{K_1} = \frac{-\Delta H^\circ}{R}\left(\frac{1}{T_2} - \frac{1}{T_1}\right) \tag{5.98b}$$

と表されるので，ある温度における平衡定数の値を求めることができる．

このファント・ホッフの式は温度が変わると平衡定数の値が変わる，つまり，平衡が移動することを示している．これは**ル・シャトリエ** Le Chatelier **の原理**に対応している．式 (5.98) からわかるように，吸熱反応（$\Delta H^\circ > 0$）において系の温度が上昇する（$T_1 < T_2$）と，平衡定数は大きくなる（$K_1 < K_2$）．すなわち，正反応が進み，熱を吸収する方向に平衡が移動する．逆に，発熱反応（$\Delta H^\circ < 0$）においては，温度が上昇する（$T_1 < T_2$）と平衡定数は小さくなる（$K_1 > K_2$）．すなわち，逆反応が進み，熱を吸収する方向に平衡が移動する．いずれにしても，温度が変化すると，それを妨げる方向に平衡が移動する．

温度を一定として，圧力に対する平衡定数の変化率を求めると，式 (5.97) と同様の式

$$\left(\frac{\partial \ln K}{\partial P}\right)_T = -\frac{\Delta V^\circ}{RT} \tag{5.99}$$

が得られる．ここで，ΔV° は標準状態における体積変化である．この式もまたル・シャトリエの原理に対応している．体積が増加する反応では，圧力が増すと平衡定数が小さくなる．つまり，圧力の増加を妨げる方向に平衡が移動する．例えば，次の反応

$$N_2 + 3H_2 = 2NH_3$$

では，反応の前後で体積が減少しているから，NH_3 の収量を上げるためには高圧のもとで反応を行わせる必要がある．

例題 5.7 **異なる温度の平衡定数**

次の気相反応　$2HI(g) = H_2(g) + I_2(g)$

において，600 K における標準ギブズ自由エネルギー変化と標準エントロピー変化はそれぞれ，

$$\Delta G^\circ = 21.2 \text{ kJ·mol}^{-1}, \quad \Delta H^\circ = 10.3 \text{ kJ·mol}^{-1}$$

である．400 K における平衡定数を求めよ．

解　600 K における平衡定数は，式 (5.90) $\Delta G^\circ = -RT \ln K$ を用いて，

$$21.2 \times 10^3 = -(8.314 \times 600)\ln K, \quad \ln K = -4.25$$

これを，式 (5.98a) $\ln K = -\dfrac{\Delta H^\circ}{RT} + \text{const.}$ に代入すると

$$-4.25 = -\frac{10.3 \times 10^3}{8.314 \times 600} + 定数, \quad 定数 = -2.18$$

したがって，$T = 400$ K における平衡定数 K は，

$$\ln K = -\frac{10.3 \times 10^3}{8.314 \times 400} + (-2.18)$$

$$\ln K = -5.28, \quad K = 0.0051$$

例題 5.8 **圧平衡定数と標準ギブズ自由エネルギー変化**

次の酸化銀の解離平衡反応において，

$$Ag_2O(s) = 2Ag(s) + \frac{1}{2}O_2(g)$$

温度を変えて酸素ガスの圧力を測定したら次のようになった.

T/K	373	453	473
$P(O_2)$/atm	0.026	0.74	1.38

この反応の 25 ℃における標準エンタルピー変化と標準ギブズ自由エネルギー変化を求めよ.

解 固体の銀と酸化銀の活量は 1 としてよいから,平衡定数 K は,
$$K = [Ag]^2[O_2]^{1/2}/[Ag_2O] = [O_2]^{1/2}$$
つまり, $K = K_p = P(O_2)^{1/2}$ となる.
標準生成エンタルピーは,式 (5.98a) $\ln K = -\Delta H°/RT + \text{const.}$ に従って横軸に $1/T$,縦軸に $\log K_p$ をとり,データをプロットしてグラフの勾配を求めると 1520 K^{-1} となる.この値は $-\Delta H°/2.303R$ に等しいから,$\Delta H° = 29.1$ kJ·mol^{-1} となる.

標準ギブズ自由エネルギー変化は式 (5.90) より,この直線を 25 ℃まで延長すれば $\log K_p = -1.82$ となるので, $\Delta G° = 10.4$ kJ·mol^{-1} となる.

これらの値は 25 ℃における Ag_2O の標準生成エンタルピー -31.1 kJ·mol^{-1},標準ギブズ自由エネルギー変化 -11.1 kJ·mol^{-1} と対比することができる.なお,Ag_2O の生成反応は上の反応の逆反応なので,符号が逆になっている.

5.7 相平衡

はっきりした境界によって区別される物質の均一な部分を相という.相はその状態に応じて気相,液相,固相と呼ばれる.相は成分が 1 種類のこともあるし,多くの成分からなることもある.水と油のような混じり合わない液体は別々の相をつくる.成分が同じでも,結晶形が異なる固体は別の相と考える.

5.7 相平衡

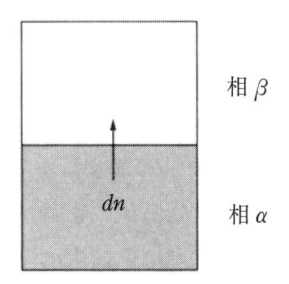

図 5.7 共通の成分をもつ相 α と β

互いに接している相は決まった温度と圧力の下で平衡になる．例えば，1気圧，0℃における氷と水，1気圧，100℃における水と水蒸気などである．2つの相 α と β が平衡になる条件を求めよう．相 α と β は共通の成分 B をもち，圧力と温度は同じであるとする（図5.7）．相 α 中の成分 B の化学ポテンシャルを μ_α，相 β 中の成分 B の化学ポテンシャルを μ_β とする．今，相 α 中の成分 B の微少量 dn モルが相 β に移動したとする．すると，相 α のギブズ自由エネルギーは $\mu_\alpha dn$ だけ減少し，相 β のギブズ自由エネルギーは $\mu_\beta dn$ だけ増加する．このときのギブズ自由エネルギー変化 dG は，

$$dG = -(\mu_\alpha - \mu_\beta)dn \tag{5.100}$$

となる．相 α から相 β に成分 B の移動が自発的に起こる条件は，$\Delta G < 0$，つまり，$\mu_\alpha > \mu_\beta$ である．逆にいえば，$\Delta G < 0$ の間は成分 B の移動が継続し，$\Delta G = 0$ になると移動が起こらなくなり，平衡になる．

したがって，平衡の条件は

$$\mu_\alpha = \mu_\beta \tag{5.101}$$

である．成分 B の標準化学ポテンシャル μ_B° が相 α と β で同じならば，式（5.81）から平衡の条件は，相 α 中の成分 B の活量 α_α と相 β 中の成分 B の活量 α_β を用いて，

$$\alpha_\alpha = \alpha_\beta \tag{5.102}$$

と書き換えることができる．つまり，2相が互いに接しているとき，相中の成分は化学ポテンシャルの大きいほうから小さいほうに移動する．平衡になる条件は，各相に共通に存在する成分の化学ポテンシャルまたは活量が等しくなることである．

5.7.1 相転移のエンタルピー

次に,相 α と β が圧力 P,温度 T の下で平衡にあるとき,圧力 P を変化させると平衡の温度 T がどのように変化するかをみよう.液相-気相平衡を例にとって考える.図 5.7 において,相 α は液相(l),相 β は気相(v)とする.すると,平衡の条件は

$$\mu_l = \mu_v \tag{5.101}$$

である.平衡を保ったまま微少量変化させると,化学ポテンシャルの微少変化量もまた等しい.

$$d\mu_l = d\mu_v \tag{5.103}$$

ここで,式(5.73)を平衡状態に適用すれば,

$$d\mu = VdP - SdT \tag{5.104}$$

ただし,ここでは V は 1 モル当たりの体積,S は 1 モル当たりのエントロピーである.この $d\mu$ を前の式に代入すれば

$$V_l dP - S_l dT = V_v dP - S_v dT \tag{5.105}$$

と書けるから,

$$\frac{dP}{dT} = \frac{S_v - S_l}{V_v - V_l} = \frac{\Delta S_{l-v}}{\Delta V_{l-v}} \tag{5.106}$$

が成立する.ここで,ΔS_{l-v} は相変化(蒸発)に伴う 1 モル当たりのエントロピー変化量,ΔV_{l-v} は相変化に伴う 1 モル当たりの体積の変化量である.ΔS_{l-v} は相変化に伴うエンタルピー変化 ΔH_v(モル蒸発熱)と

$$\Delta S_{l-v} = \frac{\Delta H_v}{T} \tag{5.107}$$

の関係にあるので,式(5.106)は

$$\frac{dP}{dT} = \frac{\Delta H_v}{T \Delta V_{l-v}} \tag{5.108}$$

となる.この式を**クラペイロン-クラウジウス** Clapeyron-Clausius **の式**という.すなわち,クラペイロン-クラウジウスの式は,2 相が平衡にある圧力の温度に対する変化率が相変化に伴うエンタルピー変化と体積変化によって表されることを示し

5.7 相平衡

ている.

　液相-気相平衡を例にとって式（5.108）を導いたが，クラペイロン-クラウジウスの式は一般の相平衡に対して成立する．液体または固体から気体への相変化の場合には，気体の体積に比べて液体または固体の体積は通常無視できる．また，気体を理想気体として取り扱ってもよければ，

$$\varDelta V = V_{\mathrm{v}} = \frac{RT}{P} \tag{5.109}$$

となるので，式（5.108）は

$$\frac{dP}{dT} = \frac{P \varDelta H_{\mathrm{v}}}{RT^2} \tag{5.110}$$

と表される．これがクラペイロン-クラウジウスの式の近似形である．この式は液体または固体の蒸気圧が温度変化に伴ってどのように変化するかを表している．式（5.110）を

$$(1/P)dP = \left(\frac{\varDelta H_{\mathrm{v}}}{R}\right) T^2 dT \tag{5.111}$$

または，

$$d \ln P = \left(\frac{\varDelta H_{\mathrm{v}}}{R}\right) T^2 dT \tag{5.112}$$

と書き換え，着目する温度範囲でモル蒸発熱 $\varDelta H_{\mathrm{v}}$ が一定であるとして積分すると，

$$\ln P = - \frac{\varDelta H_{\mathrm{v}}}{R} \left(\frac{1}{T}\right) + \mathrm{const.} \tag{5.113}$$

となり，常用対数で表すと

$$\log P = - \frac{\varDelta H_{\mathrm{v}}}{2.303 R} \left(\frac{1}{T}\right) + \mathrm{const.}' \tag{5.114}$$

となる．すなわち，$\log P$ を $1/T$ に対してプロットすると勾配が $-\varDelta H_{\mathrm{v}}/2.303R$ の直線が得られ，$\varDelta H_{\mathrm{v}}$ が算出できる．この式を用いると，任意の温度における蒸気圧，または，任意の圧力における沸点を算出することができる．また，$\varDelta H_{\mathrm{v}}$ が既知の場合には，

$$\log \frac{P_2}{P_1} = - \frac{\varDelta H_{\mathrm{v}}}{2.303 R} \left(\frac{1}{T_2} - \frac{1}{T_1}\right) \tag{5.115}$$

と表し，任意の温度における蒸気圧，または，任意の圧力における沸点を算出することができる．

クラペイロン-クラウジウスの式はル・シャトリエの原理をも満たしている．液体が蒸発する場合を考えると，ΔH_v は正であるから，液相-気相平衡系の温度を少し上げると，式（5.110）から平衡系の圧力（蒸気圧）が高くなる．蒸気圧が高くなるためには液体が気化する必要があり，このとき気化熱を吸収して温度の上昇に逆らうことになる．すなわち，加えられた変化を打ち消す方向に平衡が移動する．

液相-気相平衡と同様にして，クラペイロン-クラウジウスの式は気-固平衡，固-液平衡，固-固平衡についても成立する．ΔH は，それぞれモル昇華熱 ΔH_s，モル融解熱 ΔH_m，モル転移熱 ΔH_t であり，ΔV は，それぞれ ΔV_{s-g}，ΔV_{s-l}，ΔV_{s-s} である．

例題 5.9 富士山頂における水の沸点

1気圧，100℃における水の気化熱は $\Delta H = 40.66$ kJ・mol^{-1} である．富士山頂における大気圧は約 0.63 気圧として，富士山頂における水の沸点を求めよ．

解

1気圧における水の沸点100℃，0.63気圧における水の沸点 T（K）をそれぞれ式（5.115）に代入すれば，次のようになる．

$$\log(0.63/1) = -\frac{\Delta H}{2.303R}\left(\frac{1}{T} - \frac{1}{373}\right)$$

これより，

$1/T - 1/373 = 0.0000944$, $1/T = 0.02775$

$T = 360$ K

つまり，富士山頂での水の沸点は約 360 − 273 = 87℃になる．

例題 5.10 氷の融点の圧力依存性

0℃における氷（密度 0.9168 kg・dm^{-3}）は，融解熱 $\Delta H_m = 333.9$ kJ・kg^{-1} で融解して水（密度 0.9999 kg・dm^{-3}）となる．このことから，氷の融点の圧力依存性を調べよ．

解

Clausius-Clapeyron の式（5.108）を融解の場合に適用する．

$$\varDelta V_{\mathrm{s-l}}(\mathrm{dm}^3 \cdot \mathrm{kg}^{-1}) = V_\mathrm{l} - V_\mathrm{s} = \frac{1}{0.9999} - \frac{1}{0.9168} = -0.0907$$

したがって，

$$\frac{dP}{dT} = \frac{\varDelta H_\mathrm{m}}{T \varDelta V_{\mathrm{s-l}}}$$

$$= \frac{333.9}{273.15 \times 0.0907} = \mathrm{kJ \cdot kg^{-1}/K \cdot dm^3 \cdot kg^{-1}}$$

ここで，$1\,\mathrm{J} = 1\,\mathrm{kg \cdot m^{-1} \cdot s^{-2}}$, $\mathrm{dm}^3 = 10^{-3}\,\mathrm{m}^3$ であるから

$$\frac{dP}{dT} = 13.477 \times 10^6\,\mathrm{kg \cdot m^{-1} \cdot s^{-2} \cdot K^{-1}}$$

また，$1\,\mathrm{atm} = 101325\,\mathrm{kg \cdot m^{-1} \cdot s^{-2}}$ なので，

$$\frac{dP}{dT} = \frac{13.477 \times 10^6\,(\mathrm{kg \cdot m^{-1} \cdot s^{-2} \cdot K^{-1}})}{101325\,(\mathrm{kg \cdot m^{-1} \cdot s^{-2} \cdot atm^{-1}})}$$

$$= -133\,\mathrm{atm \cdot K^{-1}}$$

$$\frac{dT}{dP} = -0.0075\,\mathrm{K \cdot atm^{-1}}$$

すなわち，融解曲線は負に傾いているので，圧力の増加により氷の融点は低下する．このことは，アイススケートや車走行におけるハイドロプレーン現象として実感することである．

5.7.2 相転移のエントロピー

結晶の融解または液体の気化に際しては，それぞれ融解熱または気化熱を吸収するのでエントロピーは増加する．逆に，液体の固化または気体の液化に際してエントロピーは減少する．これより，液体は気体よりもエントロピーが低く，固体は液体よりもさらにエントロピーが低い状態であることがわかる．すなわち，エントロピーが低い状態は秩序正しく，エントロピーが高い状態は乱雑な状態である．

1気圧，絶対零度においてヘリウムを除くすべての物質は固体の状態にある．この状態の物質に熱を加えていくと，やがて融解，気化などの相転移が起こる．相転移が起こっている間は温度は変化せず，定圧下における相転移の潜熱（融解熱，気

化熱など）を吸収する．相転移に伴うエントロピー変化の計算にはエントロピーの定義式（5.18）を積分して用いる．相転移が起こる温度を T，相転移の潜熱を ΔH とすると，相転移に伴うエントロピー変化は次のようになる．

$$\Delta S = \frac{\Delta H}{T} \tag{5.116}$$

融解または気化においては $\Delta H > 0$ だから，エントロピーは増加する．つまり，物質は潜熱を吸収してより乱雑な状態に移ることを示している．逆に，固化または液化においては $\Delta H < 0$ であり，エントロピーは減少して物質はより秩序ある状態に移る．昇華についても同様である．固体はある温度を境にして結晶形が変わることがあり，これも相転移の一種である（多形の相転移）．

液相-気相平衡において，沸点 T_b（K）におけるモル蒸発エントロピー ΔS_v（J・K^{-1}・mol^{-1}）は，モル蒸発熱を ΔH_v（kJ・mol^{-1}）とすると，次のように表される．

$$\Delta S_v = \frac{\Delta H_v}{T_b} \fallingdotseq 87\,\mathrm{J\cdot K^{-1}\cdot mol^{-1}} \tag{5.117}$$

これは，**トルートン Trouton の規則**といわれ，分子性液体にはよく適合する．しかし，会合性液体，例えば水や酢酸などは，水素結合などによりもともと液相のエントロピーが低いことと，気体になったときの分子の会合状況に依存して適合しない．

絶対零度における完全結晶のエントロピーはゼロとなるから，物質の定圧熱容量および相転移の潜熱を測定すれば，式（5.50）または式（5.116）から求めたエントロピー変化を積算すれば任意の温度における物質の絶対エントロピーを求めることができる．図 5.8 に窒素 1 モル当たりのエントロピーの値を示す．

例題 5.11　水蒸気を加熱するときのエントロピー変化

1 気圧における水蒸気の定圧熱容量 C_p（J・K^{-1}・mol^{-1}）は次の式で与えられる．

$$C_p = 36.8 - 7.9 \times 10^{-3}\,T + 9.2 \times 10^{-6}\,T^2$$

水蒸気の温度を 100 ℃ から 200 ℃ に上昇させるときのエントロピー変化 ΔS を求めよ．

解　系の温度を dT だけ上昇させるために必要な熱 dq は $dq = C_p dT$ で与え

5.8 分配平衡

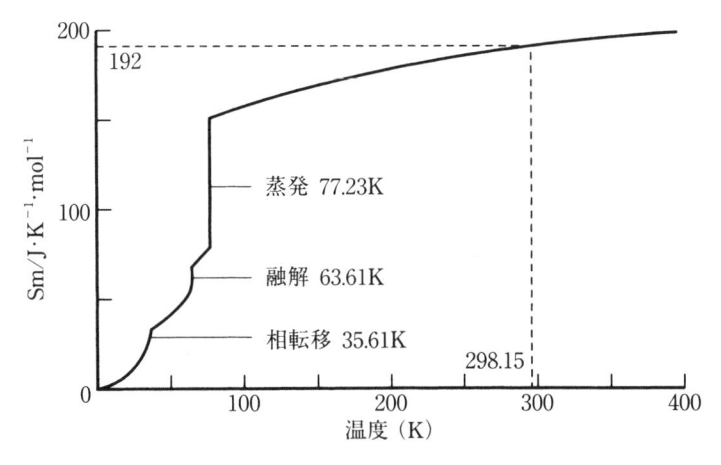

図5.8 窒素のモルエントロピー（1気圧）

られ，このときのエントロピー変化は $dS = C_p dT/T$ である．したがって，式（5.50）から

$$\Delta S = \int_{373}^{473} (36.8/T - 7.9 \times 10^{-3} + 9.2 \times 10^{-6} T) dT$$

$$= 36.8 \ln T - 7.9 \times 10^{-3} T + \left(\frac{9.2 \times 10^{-6}}{2}\right) T^2$$

$$= 8.74 - 0.79 + 0.39 = 8.34 \, \text{J·K}^{-1} \text{·mol}^{-1}$$

5.8 分配平衡

温度一定下で，2溶媒間の相互作用エネルギーが正で非常に大きい場合には，それぞれの溶媒は互いに混じり合わないで2相になって存在する．ここに第三物質（溶質）を加えると，溶質は2溶媒間に分配される．2つの溶媒をA，B，溶質をCとする．溶質Cが両相で会合体を形成しないで溶媒AとB間に分配されて平衡に達したとすると，溶質Cの両溶媒中での化学ポテンシャル μ_{C_A} と μ_{C_B} とは式（5.101）で表されるように互いに等しい．すなわち，

$$\mu_{C_A} = \mu_{C_B} \tag{5.118}$$

である．ここで，化学ポテンシャルはそれぞれ，

$$\mu_{C_A} = \mu_{C_{Ao}} + RT \ln \alpha_{C_A}, \quad \mu_{C_B} = \mu_{C_{Bo}} + RT \ln \alpha_{C_B} \tag{5.119}$$

と表されるので，

$$RT \ln \alpha_{C_B} - RT \ln \alpha_{C_A} = \mu_{C_{Ao}} - \mu_{C_{Bo}} \tag{5.120}$$

$$\frac{\alpha_{C_B}}{\alpha_{C_A}} = \exp\left(-\frac{\mu_{C_{Bo}} - \mu_{C_{Ao}}}{RT}\right) = K \tag{5.121}$$

となる．両相における活量比は標準化学ポテンシャル差の関数として表される一定の値となる．この一定値 K は分配係数と呼ばれる平衡定数で，温度，圧力および溶媒の組合せによってその値は異なる．両相に溶ける濃度 X_{C_A}, X_{C_B} が比較的小さいときには，

$$K = \frac{X_{C_B}}{X_{C_A}} \tag{5.122}$$

となる．

分配係数は，物質の分離，精製や医薬品の吸収過程にも関わりをもつ．

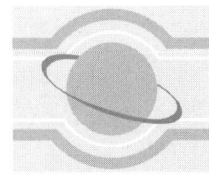

練習問題

1. 開放系，閉鎖系，孤立系は，どのような性質によって分類されるか．
2. 示強因子にはどのようなものがあるか．
3. 理想気体が定温下で膨張するときの仕事量はどのように表されるか．
4. 理想気体が定温下で膨張するときのエントロピー変化はどのように表されるか．
5. 自発的に起こる気体の混合は，エンタルピー支配で起こるのかエントロピー支配で起こるのか．
6. 理想気体が定容下で温度が変化するときのエントロピー変化はどのように表されるか．
7. 定積熱容量と定圧熱容量とでは，どちらが大きいか．
8. 定積熱容量および定圧熱容量との間にはどのような関係があるか．
9. Hess の法則とはどのような法則か．
10. 熱力学第一法則とはどのような法則か．
11. 熱力学第二法則とはどのような法則か．
12. 熱力学第三法則とはどのような法則か．
13. エネルギー保存の法則は，どのように表されるか．
14. ギブズ自由エネルギーは熱力学的因子を用いてどのように表されるか．
15. ギブズ自由エネルギーの温度および圧力依存性はどのように表されるか．
16. 系の変化の方向は，自由エネルギー変化でどのように表されるか．
17. 化学ポテンシャルとは何か．
18. 2つの相が平衡で存在するとき，それぞれの化学ポテンシャルの間にはどのような関係があるか．
19. 化学反応の平衡定数は，活量を用いてどのように表されるか．
20. 化学反応の平衡定数と標準自由エネルギー変化との関係はどのように表されるか．
21. 平衡定数は温度によってどのように変化するか．

22. 化学反応の平衡における Le Chatelier の原理とはどのような原理か.
23. Clapeyron-Clausius の式はどのように活用されるか.
24. 水の沸点は, 大気圧の変化によりどのように変化するか.
25. 氷の融点は, 圧力によりどのように変化するか.
26. Trouton の規則とはどのような規則か説明しなさい.
27. Trouton の規則に適合するのはどのような物質か.
28. Trouton の規則に適合しない物質はどのような性質をもっているか.

相平衡と相変化

Chapter 6

到達目標

1) 相変化に伴う熱の移動（Clapeyron-Clausius の式など）について説明できる．
2) 相平衡と相律について説明できる．
3) 代表的な状態図（一成分系，二成分系，三成分系相図）について説明できる．

　物質は気体，液体，あるいは，固体の状態で存在するが，大抵のものは圧力，温度を変えることによって1つの状態から他の状態に変えることができる．ある系において，巨視的な立場からとらえて均一な物理的・化学的性質をもち，他の部分と区別できる物質の存在形式を1つの相という．

　物質が気体，液体，固体であるのに応じて，それぞれ気相，液相，固相と呼ばれる．気相はどのような割合でも混じり合うので成分の数が2個以上の混合物であっても，常に1相である．液体の場合，水にメタノールを加えたときのように完全に混じり合えば1相であるが，水とベンゼンのように溶け合わなければ2相となる．ただ1つの相からなる物質系を均一系 homogeneous system または単相といい，2つ以上の相からなる物質系を不均一系 heterogeneous system または多相という．いくつかの相が共存する不均一系の平衡状態は圧力，温度，各相の組成などによって決められる．本章では，相平衡と各種の相図について述べる．

6.1　ギブズの相律

　ある系の状態において，相の数を変化させずに独立して自由に変えることができる変数の数を**自由度** degree of freedom という．その変数には温度，圧力，成分の組成がある．ある系において成分の数を C とし，1つまたは平衡にある相の数 P を規定する場合，自由度 F は

$$F = C - P + 2 \tag{6.1}$$

で表される．この関係を**ギブズの相律** Gibbs' phase rule という．温度，圧力，成分の組成を変数として物質系の各相の平衡関係を図示したものを状態図あるいは相図 phase diagram という．自由度 $F = 0$（すなわち $P = C + 2$）を不変系 invariant system という．これは相図では1つの点で示され，自由に変数を定めることはできない．次に各種の相の状態と状態図について述べる．

6.2　一成分系の相平衡

　一成分系の自由度は最大2であり，通常，横軸に温度，縦軸に圧力をとれば，すべての平衡関係を表すことができる．典型的な一成分系の状態図の例として水の状態図を図6.1に示す．

　ここでは，図を見やすくするために，座標のスケール幅が必ずしも同じ割合で示されているとは限らない．氷，水，水蒸気と記した領域は1相の領域であり，温度と圧力を自由に変えることができるので自由度は2である．

　線 BD は**融解曲線** fusion curve と呼ばれ，氷の融点が圧力によって変化する様子を示している．この線上では氷と水とが平衡で存在している．線 AD は**昇華曲線** sublimation curve と呼ばれ，氷の昇華温度と圧力との関係を示している．この線上では氷と水蒸気とが平衡状態にある．線 DC は**蒸気圧曲線** vapor pressure curve あ

6.2 一成分系の相平衡

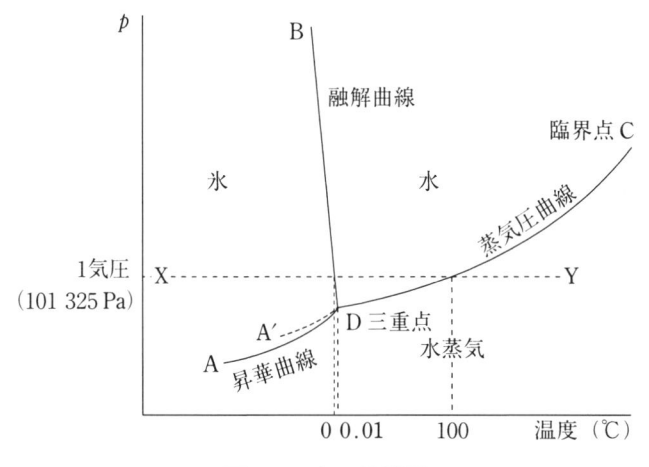

図 6.1 水の状態図

るいは蒸発曲線と呼ばれ，水の飽和蒸気圧を与える．水の沸点の圧力による変化を示しており，この線上では水と水蒸気とが平衡状態である．融解曲線，昇華曲線，蒸気圧曲線の線上では相の数が 2 であるので，自由度は 1 である．すなわち，温度または圧力のいずれか一方が定まると他が自動的に決まってしまう．

これら 3 つの曲線の交点 D は**三重点** triple point と呼ばれ，氷，水および水蒸気の 3 相が平衡を保って共存している点である．三重点では自由度は 0 であり，温度や圧力を自由に定めることはできない．この点の温度は 0.01 ℃ (273.16 K)，圧力は 611 Pa であり，実際には，絶対温度を定義する固定点として用いられている．

水を徐々に静かに冷却すると 0 ℃以下でも氷にならずに水と水蒸気との平衡が保たれている．このような水を過冷水という．曲線 A′D は準安定状態にある過冷水の蒸気圧曲線である．過冷水は刺激を加えると直ちに平衡状態が変化し，氷と水蒸気との平衡系になる．

点 C は水の臨界点 (374.1 ℃, 218.5 atm) で，この温度以上では水と水蒸気の密度が等しくなり，それらは区別できなくなる．

相平衡を示すこれら 3 つの曲線はいずれもクラウジウス-クラペイロンの式に従う．

$$\frac{dP}{dT} = \frac{\Delta H}{T\Delta V} \tag{5.108}$$

この式は，2相が平衡にあるときの圧力 P の温度 T に対する変化率は相変化に伴うエンタルピー変化 ΔH に比例し，体積変化 ΔV に反比例することを示している．水の状態図において，氷の融解曲線が負の勾配になっていることは，圧力が高くなると融点が下がること，融解によって体積が減少することを示している（例題5.10）．一般的には，融解すると体積が増加し，融解曲線は正の傾きを示すものが多い．昇華曲線，蒸気圧曲線の勾配は，それぞれ固相から気相に，液相から気相に変化する際に体積が増加することによって正の勾配になっている．

水平な破線 XY は，1気圧で温度を上げていくと氷が 0 ℃で融解し，100 ℃で水が沸騰する（水の蒸気圧が 1 気圧に達する）ことを示している．水を三重点以下の温度で圧力を下げていくと，昇華曲線を横切る点で氷は水の状態を経ずに直接水蒸気になる．このように，固体が液体を経ずに気体になる過程を**昇華** sublimation という．また，気体から液体を経ずに固体を生じる過程も昇華と呼ばれる．三重点以下の圧力では，その物質を液体の状態で取り出すことはできない．二酸化炭素の三重点は − 56.3 ℃，5.1 気圧であるので，1 気圧ではいかに低温に冷却しても液体の二酸化炭素を得ることはできないが，室温で 50 気圧に圧縮すると液体の二酸化炭素が得られる．昇華を応用した技術に**凍結乾燥** freeze-drying がある．凍結乾燥は水溶液を凍結させ，冷凍室を備えた真空装置で凍結状態のまま水分を昇華させて乾燥する方法で，熱に対して不安定な物質から乾燥固体を得る方法として利用されている．

6.3　多 形

6.3.1　多形の状態図

固体の中には，同じ化学組成，化学的性質を有する物質でありながら結晶構造が異なるために，互いに異なる物理化学的性質を示す 2 種以上の異なる固相が存在する場合がある．このように，化学組成は同じであるが 2 種以上の結晶構造をとりう

6.3 多形

る現象あるいはそのような物質を**多形** polymorphism と呼ぶ．多形の現象を示す物質が元素の場合は同素体として知られている．多形体や**同素体** allotropy にそれぞれ別の名前をつけて，あるいは修飾語をつけて互いに区別している場合が多い．炭素の場合はダイヤモンドと石墨，イオウでは斜方イオウと単斜イオウなどは一般的によく知られる例である．多くの有機化合物に対しては接頭語としてギリシャ文字を付けて（例えば，α, β および γ-キノール），化合物の後ろにアルファベットの大文字を付けて（例えば，クロラムフェニコールパルミチン酸エステル A，B および C），あるいは化合物名に続けてカッコ内にローマ字を付けて［例えば，ピクリン酸（I）および（II）］示すなどによって多形体が区別される．

多形には2つまたはそれ以上の安定な相が存在する場合と安定な相が1つしか存在しない場合がある．前者は**互変二形** enantiotropy と呼ばれ，後者は**単変形** monotropy と呼ばれる．図6.2は一般的に見られる多形の状態図の概念図である．(a) は互変二形の，(b) は単変形の状態図である．多形の融点と安定性はこれらの状態図から推論することができる．

状態図 (a) は互変二形の状態図である．ある温度を境にして互いに異なる相に転移する温度を**転移点** transition point といい，転移点で可逆的に**準安定形** metastable form から**安定形** stable form に相転移を起こす．線 BF 上で s_1 は相転移

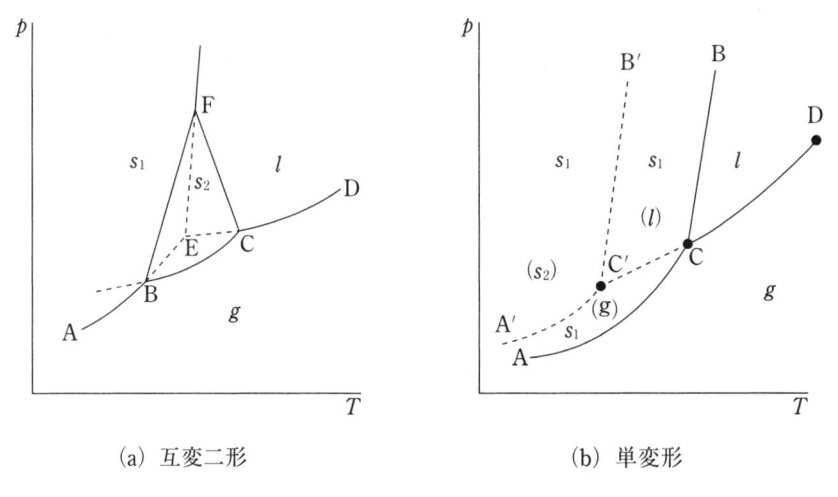

(a) 互変二形

(b) 単変形

図 6.2　多形の概念図

してs_2になる．点Fはs_1，s_2，液体が平衡に存在している三重点である．線ABは，点Bよりも高い温度ではBEに続く．この領域ではs_1はs_2よりも高い蒸気圧をもっており，自発的にs_2になる．一般に，固体の転移速度は極めて遅いのでs_1は線EF上の点で溶融する．この領域は，温度が転移点よりも高くs_2が安定に存在する領域であるので直ちに固化してs_2に相転移する．線CF上でs_2は液体になり，さらに温度を上げていくと蒸気の領域に入る．

状態図（b）は単変形の状態図であり，互変二形の場合とはかなり異なった挙動を示す．単変形では安定形s_1と準安定形s_2がある．準安定形は自然に放置するとゆっくりと安定形に変化するが，安定形は放置しているだけでは準安定形に相転移することはない．安定形を一度融解して液相とし，液体を過冷却して固化させると，準安定な固体になる．一般に，準安定形は安定形よりも高い溶解度を示し，生物学的利用率も高い．安定形の固体s_1は線CB上の点で溶融し，準安定形の固体s_1は線C′B′上で溶融する．準安定形の曲線CC′A′は安定形の曲線CAよりも常に上側にあり，準安定相の蒸気圧が安定相の蒸気圧よりも高く，準安定な固体は安定な固体に比較して不安定である．

薬学において多形の存在は重要な問題となる．結晶形の違いによって融点，溶解度，密度などの物理化学的性質が異なり，薬物の生物学的利用率に影響を与えることがある．多形の性質を有する固体は，放置している間に多形転移が起こってその生物学的利用率に違いが生じることがあることを念頭におかなければならない．準安定形の安定形への転移が製剤で起こった場合には重大な問題が生じる場合もある．多形が存在する例として，クロラムフェニコールパルミチン酸エステル，ブロムワレリル尿素，メチルプレドニゾロン，リボフラビンがある．

6.3.2　多形存在の確認方法

多形は固体状態でのみ観察される現象で，いったん液体状態になれば多形の現象はなくなる．多形の存在を確認する方法は，以下のように分類できる．

1) 固体状態：粉末X線回折測定，固体NMR測定法，赤外吸収スペクトル測定法（KBr錠剤法，Nujol法），密度測定
2) 固体の融解性：固体の熱分析

3）固体の溶解性：溶解速度，溶解度および溶解熱の測定

粉末X線回折　回折角と回折されたX線の強度の関係から，単結晶を用いると化合物の構造解析ができる．結晶は原子，分子，イオンなどが規則正しく配列している．結晶の面間隔を d，X線照射角を θ，照射X線の波長を λ，n を整数とするとき，

$$2d\sin\theta = n\lambda \tag{6.2}$$

が成立すれば，X線回折波が強められる．これを，Braggの条件式という．

融解性　示差熱分析 differential thermal analysis（**DTA**）や示差走査熱分析 differential scanning calorimetry（**DSC**）などによって融点，融解熱の測定から，転移点や転移熱が調べられる．

溶解性　安定形と比べると，その温度における不安定形または準安定形の溶解速度や溶解度は大きく，溶解熱は小さくなる．また，温度を変えて溶解度を測定すれば，転移点が調べられる．

6.4 二成分系の相平衡

6.4.1 液相-気相平衡

二成分系の平衡では成分の数 C は 2 であるので，ギブズの相律において，自由度 F は $F = 4 - P$ で与えられ，平衡状態を決定する変数は最大 3 である．温度，圧力，成分比の 3 つの変数を同時に表すためには相図を 3 次元で表す必要があり，複雑になる．しかし，一般的には温度あるいは圧力を一定にすることで自由度の数を減らして図示する．二成分系の液相-気相平衡関係は，圧力を一定として図 6.3 に示した．圧力を一定にして，二成分の液体混合系がラウールの法則に適合する理想液体として扱うことができる場合と実在する液体混合物として扱う場合に分けて考えてみよう．

ある理想溶液の状態図を図 6.3 に示した．

この状態図は，**沸点図** boiling point diagram とも呼ばれる．液体の蒸気圧が 1 atm

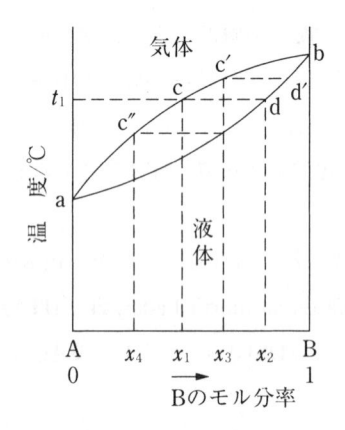

図6.3 二成分混合物（理想溶液）の状態図

になる温度を**標準沸点** normal boiling point といい，液体Aの標準沸点をa，液体Bの標準沸点をbで表してある．沸点図は3つの領域に分かれている．上の曲線は**気相線** gaseous line と呼ばれ，気相の組成と凝縮温度との関係を示している．下の曲線は**液相線** liquidus line と呼ばれ，液相の組成と沸点との関係を示している．気相線よりも高い温度では気体だけが，液相線よりも低い温度では液体だけが存在する．

いま，x_2 の組成の溶液を加熱していくと液相線と交わった点の温度 t_1 で沸騰が始まり，このときの蒸気の組成はcで表される．平衡にある気相と液相を結んだ線cdは**平衡連結線** tie line である．平衡関係にある気相には液相に比べて沸点の低い成分Aが多く含まれ，液相には沸点の高い成分Bが多く含まれることがわかる．

組成が x_3 の液体混合物を温度 t_1 まで加熱したとすると，組成がcで表される気相と組成がdで表される液相の混合物になる．組成がモル分率で表されている場合，液相と気相の総モル比は**てこの法則** lever rule により，

$$\frac{液相の総モル数}{気相の総モル数} = \frac{(x_3 - x_1)}{(x_2 - x_3)} \tag{6.3}$$

である．さらに加熱すると気相線と交わった点 c' の蒸気を得る．このときまでに発生した気体を液相線にまで冷却管で凝縮させて，再び蒸発させると，気相の成分Aのモル分率は c″ で表される．この操作を繰り返すことにより，混合液から純粋な液体Aを取り出すことができる．液体混合物を蒸留によって成分を分けることを**分留** fractional distillation という．実験室で分留を行うには，気体が冷却されて液

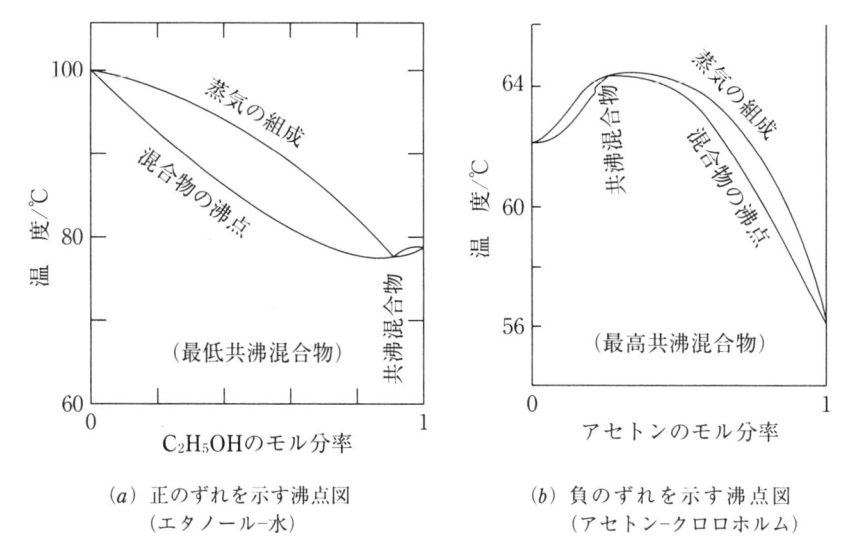

図 6.4 の (a) 正のずれを示す沸点図（エタノール-水）、(b) 負のずれを示す沸点図（アセトン-クロロホルム）

図 6.4 ラウールの法則からずれを示す二成分混合物の状態図

体を取り出すことができる分留管をつけたフラスコが用いられる．分留管内では蒸発と液化が無限に小刻みに行われ，純粋な成分 A と B とに分けることができる．初期の混合物から目標の成分を得るために必要な蒸発と凝縮のステップの数を**理論段数** theoretical plate という．

共沸混合物　実在の液体混合物の中には理想溶液からずれを生じる場合が多い．理想溶液からずれた溶液を非理想溶液という．ラウールの法則から正のずれを示す非理想溶液の沸点図には極小沸点 minimum boiling point ができる．例として，エタノールと水との混合物の沸点図を図 6.4 (a) に示す．

エタノールと水との混合物を分留すると，78.2 ℃ で沸騰し，気相線と液相線は極小点で接している．このとき，気相と液相のいずれも両成分の組成がまったく同じで，1 気圧において 96.0 w/w% エタノールがまるで純粋な物質のように留出する．しかし，外圧を変えると組成が変化するので，単一な化合物ではないことがわかる．このような一定の組成と一定の沸点をもつ混合物のことを**共沸混合物** azeotropic mixture という．この場合，最低沸点を示す共沸混合物であるので，最低共沸混合物という．

ラウールの法則から大きな負のずれを示す非理想溶液の沸点図では極大沸点

表6.1 共沸混合物（1 atm）

	物質A	沸点/℃	物質B	沸点/℃	共沸混合物 （Aの重量百分率）	共沸点/℃
極小共沸点 を有する共 沸混合物	水	100.0	エタノール	78.3	4.0	78.2
	メタノール	64.6	アセトン	56.5	12.0	55.5
	エタノール	78.3	クロロホルム	61.2	7.0	59.4
	メタノール	64.6	四塩化炭素	76.8	20.6	55.7
極大共沸点 を有する共 沸混合物	水	100.0	硝酸	86	32	120.7
	水	100.0	ギ酸	100.6	25.5	107.7
	アセトン	56.5	クロロホルム	61.2	24.5	64.4
	フェノール	182.2	アニリン	183	42	186.2

maximum boiling point が現れるので，最高共沸混合物と呼ばれている．例として，アセトンとクロロホルムの混合物の沸点図を図6.4 (b) に示した．アセトンが24.5 w/w%の混合物は沸点64.4℃を示す．

他の共沸混合物の例を表6.1に示す．

共沸混合物から純物質を分離するには，他の物理化学的操作が必要である．例えば，無水エタノールの製造には生石灰を加えて水を吸収させる方法が行われてきた．工業的には，96.0%のエタノールにベンゼンを加えて三成分の共沸混合物をつくることによって水を除去する方法が利用されている．

6.4.2　液相-液相平衡（液体の相互溶解）

一定圧力において2種類の液体を混合するとき，例えば，水とエタノール，エタノールとアセトンあるいはベンゼンとトルエンなどのように，どんな割合でも溶け合って均一な1相を形成する場合と，一方の液体が他方の液体を少量ずつしか溶かさないために2相に分離する場合がある．

温度20℃の下で総量が100gとなるようにして，水にフェノールを加えていくと，少量では溶けて1相の均一な溶液になるが，約10gでフェノールの飽和溶液となる．さらにフェノールを加えると，第2の相として水で飽和されたフェノール相が現れはじめる．密度差により，フェノールの飽和水溶液を上層とし，水の飽和

6.4 二成分系の相平衡

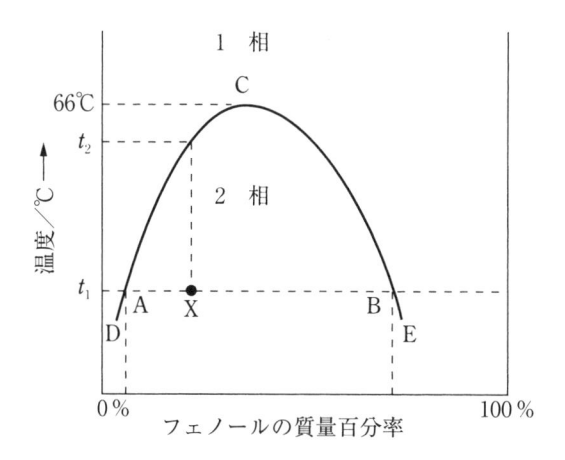

図 6.5 水-フェノールの相互溶解度曲線

フェノール層を下層とする 2 相に分離する．フェノールに水を加えた場合にも，同様の現象が起こる．水が約 38 g 以下では均一な相であるが，水を 38 g 以上加えると 2 相に分離する．このように，2 つの液体がそれぞれ飽和溶液となって平衡に共存するとき，この溶液を**共役溶液**という．共役溶液では，2 つの液体は相互に溶解度をもち，相互に溶解しているときの溶解度を**相互溶解度**という．

図 6.5 に圧力一定下における水-フェノールの相互溶解度曲線を示した．

横軸は組成である．曲線 DC は水に溶けるフェノールの溶解度曲線，曲線 EC はフェノールに溶ける水の溶解度曲線である．2 つの曲線は点 C（66 ℃）で一致する．このように温度の上昇に伴い 2 液相の組成が次第に近づき，ある温度に達すると均一に混じり合って 1 つの相になる．この温度を**臨界溶解温度** critical solution temperature，または，臨界共溶温度という．この系では上部臨界共溶温度 upper cosolute temperature である．曲線 DCE よりも低い温度では 2 相であり，この曲線よりも高い温度では 1 相である．

系によっては，図 6.6 に示した水-トリエチルアミンのように臨界溶解温度が下にある場合がある．これは下部臨界共溶温度 lower cosolute temperature といわれ，この温度以下では均一な 1 相になっているが，温度の上昇に伴ってそれぞれの飽和溶液からなる 2 相になる．この場合，温度が低下すると両液体の分子間で水素結合などにより錯体が生成し，分子の熱運動が減少する結果，相互溶解度は大きくなる．

また，図 6.7 に示した水-ニコチンの系のように，上部臨界共溶温度（208 ℃）

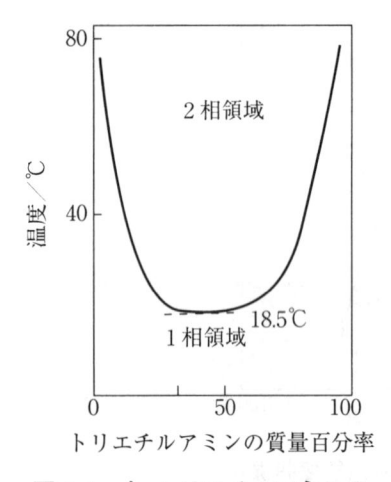

図 6.6 水-トリエチルアミンの相互溶解度曲線

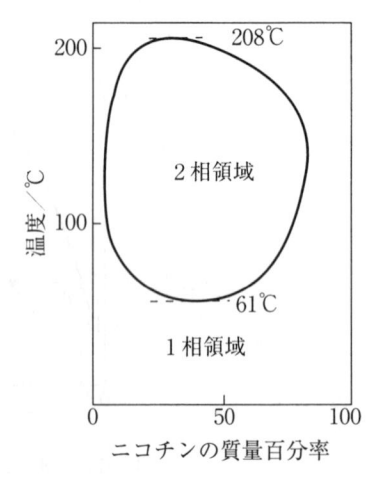

図 6.7 水-ニコチンの相互溶解度曲線

と下部臨界共溶温度（61℃）の2つの臨界溶解温度をもつ系もある．

例えば，図 6.5 において，温度 t_1 ℃で全組成に対して平衡にある2相，フェノール飽和の水溶液（上層）と水飽和のフェノール溶液（下層）を結ぶ直線は平衡連結線である．水-フェノールの割合，上層の組成はAであり，下層の組成はBである．このとき，組成が質量分率で表されていれば，水-フェノールの混合組成がXで示される混合物の場合，2層の質量比はてこの法則により，

$$\frac{\text{上層の質量}}{\text{下層の質量}} = \frac{B-X}{X-A} \tag{6.4}$$

で表される．混合組成をXのまま，温度を上げていくと下層が少なくなっていき，温度 t_2 に達すると均一な1相になる．また，上部臨界溶解温度である 66℃ 以上の温度ではどのような割合であっても均一に混じり合って1相になる．

6.4.3　固相-液相平衡

二成分の固体-液体の系についてみると，固体と液体との平衡は圧力による影響をほとんど受けないので圧力は一定と考える．横軸に成分組成を，縦軸に温度をとって相図を示す．圧力は特に断らない限り1気圧である．また，成分の組成は質量

w/w%またはモル分率で表示する.

二成分系の固体-液体の状態図は,2つの固体が固溶体 solid solution を生成するか,共晶（共融混合物）eutectic mixture を生成するか,あるいは化合物を生成するかなどによってそれぞれ特徴的な相図を与える.2つの固形薬物の混合物を取り扱う場合には,固体-液体の相図を理解しておくことは薬学において重要である.

1) 固溶体の生成

ある固体 A が他の固体 B を均一に溶かした状態のものを**固溶体** solid solution という.この場合,溶ける物質は気体,液体,固体のいずれでもよい.例えば,気体,液体および固体がそれぞれ固体に溶けた例として金属パラジウムに溶けた水素,亜鉛に溶けた水銀および銅に溶けた亜鉛をあげることができる.ここでは,固体が固体を溶かす場合について考える.

一般に,2種の物質 A,B の各結晶構造が近縁関係の場合に固溶体ができるが,全組成範囲にわたって固溶体を生成する場合の状態図を図 6.8 に示す.

図 6.8 において,点 T_A および T_B はそれぞれ固体 A,B の融点である.固体と溶融液とが平衡に存在している領域は a と b とを結ぶ曲線で表され,上方にある曲線は液相線,下方にある曲線は**固相線** solidus line と呼ばれる.液相線は固溶体と平衡状態にある溶融液の組成と温度との関係を示しており,固相線は溶融液と平衡状態にある固溶体の組成と温度との関係を示している.液相線と固相線で囲まれた領域では溶融液と固溶体とが共存する.この領域より上側には溶融液が,下側には固溶体が存在する.物質 A と B との溶融混合物を徐々に冷却し,ある温度に達すると固溶体と溶融液とが分離し始める.ある温度で平衡状態にある2つの相を結ぶ線は平衡連結線である.ある温度で平衡状態になっている固溶体の組成は連結線が固相線と交わる点で,溶融液の組成は連結線が液相線と交わる点で与えられる.さらに冷却していくと,すべて固溶体になる.

図 6.8 において,組成が X で示される溶融混合物を冷却すると,温度 t_1 において凝固し始める.そのときに生じる固溶体の組成は s_1 で,溶融液の組成は l_1 で表される.組成 s_1 での物質 B の割合はもとの組成 X よりも大きくなるのは融点の高い物質 B のほうが融点の低い物質 A よりも固体になりやすいので,物質 B は溶融液の中での割合よりも固溶体の中に多く入り込むからである.溶融液は物質 A を多

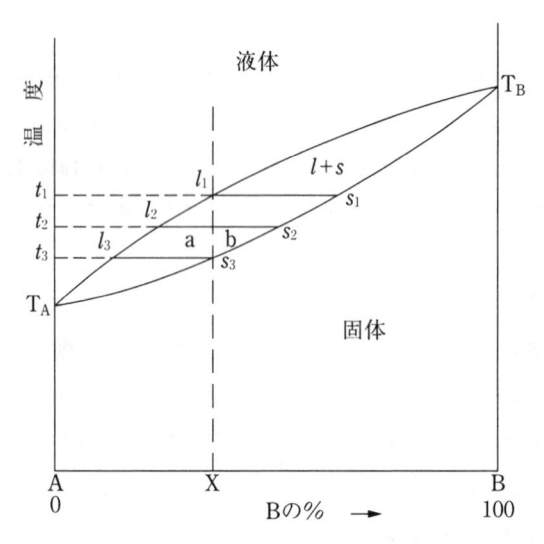

図 6.8　全領域にわたる固溶体の形成

く含み，さらに冷却するとその組成は液相線に沿って融点 T_A へ移っていく．温度が t_2 まで下がると，溶融液の組成は l_2 になり，組成が s_2 の固溶体を析出する．それまでにできた固溶体も，内部で分子の移動が起こって，組成が s_2 の固溶体になる．この温度において，質量比はてこの**法則**により，

$$\frac{組成 s_2 の固溶体量}{組成 l_2 の溶融液量} = \frac{a}{b} \tag{6.5}$$

の割合で存在している．さらに温度が t_3 まで下がると，溶融液の組成は l_3 になる．これが組成 s_3 の固溶体と平衡状態を保っているが，これよりも低い温度では溶融液はなくなる．

　組成が X で表される物質 A と B とからなる固溶体を徐々に加熱した場合には，冷却した場合とは逆の変化がみられる．すなわち，温度 t_3 で組成 l_3 の溶融液が現れ始め，温度 t_1 ですべて融解する．

　成分 A と成分 B とが固溶体を生成するためには，例えば，成分 B の分子は成分 A の結晶の特定の空間格子中へ大きな歪みを与えることなく入っていくことができなければならない．成分 B の分子が成分 A の分子にとってかわる様式を**置換型固溶体** substitutional solid solution という．置換型固溶体を生成するには，2 つの分子

の形や大きさが十分に似ていなければならない．有機化合物の固溶体の多くは置換型固溶体で，ナフタレンと 2-ナフトール，p-ジクロルベンゼンと p-ジブロモベンゼン，アントラセンとフェナントレンなどがその例である．

また，小さな成分の分子がより大きな成分の分子の間にはまりこむ固溶体の形成様式は，**侵入型固溶体** interstitial solid solution と呼ばれる．侵入型固溶体の生成は，主として金属の水素化物や炭化物などにみられる．

固溶体は，1つの物質が他の物質の中へ分子状に分散させたもので，比較的不溶性の薬物を細かく分散させることにおいては共晶（後述）よりも優れている．このことは，例えばスルファチアゾールと尿素の固溶体にみられる．

2) 共融混合物の生成

一般に，固体の融点は，他の物質を添加すると低くなる．図 6.9 は，液体では溶け合うが結晶では混じり合わない 2 つの成分 A，B からなる混合物が共融混合物を形成する場合の状態図である．

二成分以上を含む液体から，同時に晶出する 2 種以上の結晶の混合物を**共融混合物** eutectic mixture または**共晶**という．図 6.9 の点 C，点 D はそれぞれ成分 A，B の融点である．曲線 CE は成分 A の融点が成分 B の添加によって低下する様子を，

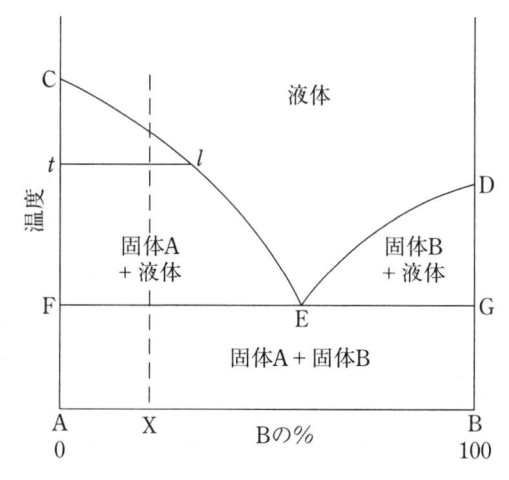

図 6.9 化合物形成のない共晶系の状態図

曲線 DE は成分 B の融点が成分 A の添加によって低下する様子を示している．曲線 CE および DE は液相線で，液相線より上側は溶融混合液のみが存在する領域である．この 2 つの曲線は点 E で交わる．点 E は**共融点** eutectic point または**共晶点**と呼ばれ，成分 A，B の 2 つの固体と液体の合計 3 つの相が共存している．共晶の一方の成分が水である場合，**氷晶** cryohydrate といい，生成する温度を**氷晶点**という．

いま，組成が X で示される溶融混合液を液相線との交点まで冷却すると凝固し始め，このとき析出する固体は純粋な成分 A の結晶である．温度 t では，純粋な固体 A と点 l の組成で示される溶融混合液が存在する．また，析出した固体 A の質量と平衡して存在する溶融混合液の量比は**てこの法則**で表される．さらに温度を下げて固相線に達すると，成分 A の結晶と成分 B の結晶が共に析出して初めにできた成分 A の大きな結晶の間を埋めてしまい，この温度ですべて固体になる．

共融混合物は，薬学では比較的溶けにくい薬物をより速やかに溶ける形にする 1 つの方法として利用されている．この目的のために共融混合物を形成する際に気をつけなければならないことは，その薬物と反応しない易溶性物質を選ぶことである．この共融混合物に水を加えると，易溶性物質は水に速やかに溶け，薬物は水中に微細に分散される．したがって，薬物は磨砕や微細結晶にした場合よりも速やかに溶ける．例として，クロラムフェニコールが尿素と共融混合物を形成すると溶解速度は大きくなる．このような現象は，凍結乾燥品の製造や寒剤に応用されている．

最も普通に見られるのは 2 つの成分が固溶体を生成し，かつ，共融混合物を形成する場合である．そのような一例として，アセチルサリチル酸-サリチル酸系の状態図を図 6.10 に示す．

この状態図が単純な共融混合物生成の状態図と異なるところは，両成分のどちらの側にも固溶体が存在し，純粋なアセチルサリチル酸あるいはサリチル酸の固体が生成しないことである．すなわち，サリチル酸がアセチルサリチル酸に溶けて生成する固溶体 α と，アセチルサリチル酸がサリチル酸に溶けて精製する固溶体 β とがある．領域 I では固溶体 α と溶融混合液が，領域 II では固溶体 β と溶融混合液が存在する．線 AE と EB が液相線を，線 AC，CED と DB が固相線を形成する．

いま，サリチル酸が 85 ％含まれるアセチルサリチル酸とサリチル酸との溶融混合物を点 F から徐々に冷やすと，温度 t_1 で組成 s_1 の固溶体 β が析出し始め，さら

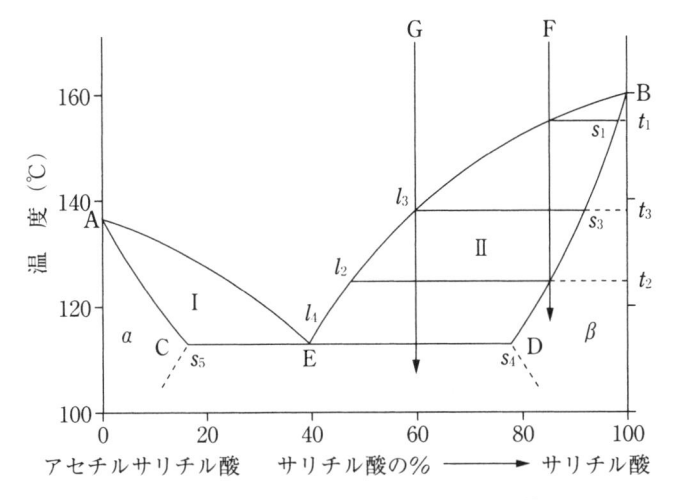

図 6.10 固溶体の生成を伴う共晶の状態図

に温度が低下すると溶融混合物の組成は線 BE に沿って，固溶体の組成は線 BD に沿って変化する．温度が t_2 まで下がるとすべてが固化する．l_2 は最後まで残っていた溶融混合物の組成である．

アセチルサリチル酸が 60 % 含まれるアセチルサリチル酸とサリチル酸との溶融混合物を点 G から徐々に冷却していくと，温度 t_3 で組成 s_3 の固溶体 β が析出し，さらに共晶点まで冷却すると固溶体 β の組成は s_3 から s_4 へ，溶融混合物の組成は l_3 から共晶組成である l_4 へ変化する．しかしながら，いったん共晶点に達すると，溶融混合物は組成 s_5 の固溶体 α と組成 s_4 の固溶体 β との共晶としてすべて固化してしまうまで一定温度が保持される．この形の状態図を与える例として，ナフタリンと 1-ナフトール，尿素とスルファチアゾールがある．

3) 化合物の生成

純粋な成分 A と B で分子化合物が形成される系において，その分子化合物が同じ組成の溶融混合物と分解することなく平衡状態で存在しうるか否かによって，状態図が変わってくる．いま，成分 A と B が組成比 1 : 1 で分子化合物 AB を生成し，A と AB が共晶 M を，B と AB が共晶 O を形成する．その系の状態図を図 6.11 に示す．

この図は，成分 A と分子化合物 AB の共晶系と，分子化合物 AB と成分 B の共晶

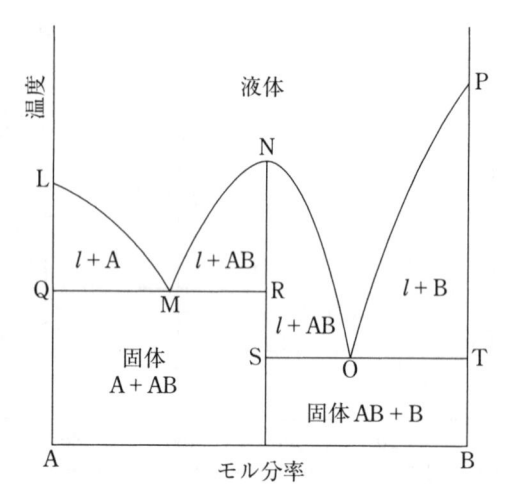

図 6.11 融点を有する化合物を形成する系の状態図

系を並べたものと考えることができる．組成が QM の範囲にある溶融混合物を冷却すると純粋な成分 A が析出し，温度の低下に伴って溶融混合物の組成は曲線 LM に沿って変化し，最後に点 M で成分 A と分子化合物 AB の共融混合物が析出する．組成が MR の範囲にある溶融混合物を冷却すると分子化合物 AB が析出し，温度の低下に伴って溶融混合物の組成は曲線 NM に沿って変化し，最後に共晶点 M に達する．同様に，組成が SO の範囲にあるか OT の範囲にあるかによって分子化合物 AB あるいは成分 B が析出する．このような状態図を示す例として，フェノール-アニリン，ベンゾフェノン-ジフェニルアミンがある．

　成分 A と B からつくられている分子化合物が成分 A と共晶系をつくるものの中には，温度を下げていくと予想される分子化合物の融点に達する前に成分 A と B に分解してしまう場合もある．分子化合物が成分 A と B に分解する場合の状態図を図 6.12 に示す．

　分子化合物は点 P で成分 A と B に分解する．点 M の温度以上では分子化合物は存在しない．成分 A と B の組成が OQ の範囲の溶融混合物を徐々に冷却すると線 MN との交点で成分 B の析出が始まり，温度の低下に伴って溶融混合物の組成は成分 A を多く含むように線 MN に沿って変化する．点 O の温度に達すると，分子化合物 AB が析出し，残りの溶融混合物はすべてが固体になる．これよりも低い温度では成分 B と分子化合物 AB は固体で存在する．同様に，成分 A と B の組成

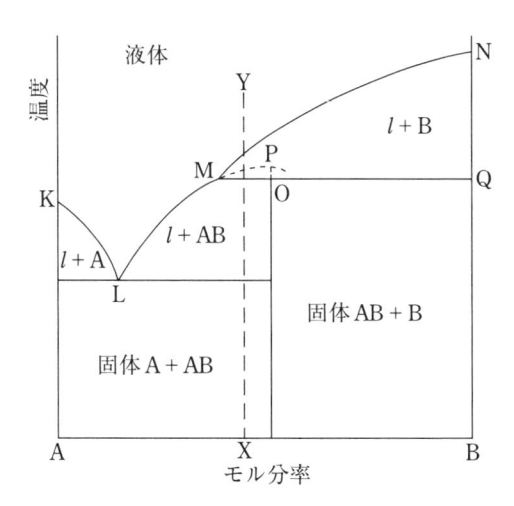

図 6.12 分解点をもつ化合物を形成する系の状態図

がMOの範囲にある溶融混合物を徐々に冷却すると線MNとの交点から成分Bの析出が始まり，点Oの温度で分子化合物ABが析出し始める．さらに冷却すると，点Lの温度ですべてが固体になる．組成がLMの範囲で示される溶融混合物の場合は，線LMとの交点から分子化合物ABの析出が始まり，点Lの温度ですべてが固体になり，それよりも低い温度では，分子化合物ABと成分Aがともに固体になる．一方，組成が点Lよりも成分Aを多く含む溶融混合物の場合，線KLとの交点から成分Aの析出が始まり，点Lの温度に達すると成分Aと分子化合物ABがすべて固体になる．

4）冷却曲線

二成分混合物に固体が固溶体を形成するか，共晶を形成するか，あるいは化合物を形成するかは相図を作成することによって明らかにすることができる．相図を作成するためには固体と液体間の相の境界を正しく決める必要がある．この境界を決める便利な方法に混合物の**熱分析** thermal analysis がある．熱分析はあらかじめ全組成範囲の混合物を調製し，それらを加熱あるいは冷却する際にみられる温度の経時変化を追跡する技術である．冷却の過程を温度変化と時間との関係を表した**冷却曲線** cooling curve である．種々の組成の混合物を調製し，それらの混合物について温度対時間の関係をグラフで表す．溶融混合物はある一定の速度で冷却するが，

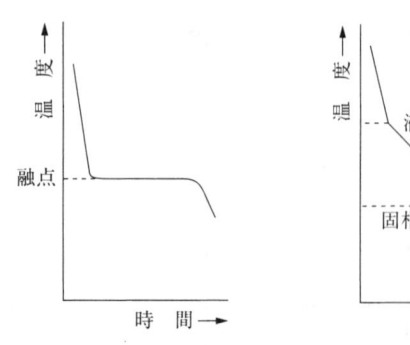

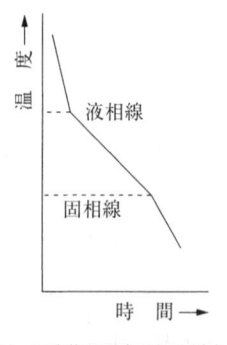

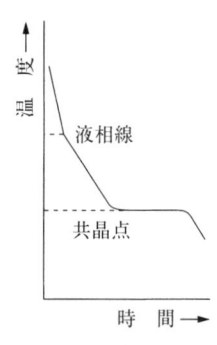

(a) 単一物質または共晶　　(b) 固溶体が形成される場合　　(c) 共晶が形成される場合

図 6.13　冷却曲線

　固体が析出する際には凝固熱を放出するので冷却速度が減少する．その後，すべての液体が固化すると再び一定の速度で冷却する．このときの冷却速度は液体の冷却速度よりも小さい．単一物質あるいは共晶の冷却曲線では，系が転移状態になると冷却が一時停止して一定温度が保たれる．その後，液体の冷却曲線よりも小さい一定の速度で冷却する．これらの様子を図 6.13 に示す．

　図 6.13 (a) の冷却曲線は単一物質，二成分系では共晶または分子化合物を生成する場合にみられる．図 6.13 (b) の冷却曲線は固溶体を生成する場合にみられる．図 6.13 (c) の冷却曲線は溶融混合物の組成と異なる固体が析出し，最後に共晶が析出する場合にみられる．

6.5　三成分系の相平衡

　一定の圧力，温度における三成分からなる混合物は，**三成分混合物** tertiary mixture と呼ばれる．三成分系の相平衡を表すには**三角形相図（三角図）** triangle diagram が用いられ，図 6.14 のように表される．
　純粋な成分 A，B，C を三角形の頂点で示し，各頂点の対辺はその成分を含まない他の二成分混合物 binary mixture の組成を表す．成分 A と B だけの系は辺 AB 上の点で，成分 A と C だけの系は辺 AC 上の点で，そして成分 B と C だけの系は辺

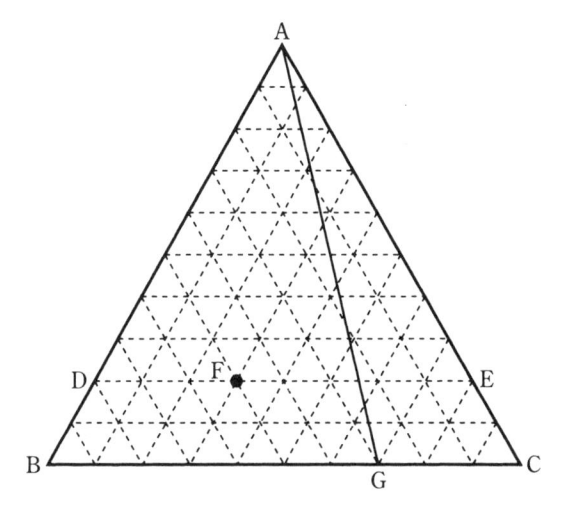

図 6.14　三成分混合物の組成を示す三角図

BC 上の点で示される．辺 BC に平行な直線 DE 上では，どの点においても成分 A が 20 %，成分 B と C との合計が 80 % を含むように成分 B と C の割合は直線 DE 上の位置によって変化する．また，成分 A とその対辺 BC 上の点 G を結んだ直線 AG 上の混合物は，成分 B と C との割合が一定のまま，成分 A が対辺の 0 % から頂点の 100 % まで変わる組成を表している．

　一般に，二成分混合物に，その 2 種の液体の 1 つだけに溶ける第 3 の液体を加えると，上部臨界共溶温度は高くなり，下部臨界共溶温度は低くなる．また，2 種の液体のいずれにも溶ける液体を加えると上部臨界共溶温度は低くなり，下部臨界共溶温度は高くなる．この現象は，互いに混じり合わない 2 種の液体の混合物に，両者によく溶ける混和剤を添加して均一な溶液を調製するのによく用いられる手法である．

　水-精油-プロピレングリコールの相互溶解度を図 6.15 に示した．室温では，水と精油とはほとんど溶け合わない．水と精油の組成が点 X と Y で示されるよりも水あるいは精油が多く存在する領域 BX および YC では 1 相であるが，領域 XY では 2 相になる．

　組成が点 Z で表される水と精油の混合物は，組成が点 X で表される精油飽和の水溶液（下層）と組成が点 Y で表される水飽和の精油溶液（上層）の 2 相になり，

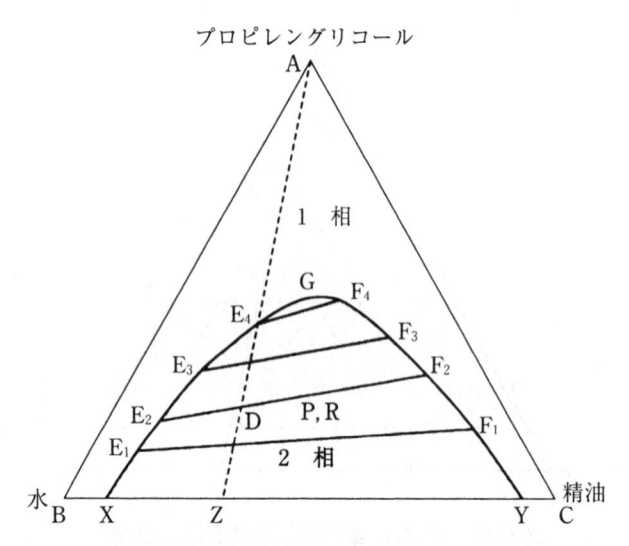

図6.15 水-精油-プロピレングリコールの相互溶解度

上層と下層の量比はXZ：ZYで表される．温度一定のもとで，この二成分混合物にプロピレングリコールを加えていくと相互溶解度が高まり，上層と下層の量比および上層と下層のそれぞれの水，精油，プロピレングリコールの組成比が変化する．組成が点Dで示される混合物になると，点E_2と点F_2とを結んだ平衡連結線にしたがって，組成が点E_2の溶液と組成が点F_2の溶液とが互いに平衡を保って存在している．それらの量比は，

$$\frac{\text{組成が点}F_2\text{の上層量}}{\text{組成が点}E_2\text{の下層量}} = \frac{DE_2}{DF_2} \tag{6.6}$$

である．さらにプロピレングリコールを加えていくと，上層の割合が少なくなり，点E_4に達すると上層は消失して均一な1相になる．点Gは上層と下層の組成が互いに接近して等しくなり，両相の区別がなくなる点であり，臨界点 critical point と呼ばれる．

二成分系の相互溶解度曲線では，平衡連結線はすべて組成を表す横軸と平行であるが，三成分系の場合は複雑である．

練習問題

1. 水の状態図を書きなさい．
2. Gibbs の相律に基づいて，自由度 1 の系を水の状態図中に表しなさい．
3. 平衡連結線とは何か説明しなさい．
4. 平衡連結線はどのように利用されるか説明しなさい．
5. 多形とは何か説明しなさい．
6. 多形にはどのような種類があるか．
7. 転移点とは何か説明しなさい．
8. 多形の存在を確認するにはどのような方法があるか．
9. Bragg の条件とは何か．
10. 理論段数とは何か説明しなさい．
11. 共沸混合物とはどのような混合物か．
12. 共沸混合物から純物質を得るにはどのようにすればよいか．
13. 液体の相互溶解度曲線を用いて，てこの法則を説明しなさい．
14. 共融混合物とはどのような混合物か．
15. 置換型固溶体とはどのようなものか説明しなさい．
16. 氷晶とは何か説明しなさい．
17. 三成分系の状態を表す三角図の基本的性質を説明しなさい．

Chapter 7

混合物と溶液の性質

到達目標

1) 溶液の組成(濃度)のいろいろな表し方を理解する.
2) 理想溶液(ラウールの法則)について学ぶ.
3) 理想溶液の成分に対する化学ポテンシャルの表し方を学ぶ.
4) ヘンリーの法則と理想希薄溶液について学ぶ.
5) 理想希薄溶液の溶質に対する化学ポテンシャルの表し方を学ぶ.
6) 分配平衡について学ぶ.
7) 束一的性質(蒸気圧降下,沸点上昇,凝固点降下,浸透圧)についての理解を深める.
8) 活量の概念について理解する.

7.1 溶液の組成

2種類以上の物質が混じり合ったものを混合物と呼ぶ.溶液とは,物質(固体,液体,または気体)が液体に溶けてできた均一な液相混合物である.物質が液体に溶けて溶液になることを溶解という.溶液を構成する成分のうち,もとになる液体を溶媒といい,溶媒に溶けた物質を溶質という.2種類の液体が混じり合う場合,含有量の多いほうが溶媒である.しかし,含有量に大きな差がなければ,溶媒と溶質の区別はあいまいである.溶液の性質を学ぶにあたり,まず溶液の組成(濃度)

の表し方についてまとめておこう．

① モル分率

溶液に限らず，理論的取り扱いにおいては混合物の組成をモル分率で表すことが多い．混合物中の成分 i（$i = 1, 2, \cdots, N$）の物質量を n_i とすると，成分 i のモル分率 x_i は次のように定義される．

$$x_i = \frac{n_i}{n_1 + n_2 + \cdots + n_N}$$

各成分のモル分率の総和は 1 に等しい．

$$\sum_{i=1}^{N} x_i = 1$$

溶媒 A と 1 種類の溶質 B からなる溶液では，

$$x_A = \frac{n_A}{n_A + n_B}$$

$$x_B = \frac{n_B}{n_A + n_B}$$

$$x_A + x_B = 1$$

となる．

② モル濃度（物質量濃度，容量モル濃度）

溶液 1 L 中の溶質の物質量として定義される．単位は mol L^{-1}．物質 A のモル濃度を c_A と表すが，習慣的に［A］と書くことが多い．物理化学で最もよく用いられる濃度であるが，溶液の体積は温度によって多少変化するので，温度変化を伴う場合には注意が必要である．メスフラスコを用いて容易に溶液の体積を一定にすることができるので，実用的な利点がある．

③ 質量モル濃度（重量モル濃度）

溶媒 1 kg 中に溶けている溶質の物質量として定義される．単位は mol kg^{-1}．物質 A の質量モル濃度を m_B で表す．体積を使っていないので，温度依存性がない．このため，沸点上昇や凝固点降下のように，温度変化を伴う現象を扱うときに有用である．

④ 質量パーセント濃度（質量百分率）

溶液の質量に対する溶質の質量の割合を百分率（パーセント）で表したもので，

実用的によく用いられる濃度である．溶液 100 g 中の溶質の質量（g）に相当する．単に「10 %水溶液」などといえば質量パーセント濃度のことであるが，w/w %または wt %と書くこともある．百分率に直さない場合は，質量分率という．

⑤ 他の百分率濃度

溶液 100 mL 中の溶質の質量（g）で表した濃度を**質量対容量百分率**といい，w/v %で表す．エタノール水溶液のように溶質も液体の場合，混合前の溶質の体積が溶液の体積に占める割合を百分率で表したものを**体積百分率**といい，vol %または v/v %で表す．

実用的に用いられる濃度は他にもあるが，物理化学ではあまり使われないのでここでは省略する．

7.2　理想溶液：ラウールの法則

理想溶液について学ぶ前に，理想気体とは何であったかを振り返ってみよう．理想気体では，分子の大きさと分子間相互作用が無視できるとした．実在気体の振舞いは多かれ少なかれ理想気体のものからずれるが，理想気体という考え方は，気体の性質を理解する上できわめて有効なものであった．

溶液になると，分子間相互作用を無視するわけにはいかない．そもそも，液体とは分子間力によって分子が集合しているものである．では，溶液が理想的であるとはどのようなことであろうか．2 種類の液体の混合溶液を考えよう．溶媒と溶質の区別は組成によってあいまいになったり逆転したりするが，便宜上，ここでは一方を溶媒，もう一方を溶質と呼んでおく．いま，溶媒分子を X，溶質分子を Y で表すと，溶液が理想的というのは，X と Y の大きさと形が類似していて，X−X 間，Y−Y 間，X−Y 間の相互作用も類似しているということである．このような場合，溶媒と溶質の混合による体積変化や熱の出入りが無視できる（$\Delta V = 0$, $\Delta H = 0$）．

理想溶液では，各成分の蒸気分圧は，その成分のモル分率と純粋な液体のときの蒸気圧の積に等しい．これを**ラウールの法則**という．理想溶液とは，ラウールの法則に従う溶液といってもよい．成分 A と B からなる理想溶液では，A と B の蒸気

分圧（p_A と p_B）は次のように表される．

$$p_A = p_A^* x_A \tag{7.1a}$$

$$p_B = p_B^* x_B \tag{7.1b}$$

ここで，p_A^* と p_B^* は，それぞれ純粋な液体Aと液体Bの蒸気圧である．溶液の全蒸気圧 p は，p_A と p_B の和である．

$$p = p_A + p_B \tag{7.2}$$

式 (7.1), (7.2) と $x_A + x_B = 1$ より，

$$p_A = p_A^*(1 - x_B) \tag{7.3a}$$

$$p_B = p_B^*(1 - x_A) \tag{7.3b}$$

$$p = p_A^* + (p_B^* - p_A^*)x_B \tag{7.4a}$$

$$p = p_B^* + (p_A^* - p_B^*)x_A \tag{7.4b}$$

とも表される．式 (7.3a), (7.1b), (7.4a) より，p_A, p_B, および p を x_B に対してプロットすると，図7.1 に示すような直線になることがわかる．AおよびBの蒸気圧は，もう一方の成分が加わることによって低下することに注意しよう．

ベンゼンとトルエンの混合溶液は，全組成範囲にわたってラウールの法則に従うことが知られている（ベンゼンのほうが蒸気圧が高いので，図7.1でAをトルエン，Bをベンゼンと考えよ）．このような溶液を完全理想溶液と呼ぶことがある．しかし，ベンゼンとトルエンの混合溶液は例外的で，大部分の液体混合溶液ではラ

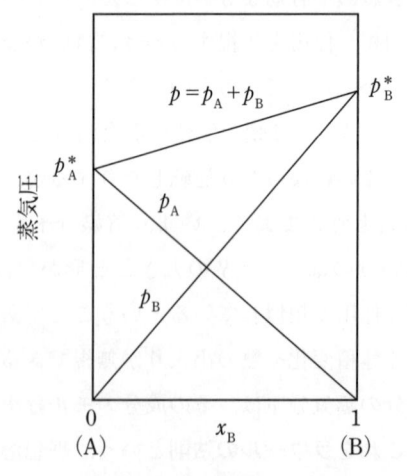

図 7.1 理想溶液の蒸気圧（全圧と分圧）

ウールの法則からのずれがみられる．蒸気分圧と全蒸気圧が，ラウールの法則から予測される値よりも大きくなる場合（正のずれ）と小さくなる場合（負のずれ，図7.2）がある．正のずれは，異種分子間の分子間力が同種分子間の分子間力よりも弱い場合に起こる．負のずれはこの逆で，異種分子どうしのほうが，同種分子どうしよりも強く引き合う場合に起こる．アセトン-クロロホルム系がその例で，両者の分子間に水素結合が形成されるため，分子が液体から離れる傾向が，純液体のときよりも混合液体におけるほうが弱くなるのである（アセトンのほうが蒸気圧が高いので，図7.2でAをアセトン，Bをクロロホルムと考えよ）．

希薄溶液では，一方の成分（溶媒）の割合が圧倒的に多く，もう一方の成分（溶質）はごく少量である．図7.2において，左端と右端の領域が希薄溶液に相当する．これらの領域では，溶質の減少とともに溶液は限りなく純溶媒に近づき，ラウールの法則からのずれも小さくなる（図中 R_1 および R_2 で示した部分で，ラウールの法則が近似的に成り立っている）．一般に，希薄溶液の溶媒の蒸気分圧は，ラウール

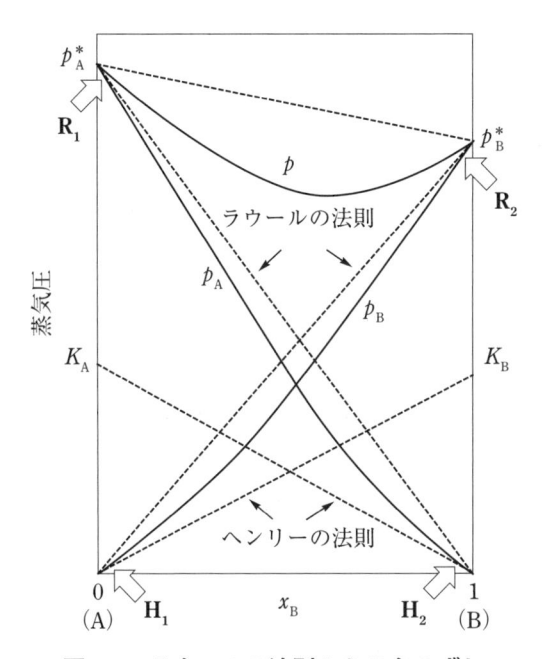

図7.2 ラウールの法則からの負のずれ
R_1 と R_2 はラウールの法則に従う領域，H_1 と H_2 はヘンリーの法則に従う領域である．

の法則にほぼ従うと考えてよい.

さて，5.6節で学んだ化学ポテンシャル μ を，溶液の場合について考えてみよう．定温・定圧の下で，大量の溶液中に1 mol の物質を加えたときのギブズエネルギーの増分が，その物質の化学ポテンシャルである．大まかには，物質Aの化学ポテンシャル μ_A は，Aの1 mol 当たりのギブズエネルギーといってよい．物質は化学ポテンシャルの低いほうへ変化（移動）する．ある物質が2つの状態（例えば液体と気体，あるいは互いに混じらない2種の溶媒中にある状態）の間を行き来することができるとき，両状態での化学ポテンシャルが等しくなるところで平衡が成立する．5.6節では，理想混合気体の成分に対する化学ポテンシャルの式を導いた．証明は省略するが，理想溶液に対しても，その成分の化学ポテンシャルについて類似の式が成り立つ．いま，AとBの2成分からなる理想溶液を考えると，AとBの化学ポテンシャル μ_A，μ_B は，モル分率 x_A，x_B を用いて次のように表される．

$$\mu_A = \mu_A^* + RT \ln x_A \tag{7.5a}$$

$$\mu_B = \mu_B^* + RT \ln x_B \tag{7.5b}$$

ここで，μ_A^* および μ_B^* は，それぞれ純粋な液体Aおよび液体Bの化学ポテンシャルである（$x_A = 1$ とすると $\mu_A = \mu_A^*$ となることに注意せよ）．理想気体の場合と比べると，分圧をモル分率で置き換え，純粋な液体を標準状態とした式になっている．

成分Aが溶媒であるとすると，$x_A < 1$ より $\ln x_A < 0$ であるから，$\mu_A < \mu_A^*$ となり，理想溶液におけるAの化学ポテンシャルは，純粋な液体状態のときよりも必ず低くなることがわかる．これは，溶質と混合することによって乱雑さが増加する，つまりエントロピーが増加することに対応する（理想溶液なので，混合によるエンタルピー変化はないことに注意せよ）．液体Aの化学ポテンシャルが溶質の添加によって減少するということは，Aの分子が液体中から気体中に飛び出す傾向が，純粋な液体状態のときよりも溶液になったときのほうが小さくなることを意味している．このため，Aの蒸気圧は溶質を加えることで降下するのである．

式（7.5a）および（7.5b）は，2種類の液体からなり，溶媒と溶質の区別がつかない理想溶液に適応されるが，希薄溶液の溶媒（A）の化学ポテンシャルも式（7.5a）で表される．μ_A^* は純粋な溶媒Aの化学ポテンシャルである．溶媒については，純粋な溶媒を標準状態とすることになっている．標準状態の化学ポテンシャル（標準化学ポテンシャル）は μ° で表すので，希薄溶液の溶媒Aの化学ポテンシャ

ルを,

$$\mu_A = \mu_A^\circ + RT \ln x_A \tag{7.6}$$

と書くことができる.

7.3 ヘンリーの法則と理想希薄溶液

　前節で述べたように,希薄溶液では溶媒の蒸気分圧はラウールの法則に従う.溶媒が理想的に振舞うとは,ラウールの法則に従うことをいう.では,溶質についてはどうであろうか.希薄溶液における溶質の蒸気分圧は,ラウールの法則から大きくずれる場合が多い.溶液が希薄になると,溶質分子は圧倒的に多くの溶媒分子に取り囲まれ,純粋な場合とはかけ離れた環境におかれることになる.したがって,溶媒分子と溶質分子が類似していない限り,溶質がラウールの法則に従わなくなるのは当然のことである.

　それでも,溶質が揮発性の場合,希薄溶液における溶質の蒸気分圧はその溶質のモル分率に比例する.これを**ヘンリーの法則**という.揮発性溶質をBとすると,ヘンリーの法則は

$$p_B = K_B x_B$$

と表すことができる.比例定数K_Bは**ヘンリー定数**と呼ばれ,溶質,溶媒,および温度に依存する.ラウールの法則においても,蒸気分圧はモル分率に比例していた.異なるのは比例定数である.ラウールの法則では純液体の蒸気圧 (p_B^*) が比例定数であったが,ヘンリーの法則では$K_B \neq p_B^*$である.ただし,完全理想溶液では$K_B = p_B^*$となる.なお,ヘンリーの法則は,もともとは気体の溶解に関するものである.

　溶質の振舞いについては,ヘンリーの法則に従う場合を理想的とする.そして,溶媒がラウールの法則に従い,溶質がヘンリーの法則に従う希薄溶液を**理想希薄溶液**という.図7.3には,2種類の液体成分A,Bからなる非理想溶液について,一方の成分 (B) の蒸気分圧の組成変化を模式的に示した.(a)はラウールの法則からの正のずれを示す場合,(b)は負のずれを示す場合である.どちらの図において

(a) ラウールの法則からの正のずれ (b) ラウールの法則からの負のずれ

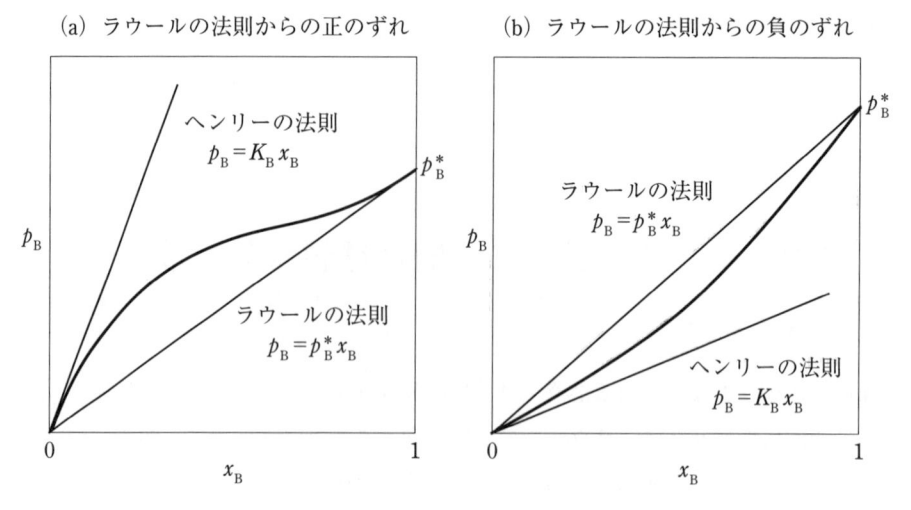

図7.3　非理想溶液における一方の成分の蒸気分圧

も，右端の領域でBは希薄溶液の溶媒であり，ラウールの法則に従う．一方，左端の領域ではBは希薄溶液の溶質であり，ヘンリーの法則に従う．図7.2では，ラウールの法則に従う部分をR_1とR_2で，ヘンリーの法則に従う部分をH_1とH_2で示してある．なお，図7.2では，理解の助けのためにヘンリーの法則を表す直線を全組成範囲にわたって示したが，実際にはヘンリーの法則が成り立つのは常に希薄溶液のときだけであることに注意しなければならない．

ここで，溶質の化学ポテンシャルについて考えよう．理想希薄溶液では，溶質Bの化学ポテンシャルμ_Bは，次式で表されることが証明できる．

$$\mu_B = \mu_B^\circ + RT \ln x_B \tag{7.7}$$

この式は式 (7.6) とまったく同じ形をしているが，標準状態の選び方が異なる．溶媒に対する式 (7.6) では，標準状態は純粋な溶媒Aとして定義され，$x_A = 1$の場合に対応する．式 (7.7) でも，標準状態は$x_B = 1$の場合に対応する．しかし，式 (7.7) は希薄溶液についてのみ成り立ち，$x_B = 1$とは相容れない．ここで，標準状態は仮想的なものであっても構わないということを受け入れよう．いまの場合，溶質Bが$x_B = 1$に至るまでヘンリーの法則に従うと仮想して，$x_B = 1$とするのである．

溶液中の溶質の濃度は，モル分率よりもモル濃度や質量モル濃度を使って表した

ほうが便利である．モル濃度 c_B を用いた場合，μ_B は次式で表される．

$$\mu_B = \mu_B^\circ + RT \ln c_B \tag{7.8}$$

この式を用いる場合は，溶質Bの標準状態は，理想的に振舞う $c_B = 1$ mol L^{-1} の（仮想的）溶液である．質量モル濃度を用いる場合も同様である．用いる濃度によって標準状態の定義が変わるが，それに応じて μ_B° の値が変わり，μ_B そのものは変わらない．

7.4 非混合溶媒間への溶質の分配

水とベンゼンのように，互いに混じり合わない2種類の液体AおよびBが接しているとき，これら両液相のいずれにも溶ける第3の物質Cを加え，よくかき混ぜて放置すると，CはAおよびBへある割合で分配され，平衡が成立する．このような平衡を**分配平衡**という．AおよびBに溶けている溶質Cのモル濃度をそれぞれ $c(A)$，$c(B)$ とすると，分配平衡における濃度比 $K = c(B)/c(A)$ は，一定温度においては濃度によらず一定となる．これを**分配の法則**といい，平衡定数 K を**分配係数**という．ただし，このことはCが溶媒AおよびB中において，同じ状態で存在している場合にのみ成立する．溶質分子が，一方の溶媒中で会合あるいは解離している場合は適応できない．また，いずれか一方の溶液が飽和溶液に達した場合には，分配の法則は当てはまらない．

分配平衡において，濃度比 $c(B)/c(A)$ $(= K)$ が濃度によらず一定になることは，化学ポテンシャルを用いて熱力学的に示すことができる．溶質Cの溶媒A中および溶媒B中における化学ポテンシャルをそれぞれ $\mu_C(A)$ および $\mu_C(B)$ とすると，分配平衡の条件は $\mu_C(A) = \mu_C(B)$ である．希薄溶液を仮定すれば，式（7.8）より

$$\mu_C(A) = \mu_C^\circ(A) + RT \ln c(A)$$
$$\mu_C(B) = \mu_C^\circ(B) + RT \ln c(B)$$

であり，これらを等しいとおくと，

$$\ln K = -\frac{\mu_C^\circ(B) - \mu_C^\circ(A)}{RT}$$

が導かれる．この式は，一定温度ではKが定数になることを示している．なお，溶液が希薄でなく，溶質が理想的に振舞わない場合は，濃度を 7.7 節で説明する活量に置き換える必要がある．

分配の法則は，液体からの抽出，分配クロマトグラフィー，イオン交換樹脂による物質の分離・精製に応用される．抽出の効率について考察しよう．体積V_Aの溶媒 A に質量w_0の溶質 C が溶けた溶液から，体積V_Bの溶媒 B を用いて C を抽出する場合を考える．抽出操作の後，溶媒 A に残っている C の質量がw_1であるとすると，溶媒 B に溶けている C の質量は$w_0 - w_1$となる．分配係数は次式で表される．

$$K = \frac{\dfrac{w_0 - w_1}{V_B}}{\dfrac{w_1}{V_A}}$$

ただし，C が溶けたことによる体積変化は無視できるとした．整理すると，次のようになる．

$$w_1 = \frac{V_A}{V_A + KV_B} w_0$$

同様の抽出操作をn回繰り返した後に溶媒 A 中に残っている C の質量w_nは，次式で表される．

$$w_n = \left(\frac{V_A}{V_A + KV_B}\right)^n w_0$$

一方，上でn回に分けて使用した体積nV_Bの溶媒 B を一度に使ったとすると，溶媒 A 中に残る C の質量は，

$$w = \frac{V_A}{V_A + nKV_B} w_0$$

である．$w_n < w$であることを示すことができるので，多量の溶媒を用いて 1 回で抽出するよりも，何回かに分けて抽出したほうが抽出の効率がよいことがわかる．例えば，分配係数 3.3 の溶質が溶けた水溶液 500 mL をエーテル 500 mL で抽出するとき，エーテルを一度にすべて使用する場合と，2 回，5 回に均等に分けて抽出する場合の効率（抽出される溶質の割合）は，それぞれ 77 %，86 %，92 % と計算される．

7.5 希薄溶液の束一的性質

　この節では，溶質が不揮発性の溶液を考える．固体の蒸気圧は，液体である溶媒の蒸気圧に比べてきわめて小さいため，通常，固体は不揮発性とみなしてよい．不揮発性溶質の希薄溶液が示す蒸気圧降下，沸点上昇，凝固点降下，浸透圧などの性質は，与えられた溶媒については溶質粒子（分子またはイオン）の数のみで決まり，溶質粒子が何であるかには無関係である．このような性質を**束一的性質**という．これら一連の性質は，すべて式（7.6）の溶媒の化学ポテンシャルに基づいて理解することができる．式（7.6）によれば，溶媒の化学ポテンシャルは溶質の存在によって低下する．このため，溶液になると溶媒は蒸発しにくくなり，蒸気圧は降下して沸点は上昇するのである．この化学ポテンシャルの低下は，もとをただせば溶媒と溶質の混合によるエントロピーの増加に起因する．束一的性質は，いずれも溶質の分子量を求めるのに用いることができる．

　本節では，束一的性質のうち，蒸気圧降下，沸点上昇，および凝固点降下について述べる．浸透圧については次節で述べる．以下，溶質は非電解質であり，溶質分子の会合も起こらないものとする（電離や会合が起こる場合には，溶質粒子数の変化に応じた補正が必要である）．また，溶液は理想希薄溶液として取り扱う．

7.5.1 蒸気圧降下

　溶質 B が不揮発性の場合，その蒸気圧 p_B は無視できる．この場合，溶液上の蒸気はすべて溶媒 A の蒸気であり，その蒸気圧 p_A が溶液の蒸気圧になる．ラウールの法則より

$$p_A = p_A^* x_A = p_A^* (1 - x_B)$$

であるから，溶媒 A に不揮発性溶質 B を溶かすと，溶液の蒸気圧は降下することがわかる．また，溶液の蒸気圧は溶質 B のモル分率 x_B のみによって決まり，B の種類には無関係である．蒸気圧の降下量（**蒸気圧降下**）は

$$\Delta p = p_A^* - p_A = p_A^*(1 - x_A) = p_A^* x_B \tag{7.9}$$

となり，溶質のモル分率 x_B に比例する．

希薄溶液では $n_B \ll n_A$ であるので，x_B は次のように近似できる．

$$x_B = \frac{n_B}{n_A + n_B} \approx \frac{n_B}{n_A}$$

さらに，溶媒の質量およびモル質量をそれぞれ w_A および M_A とすれば（モル質量を $g\,mol^{-1}$ 単位で表したときの数値部分が分子量である），

$$n_A = \frac{w_A}{M_A}$$

であるから，

$$\frac{n_B}{n_A} = M_A \frac{n_B}{w_A} = M_A m_B$$

と表される．ここで，m_B は溶質の質量モル濃度である．したがって，希薄溶液では溶質のモル分率と質量モル濃度の関係が次式で表される．

$$x_B = M_A m_B \tag{7.10}$$

式（7.9）および（7.10）より，

$$\Delta p = p_A^* M_A m_B \tag{7.11}$$

となり，蒸気圧降下は溶質の質量モル濃度に比例することがわかる．

7.5.2　沸点上昇

　液体の蒸気圧は温度とともに増加し，その値が大気圧と等しくなった温度で沸騰が始まる．この温度が沸点である．標準大気圧は 1 atm であり，1 atm における沸点を標準沸点という．通常，単に沸点といえば，標準沸点のことである．図 7.4 に純溶媒と溶液の蒸気圧曲線を示した．この図からわかるように，溶媒に不揮発性溶質を溶かすと，蒸気圧が降下する結果として沸点が上昇する．溶媒の沸点 T_b と溶液の沸点の差 ΔT_b を，**沸点上昇度**という．溶媒の沸点付近の狭い温度範囲で蒸気圧曲線を直線で近似すると，ΔT_b は Δp に比例する．Δp は，式（7.11）のように溶質の質量モル濃度 m_B に比例するので，ΔT_b も m_B に比例し，

$$\Delta T_b = K_b m_B$$

7.5 希薄溶液の束一的性質

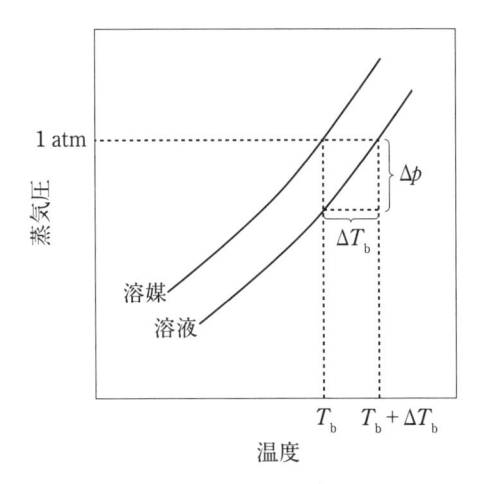

図7.4 蒸気圧降下と沸点上昇

と表すことができる．比例定数 K_b は溶媒に固有の定数で，**モル沸点上昇定数**または単に**モル沸点上昇**と呼ばれる．モル沸点上昇は $m_B = 1\ \mathrm{mol\ kg^{-1}}$ のときの沸点上昇度に相当し，単位は $\mathrm{K\ mol^{-1}\ kg}$ で表される．水の場合，$K_b = 0.52\ \mathrm{K\ mol^{-1}\ kg}$ である．

沸点上昇度のより厳密な式はクラペイロン-クラウジウスの式（5.7節）から導かれ，

$$K_b = \frac{RT_b^2 M_A}{\Delta_{\mathrm{vap}} H}$$

となる．ここで，$\Delta_{\mathrm{vap}} H$ は溶媒のモル蒸発エンタルピー，M_A は溶媒のモル質量である．K_b は溶媒の物性値のみで決まっている．

7.5.3 凝固点降下

一定圧力で溶液を冷却するとき固相が析出し始める温度が，溶液の凝固点である．析出する固相が純溶媒のみからなる場合には，溶液の凝固点は溶媒の凝固点（T_f）よりも低い．純溶媒からの凝固点の低下量を**凝固点降下度**という．沸点上昇の場合と同様，希薄溶液では凝固点降下度（ΔT_f）は溶質の質量モル濃度（m_B）に比例する．

$$\Delta T_\mathrm{f} = K_\mathrm{f} m_\mathrm{B}$$

比例定数 K_f は**モル凝固点降下定数**または**モル凝固点降下**と呼ばれ，$m_\mathrm{B} = 1$ mol kg^{-1} のときの凝固点降下度に相当し，溶媒に固有の定数である．水では $K_\mathrm{f} = 1.86$ K mol^{-1} kg である．溶媒のモル融解エンタルピーを $\Delta_\mathrm{fus}H$ とすると，沸点上昇の場合と同様に，

$$K_\mathrm{f} = \frac{RT_\mathrm{f}^2 M_\mathrm{A}}{\Delta_\mathrm{fus}H}$$

と表される．

7.6 浸透圧

　溶液中の一部の成分は通すが，他の成分は通さないような膜を**半透膜**という．セロハン膜や動物の膀胱膜，生物の細胞膜などはこのような性質をもっている．溶媒を自由に通すが溶質を通さない半透膜で溶媒と溶液を仕切ると，溶媒が半透膜を通って溶液中へ拡散していく．この現象を**浸透**という．溶媒の浸透が起こるのは，溶媒の化学ポテンシャルが純溶媒よりも溶液におけるほうが低いためである．溶媒の浸透をくい止めて溶媒と溶液の間の平衡を保つためには，溶液に余分の圧力を加えなければならない．この圧力を溶液の**浸透圧**という．

　図 7.5 (a) のように，半透膜で中央を仕切った U 字管の両側に，純水と溶液（水溶液）を液面の高さが同じになるように入れた場合を考えよう．しばらく放置すると，水が半透膜を通って浸透し，図 7.5 (b) のように左右で液面差が生じる．この浸透は液面差がある大きさになったところで止まり，平衡に達する．この浸透をくい止めて両液面を同じ高さに保つためには，図 7.5 (c) のように，溶液側に一定の圧力（Π）を余分に加える必要がある．この圧力が浸透圧である．

　希薄溶液の浸透圧 Π については，理想気体の状態方程式に類似した次式が成り立つ．

$$\Pi V = nRT$$

ここで，V は溶液の体積，n は溶液中の溶質の物質量，R は気体定数，T は絶対温

7.6 浸透圧

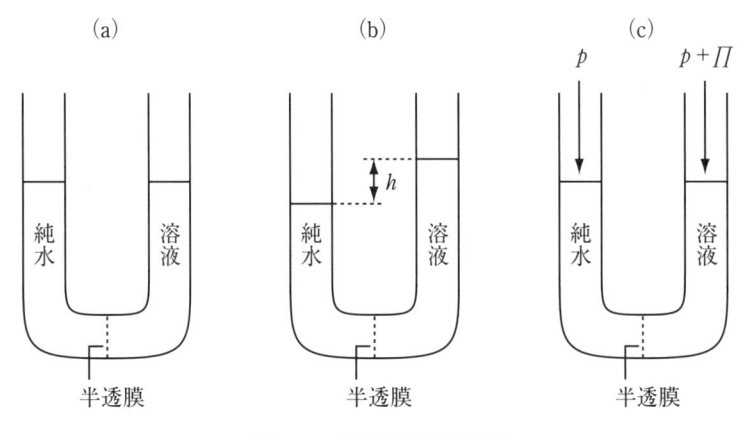

図 7.5 浸透圧の概念図

度である．この式を**ファントホッフの式**という（平衡定数の温度変化を表す式もファントホッフの式と呼ばれるので注意せよ）．ファントホッフの式は，溶媒の化学ポテンシャルに対する式 (7.6) から導くことができる．

n/V はモル濃度に相当するから，ファントホッフの式を用いて，浸透圧の測定値から溶液のモル濃度を決定することができる．また，これから溶質の分子量を求めることができる．他の束一的性質も分子量を求めるのに用いられるが，高分子化合物の場合には浸透圧だけが利用できる．それは，蒸気圧降下，沸点上昇，および凝固点降下は小さすぎて測定できないが，浸透圧は測定可能なためである．また，希薄溶液ではモル濃度と質量モル濃度の数値が等しいとみなすと，凝固点降下の測定から溶液の浸透圧を算出することができる．

溶質が電解質の場合には，電離が起こるため，ファントホッフの式を次のように補正して用いなければならない．

$$\Pi V = inRT$$

補正因子 i は**ファントホッフの係数**と呼ばれ，電離度を用いて表すことができる．

日本薬局方の浸透圧測定では，試料の**オスモル濃度**（単位 Osm）を，凝固点降下法を用いて測定する（低分子溶液では適当な半透膜がなく，浸透圧を直接測定することができない）．オスモル濃度は，非電解質の溶液ではモル濃度に等しく，電解質の溶液ではモル濃度にファントホッフの係数 i を掛けた値に等しい（1 Osm は，溶液 1 L に 6.022×10^{23} 個の溶質粒子が存在するときの濃度と定められている）．

なお，浸透圧とオスモル濃度は異なる物理量であるが，これらは相互に換算することができる（ただし，モル濃度と質量モル濃度の数値は等しいとみなす）．

2つの溶液が等しい浸透圧を示す場合，それらは**等張**であるという．浸透圧が等しくない場合は，高いほうを**高張**，低いほうを**低張**と呼ぶ．ヒトの血液や涙液，あるいは細胞や組織間隙の体液は種々の有機化合物や無機イオンを含んでおり，その浸透圧は約 7.1 atm である．これは，0.9 w/v ％塩化ナトリウム水溶液（**生理食塩水**という）の浸透圧にほぼ等しい．これらと同じ浸透圧を示す溶液を単に等張液といい，これより大きい浸透圧の溶液は高張液，小さい浸透圧の溶液は低張液という．細胞膜は半透膜であるので，注射剤や点眼剤はできる限り等張液としなければならない．血液や涙液の凝固点は -0.52 ℃である．低張液を等張液にするには，塩化ナトリウムを適量加え，凝固点を -0.52 ℃にするとよい．

7.7 非理想溶液の活量

式 (7.5)，(7.6)，(7.7)，(7.8) などは，溶液の振舞いが理想的なものからずれてくると成り立たなくなる．しかし，逆にこれらの式を成り立たせるような"実効濃度"を考えることができる．そのような熱力学的実効濃度を**活量**という．

式 (7.5) は，理想溶液でない場合は次のように書き換える．

$$\mu_A = \mu_A^* + RT \ln a_A \tag{7.12a}$$
$$\mu_B = \mu_B^* + RT \ln a_B \tag{7.12b}$$

ここで，a_A が A の活量，a_B が B の活量である．a_A と a_B は，液体 A と液体 B の実際の蒸気分圧（p_A と p_B）を用いて，

$$a_A = \frac{p_A}{p_A^*}$$

$$a_B = \frac{p_B}{p_B^*}$$

と表される（例えば，液体 A の実際の蒸気分圧 p_A は，A のモル分率が p_A/p_A^* であるような仮想的な理想溶液における蒸気分圧に等しい）．これらは，式 (7.5) の形

が保持されるように定義された，"実効的な"モル分率ということができよう．理想溶液では，もちろん $a_A = x_A$, $a_B = x_B$ である．a_A, a_B を，実際のモル分率 x_A, x_B を用いて

$$a_A = \gamma_A x_A$$
$$a_B = \gamma_B x_B$$

と表したときの γ_A, γ_B を，**活量係数**という．理想溶液では，$\gamma_A = 1$, $\gamma_B = 1$ である．活量係数の値の1からのずれは，理想的な振舞い（ラウールの法則）からのずれを表す．正のずれの場合，活量係数は1より大きく，負のずれの場合，活量係数は1より小さくなる．

次に，実在溶液の一般的な溶質Bについて考えよう．溶質の理想的な振舞いとは，ヘンリーの法則に従うことであった．ヘンリーの法則は希薄溶液でのみ成り立つ．そこで，溶質Bの活量 a_B については，$x_B \to 0$ ($c_B \to 0$, $m_B \to 0$) のとき $a_B \to 1$ とする．溶質の濃度は，モル濃度 c_B や質量モル濃度 m_B で表されることが多い．実際のこれらの濃度と活量 a_B との関係を，活量係数 γ_B を導入して，

$$a_B = \gamma_B c_B \tag{7.13}$$
$$a_B = \gamma_B m_B \tag{7.14}$$

のように表す（モル分率 x_B を用いる場合も同様である）．$c_B \to 0$, $m_B \to 0$, または $x_B \to 0$ のとき $\gamma_B \to 1$ である．用いる濃度によって活量係数の値は異なるが，活量は同じ値になる．γ_B の1からのずれは，ヘンリーの法則からのずれを表す．なお，活量は無次元なので，式 (7.13), (7.14) は，厳密には

$$a_B = \gamma_B \frac{c_B}{c^\circ}$$

$$a_B = \gamma_B \frac{m_B}{m^\circ}$$

と書かなければならない．ここで，$c^\circ = 1\ \mathrm{mol\ L^{-1}}$, $m^\circ = 1\ \mathrm{mol\ kg^{-1}}$ である．

溶質Bの化学ポテンシャルは，活量 a_B を用いて

$$\mu_B = \mu_B^\circ + RT \ln a_B$$

と表される．このように，化学ポテンシャルの組成依存性は，実際の濃度ではなく活量を用いて表される．したがって，平衡定数も厳密には活量を用いて表されることに注意しよう．

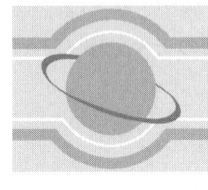

練習問題

1. 0.9 w/v ％塩化ナトリウム水溶液（生理食塩水）のモル濃度を求めよ．ただし，NaClの式量は58.5とする．

2. 0.10 mol/L 亜硝酸ナトリウム水溶液の濃度を質量対容量百分率で表せ．ただし，$NaNO_2$の式量は69とする．

3. ベンゼンとトルエンの混合溶液は，全組成範囲にわたってラウールの法則に従うことが知られている．ベンゼンとトルエンをモル比2：1で混合した溶液の60 ℃における蒸気圧はいくらか．ただし，この温度において，ベンゼンの蒸気圧は51.3 kPa，トルエンの蒸気圧は18.5 kPaである．

4. 次の各物質10 gを水1.0 kgに溶かした溶液について，以下の問いに答えよ．
   - （A）グルコース（分子量180） （B）尿素（分子量60）
   - （C）塩化ナトリウム（式量58.5） （D）塩化カルシウム（式量111）
   - （1）同温度における蒸気圧が低い順に並べよ．
   - （2）凝固点の高い順に並べよ．

5. あるタンパク質1.00 gを水100 gに溶かした溶液の浸透圧は，25 ℃で359 Paであった．以下の問いに答えよ．ただし，モル濃度と質量モル濃度の数値は等しいと仮定し，気体定数Rは8.314 J K^{-1} mol^{-1}，水のモル凝固点降下は1.86 K mol^{-1} kgとする．
   - （1）この溶液に溶けているタンパク質は何 mol か．
   - （2）このタンパク質の分子量を求めよ．
   - （3）凝固点降下度を測定することによって，このタンパク質の分子量を求めることができるかどうかを考察せよ．

6. ヒト血清の凝固点降下度は0.52 Kである．ヒト血清と等張なブドウ糖水溶液の濃度は何 w/v ％か．およその値を求めよ．ただし，水のモル凝固点降下は1.86 K mol^{-1} kg，ブドウ糖の分子量は180である．

7. ある薬物を水500 gに溶かした溶液の凝固点は－0.32 ℃であった．この溶液

にブドウ糖（分子量 180）を加えて等張溶液にするには，何 g のブドウ糖を加えればよいか．ただし，等張溶液の凝固点は $-0.52\,^\circ\mathrm{C}$，水のモル凝固点降下は $1.86\,\mathrm{K\,mol^{-1}\,kg}$ である．

8. 液体 A と液体 B の混合溶液の蒸気圧が，図 7.2 のような組成依存性を示す場合，A と B の活量係数は 1 よりも大きいか，それとも小さいか．

Chapter 8

化学反応速度

　一般に，ある物質から組成，構造あるいは存在状態が異なる別の物質が生成される過程を反応といい，化学反応の進行する速さを反応速度という．反応速度を取り扱う学問は化学反応速度論と呼ばれる．反応速度は物質の量の変化を時間の関数として表すが，反応物あるいは生成物の化学種の性質と関連づけて研究されるので，反応速度論は単に化学の分野にとどまることなく，薬物の体内動態の研究などいろいろな分野において重要である．

到達目標

1) 反応次数と速度定数を説明できる．
2) 微分速度式を積分速度式に変換できる．
3) 代表的な反応次数の決定法を列挙し，説明できる．
4) 代表的な（擬）一次反応の反応速度を測定し，速度定数を求めることができる．
5) 代表的な複合反応（可逆反応，平行反応，連続反応など）の特徴を説明できる．
6) 反応速度と温度の関係（Arrheniusの式）を説明できる．
7) 衝突理論について概説できる．
8) 遷移状態理論について概説できる．
9) 代表的な触媒反応（酸・塩基触媒反応など）について説明できる．
10) 酵素反応，およびその拮抗阻害と非拮抗阻害の機構について説明できる．
11) 拡散および溶解速度について説明できる．

8.1 反応速度と速度定数

反応速度 rate of reaction (v) は物質が変化する過程を取り扱うもので，化学反応を時間の関数として取り扱う．次式で表される反応

$$aA + bB \longrightarrow cC + dD \tag{8.1}$$

において，一般に左辺の物質（AとB）を反応物，右辺の物質（CとD）を生成物と呼ぶ．a, b, c, d は化学量論係数 stoichimetric coefficient である．反応速度は，反応物あるいは生成物の単位時間当たりの濃度変化から得られる．反応速度を反応系内の物質の濃度で表した式を**反応速度式**という．式（8.1）の反応において，反応速度式は，反応経過に伴う反応物の濃度の減少速度あるいは生成物の濃度の増加速度で表すと

$$v = -\frac{1}{a}\frac{d[A]}{dt} = -\frac{1}{b}\frac{d[B]}{dt} = \frac{1}{c}\frac{d[C]}{dt} = \frac{1}{d}\frac{d[D]}{dt} \tag{8.2}$$

のようになる．[A]，[B]，[C]，[D] は各物質の濃度を表す．反応物（AとB）の濃度は時間（t）とともに減少し，生成物（CとD）は時間とともに増加する．図 8.1 に反応物 A と生成物 C が反応経過に伴って変化する様子を模式的に示す．

図 8.1 より，$d[A]/dt$ の符号は - に，$d[C]/dt$ の符号は + となることがわかる．反応速度 v の値は正の値で表すため，式（8.2）で A と B に関する項には - の符号が

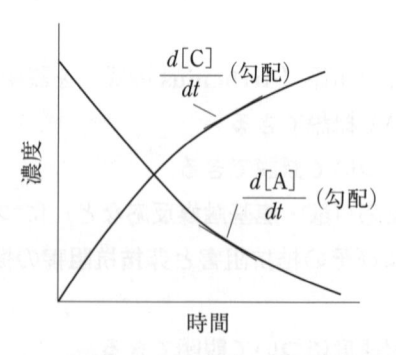

図 8.1　化学反応の経過曲線

8.1 反応速度と速度定数

必要になる．

　実験によると，反応速度 v は反応物の濃度のべき関数で示される．例えば式 (8.1) の反応速度は，

$$v = k[\mathrm{A}]^{\alpha}[\mathrm{B}]^{\beta} \tag{8.3}$$

の形で表される．すなわち，反応速度は一定温度では，反応物 A と反応物 B の濃度の何乗かしたものに比例する．比例定数 k は**速度定数** rate constant と呼ばれ，反応に固有な定数である．速度定数は温度や反応条件により変化する．反応物の濃度項のべき数の和 ($n = \alpha + \beta$) は，反応次数 order of reaction という．反応次数 n は反応速度の実験から決定されもので，α, β は式 (8.1) の化学量論係数 a, b と等しいとは限らない．$n = 0$ のとき反応は 0 次反応，$n = 1$ のとき反応は 1 次反応，$n = 2$ のとき反応は 2 次反応であるという．反応によっては，反応次数が分数のときもある．多くの反応は 1 次反応，2 次反応，0 次反応であって，3 次以上の反応は少ない．

　反応速度の測定では，反応系の温度を一定に保ち，一定時間ごとに試料の一定量を採取して反応を停止させ，反応物あるいは生成物を定量分析する．反応物あるいは生成物の増減を追跡する実用的な方法として，液体クロマトグラフィーあるいはガスクロマトグラフィーが用いられる．反応速度の研究には反応物あるいは生成物の濃度に対応する物理化学的な測定値の経時変化を追跡することも多い．例えば，次の方法があげられる．

① 反応物あるいは生成物の吸光度が変化する反応では，分光光度計で追跡する．
② 分子中の特定の水素原子あるいは炭素原子の性質に顕著な違いがある場合には，核磁気共鳴スペクトルで追跡する．
③ 旋光度が変化する反応では，旋光計で追跡する．

　適切な装置を使用すると，反応液からそのつど試料を採取しなくとも上記の物理化学的性質の変化を連続的に測定することができる．しかし，反応速度は温度に依存するので，一定温度で行うように気をつけなければならない．まず，基本的な反応速度式について説明していこう．

8.2 基本的な反応速度式

8.2.1 1次反応速度式

反応物Aから生成物Pができる反応式 (8.4) において，反応速度 v が反応物Aの濃度の1乗に比例するとき，その反応を **1次反応** という．

$$A \longrightarrow P \tag{8.4}$$

反応系内の反応物Aの濃度を C とすると，反応速度式は式 (8.5) で表される．式 (8.5) のような速度式は微分速度式と呼ばれている．微分速度式を積分すると，反応物Aの濃度 C を時間 t の関数として表すことができる．このように微分速度式の積分により得られる速度式を積分速度式という．

$$v = -\frac{dC}{dt} = kC \tag{8.5}$$

式 (8.5) を積分速度式へ変換するには，はじめに2つの変数（濃度 C と時間 t）を左辺，右辺に分離し，式 (8.6) に変形する．

$$-\frac{dC}{C} = kdt \tag{8.6}$$

式 (8.6) の左辺および右辺をそれぞれ不定積分すると，

$$-\int \frac{dC}{C} = k \int dt \tag{8.7}$$

$$\ln C = -kt + \text{const.} \tag{8.8}$$

となる．const. は積分定数である．const. の値は，$t = 0$ のとき，つまり反応開始時の反応物Aの濃度（初濃度）を C_0 として式 (8.8) に代入すると，const. $= \ln C_0$ となる．すなわち，反応中の反応物と時間の関数は，式 (8.9) のように表すことができる．ln は e を底とする自然対数である．式 (8.9) は10を底とする常用対数で書き直すと式 (8.10) に誘導することができる．

8.2 基本的な反応速度式

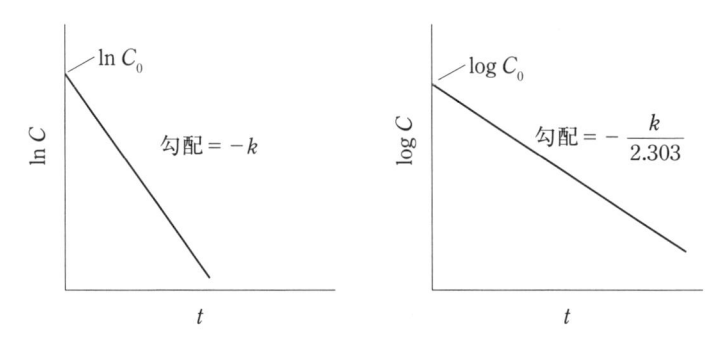

図 8.2　1 次反応の代表的なグラフ

$$\ln C = -kt + \ln C_0 \tag{8.9}$$

$$\log C = -\frac{k}{2.303}t + \log C_0 \tag{8.10}$$

式 (8.9) あるいは式 (8.10) から，時間 t に対して反応物 A の濃度の自然対数あるいは常用対数をプロットすると，傾き $-k$ あるいは $-\dfrac{k}{2.303}$ の直線が得られる (図 8.2)．

式 (8.9) は，次のように濃度は時間に対して指数関数でも書き表される．

$$C = C_0 \exp^{-kt} \quad \text{あるいは} \quad C = C_0 e^{-kt} \tag{8.11}$$

すなわち，1 次反応では反応物の濃度は時間とともに指数関数的に減少し，その減少のしかた (減少速度) が k によって決まることになる (図 8.3)．図 8.3 におい

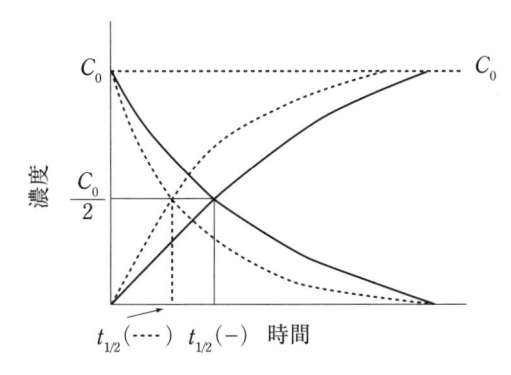

図 8.3　1 次反応の反応物と生成物の濃度変化

て破線の k のほうが実線の k よりも大きい．

一次反応の特徴は，速度定数 k の次元が［時間］$^{-1}$ で濃度に関係しないことである．反応物の濃度が初濃度の 1/2 に減少するのに要する時間を**半減期** half-life といい，$t_{1/2}$ で表す．一次反応の半減期は

$$t_{1/2} = \frac{\ln 2}{k} = \frac{0.693}{k} \tag{8.12}$$

となり，初濃度とは関係しない．

よく知られている 1 次反応の例として，ショ糖が加水分解されてブドウ糖と果糖が生成する反応

$$C_{12}H_{22}O_{11} + H_2O = C_6H_{12}O_6 + C_6H_{12}O_6$$

がある．反応速度の研究において，反応物の濃度は濃度に対応する物理化学的な測定値が用いられる．ショ糖の加水分解反応では，右旋性のショ糖が右旋性のブドウ糖と左旋性の果糖に変化するので，反応液の旋光度を測定することによりその反応の進行状況を調べられる．反応溶液の最初の旋光度を α_0，反応完結時の旋光度を α_∞ とすると，初濃度 C は $(\alpha_0 - \alpha_\infty)$ に，反応が開始して t 時間後の濃度 C_t は $(\alpha_t - \alpha_\infty)$ に対応する．したがって，ショ糖の加水分解の速度定数は，次式で示すように旋光度の測定値から求めることができる．

$$\ln(\alpha_t - \alpha_\infty) = -kt + \ln(\alpha_0 - \alpha_\infty) \tag{8.13}$$

8.2.2　2 次反応速度式

2 次反応には，1) 1 種類の反応物 A が反応し生成物 P を生成するとき（式 8.14），反応速度 v が A の濃度の 2 乗に比例する場合と，2) 2 種類の反応物 A と B が反応して生成物 P を生成するとき（式 8.15），反応速度 v が A と B の濃度の積に比例する場合がある．

$$A \longrightarrow P \tag{8.14}$$

$$A + B \longrightarrow P \tag{8.15}$$

はじめに，1) の場合について，反応物 A の濃度 C と反応時間 t との関数を導いてみよう．式（8.14）において，反応速度 v は反応物 A の濃度 C の二乗に比例するので，微分速度式は定義に従って，

8.2 基本的な反応速度式

$$v = -\frac{dC}{dt} = kC^2 \tag{8.16}$$

となる．式（8.16）を変数分離して不定積分すると式（8.17）が得られる．

$$-\int \frac{dC}{C^2} = k\int dt$$

$$\frac{1}{C} = kt + \text{const.} \tag{8.17}$$

const. は積分定数である．const. の値は，$t = 0$ のときの反応物 A の濃度（初濃度）を C_0 として式（8.17）に代入すると，const. $= \dfrac{1}{C_0}$ となる．すなわち，反応中の反応物の濃度と時間の関数は，式（8.18）のように表すことができる．

$$\frac{1}{C} = kt + \frac{1}{C_0} \tag{8.18}$$

この式から反応物の濃度の逆数を反応時間に対してプロットすると，傾きが k の直線が得られ，切片は $1/C_0$ となる．この反応における半減期 $t_{1/2}$ を求めてみよう．$t = t_{1/2}$ のとき $C = C_0/2$ を式（8.18）に代入すると，

$$t_{1/2} = \frac{1}{kC_0} \tag{8.19}$$

が得られる．すなわち，半減期は初濃度に反比例し，初濃度が高いとき短くなる．式（8.18）から反応速度定数 k は式（8.20）で表すことができる．2 次反応の速度定数の次元は，［濃度$^{-1}$］［時間$^{-1}$］である．

$$k = \frac{1}{t}\left(\frac{1}{C} - \frac{1}{C_0}\right) \tag{8.20}$$

次に式（8.15）において，反応速度が反応物 A と B の濃度の積に比例する場合について，積分速度式を導いてみよう．反応開始時の A と B の初濃度をそれぞれ a_0 と b_0 で表す．時間 t において，それらのうち x だけ反応により消失して，P が生成したとしよう．時間 t における A と B の濃度は，それぞれ $a_0 - x$ と $b_0 - x$ で表される．$a_0 = b_0$ の場合，A の濃度と B の濃度は等しいので反応速度は式（8.16）に従う．$a_0 \neq b_0$ の場合の微分速度式は

$$v = -\frac{d(a_0 - x)}{dt} = k(a_0 - x)(b_0 - x) \tag{8.21}$$

で表される.ここで,a_0 および b_0 は反応開始時に決めることができる定数であるので,式 (8.21) は式 (8.22) のように書ける.

$$\frac{dx}{dt} = k(a_0 - x)(b_0 - x) \tag{8.22}$$

式 (8.22) の変数を分離して積分すると

$$\int dt = \frac{1}{k} \int \frac{1}{(a_0 - x)(b_0 - x)} dx$$

$$t = \frac{1}{k(b_0 - a_0)} \left[-\ln(a_0 - x) + \ln(b_0 - x) + \text{const.} \right] \tag{8.23}$$

が得られる.積分定数 const. は $t = 0$ のとき $x = 0$ であるので,const. $= -\ln b_0 / a_0$ である.すなわち,式 (8.23) は次のように変形される.

$$\ln \frac{b_0 - x}{a_0 - x} = (b_0 - a_0)kt + \ln \frac{b_0}{a_0} \tag{8.24}$$

8.2.3　0 次反応速度式

反応物 A から生成物 P ができる反応において,反応速度が A の濃度 C の 0 乗に比例するとき,その反応は **0 次反応** であるという.微分速度式は

$$-\frac{dC}{dt} = kC^0 = k \tag{8.25}$$

で表される.k は 0 次反応の速度定数である.式 (8.25) からわかるように,反応速度は反応物の濃度に依存しない.

式 (8.25) を反応物の初濃度を C_0 として積分すると積分速度式

$$C = -kt + C_0 \tag{8.26}$$

が得られる.すなわち,反応速度は反応物の濃度に関係なく一定速度で進行し,生成物の濃度は反応時間に比例して増大する.0 次反応の反応速度定数の次元は,[濃度][時間$^{-1}$] である.半減期 $t_{1/2}$ は,$t_{1/2} = C_0/(2k)$ で表される.

0 次反応の例として,銅触媒によるギ酸の分解反応や炭素–炭素多重結合の接触

8.2.4 擬 1 次反応

　反応 A + B ⟶ P の反応において，反応物のいずれか 1 つが大過剰に存在する場合，その反応物の濃度は反応前後でほとんど変化しないと考えて，一定とみなすことができる．このように理論的には 2 次反応に従って進行する反応であっても，1 次反応として取り扱う反応を**擬 1 次反応**という．例えば，カルボン酸を大量のアルコールでエステル化する反応やショ糖を酸触媒の存在下ブドウ糖と果糖に加水分解する反応は，擬 1 次反応として取り扱うことができる．これらの反応においてアルコールおよび水は，それぞれカルボン酸やショ糖の量に対して通常大量に使われるので，反応前後でそれらの量がほとんど変化しないとみなすことができる．生体内における薬物の分解反応は擬 1 次反応として取り扱うことが多い．

8.2.5 擬 0 次反応

　溶解度が小さいために，固体反応物 A は大部分が溶けないで懸濁している場合の反応速度について考えてみよう．この場合，A は懸濁状態では分解しないで，溶媒中に溶出してから分解するものとする．分解は 1 次反応で進行する．A の溶解速度が分解速度よりも十分に大きいときは，懸濁状態の固体がすべて溶解するまでは，溶液は飽和溶液のままで溶質の濃度が一定とみなせる．したがって，A が分解する反応速度 v は，速度定数を k_1，系中の A の濃度を $[A]$，溶解度を $[A]_s$ とすると，

$$v = -\frac{d[A]}{dt} = k_1[A]_s = k \tag{8.27}$$

で表される．溶解度は温度が決まれば一定であるので，反応速度 v は一定と考えてよい．このように理論的には 1 次速度式に従って進行する反応であっても，みかけ上 0 次反応として取り扱う反応は**擬 0 次反応**と呼ばれる．擬 0 次反応の速度定数 k は，1 次反応の速度定数 k_1 と溶解度の積 $k_1[A]_s$ である．時間 t に対して固形反

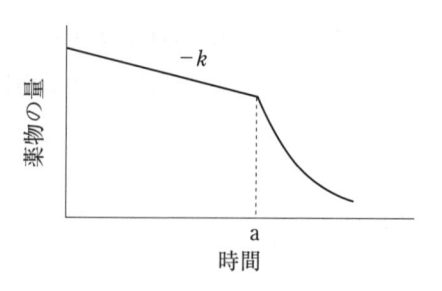

図 8.4 懸濁液の分解反応にみられるみかけの 0 次反応

物 A の全濃度をプロットすると図 8.4 に示すグラフが描ける．すなわち，懸濁状態の A が残存している間は，分解反応はみかけ上 0 次反応で進行するので，A は一定速度で減少する．しかし，固体反応物が全部溶解して懸濁している固体反応物が消失すると（図 8.4 の a 点），A の分解は一次反応速度式に従って進行するため，A は指数関数的に減少する．

8.2.6　0 ～ 2 次反応のまとめ

反応物 A，B および C が，それぞれ，0 次速度式，1 次速度式，2 次速度式に従って分解するとして，これらの反応物の残存量について経時変化をみてみよう（図

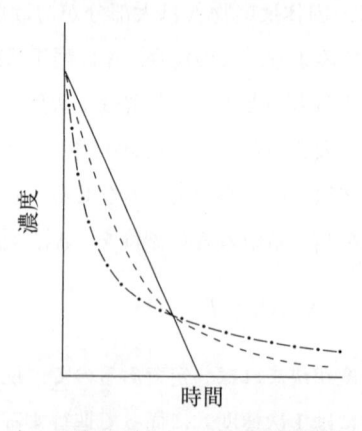

図 8.5　0 次反応（—），1 次反応（- - -），2 次反応（—・—）の反応物質の初濃度と一定時間後の反応物質の濃度がそれぞれ等しいときの反応物質の濃度の経時変化

8.5). いずれも初濃度は等しくして同一の温度条件下で反応を行ったものとする. また, 反応を開始して t 時間後に A, B, C の濃度は等しくなったとする. 図 8.5 から明らかなように, 0 次反応で分解する反応物 A は一定速度で減少し, 1 次反応で分解する B は指数関数的に, 2 次反応で分解する C は分数関数的に減少するので, 時間 t までは反応物の濃度は [A]＞[B]＞[C] の順であるが, 時間 t 以降では [C]＞[B]＞[A] の順になる.

8.3 反応次数の決定法

　反応次数を求める方法について述べてみよう. 第一の方法は, 反応開始後の反応物または生成物の濃度の経時変化を測定し, 実験データを 1 次, 2 次, 0 次反応の速度式に代入して, 最もよく一致する速度式を試行錯誤によって求めることである. 最もよく使われる方法は, 初濃度を変えて反応を行い半減期の変化の様子から反応次数を決定する方法である. 半減期は, 1 次反応では初濃度に関係しないが, 2 次反応では初濃度に反比例し, 0 次反応では初濃度に比例する. もっとも一般的には, 反応次数 n は, 次に示す初濃度と半減期 $t_{1/2}$ の関係式から求められる.

$$t_{1/2} = (定数) \cdot (初濃度)^{1-n}$$

両辺の対数をとると,

$$\log t_{1/2} = (1-n) \log (初濃度) + \log (定数) \tag{8.28}$$

初濃度を種々変えて半減期を求め, $\log$ (初濃度) に対して $\log t_{1/2}$ をプロットすると, 直線が得られる. 直線の勾配は $(1-n)$ に相当するので, 反応次数が求まる. この方法は, 反応次数が整数でないときには特に都合のよい方法である.

8.4 複合反応の反応速度

　一般に化学反応は 1 段階で完結するものは少なく, 2 段階あるいはそれ以上の段

階を経て生成物が形成される場合が多い．反応物が1段階で生成物を与え，そこで反応が完結する反応を**素反応**という．1つの反応物から2つ以上の異なった反応経路で反応が進行し，いくつかの生成物が同時に生じる反応も多く知られている．このように，複数の素反応からなる反応を複合反応という．複合反応には次の例がある．

8.4.1 並発反応（平行反応）

1つの化学系で2つ以上の反応が同時に起こり，1つの反応物から複数の生成物が生じる反応は**並発反応**と呼ばれる．並発反応のうち，1つが主として起こるとき，これを主反応と呼び，他の反応を副反応と呼ぶ．ここでは反応物Aから生成物BとCがいずれも一次反応に従って生じる反応を取り扱う．

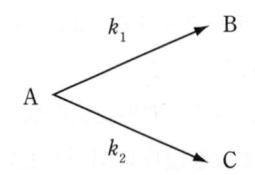

$$A \underset{k_2}{\overset{k_1}{\diagup\diagdown}} \begin{matrix} B \\ C \end{matrix}$$

Aの初濃度をa_0とし，t時間後のA，B，Cの濃度をそれぞれa，b，cとして，反応物Aおよび生成物BとCの濃度と時間の関数を導いてみよう．

AからBが生成する速度定数をk_1，AからCが生成する速度定数をk_2とすると，Aの減少速度はAの濃度aに比例し

$$-\frac{da}{dt} = k_1 a + k_2 a = (k_1 + k_2)a \tag{8.29}$$

で表される．式（8.29）を積分すると

$$\ln a = -(k_1 + k_2)t + \ln a_0 \tag{8.30}$$

が得られる．また，式（8.30）は指数関数に直すと

$$a = a_0 e^{-(k_1 + k_2)t} \tag{8.31}$$

となる．

次に，BとCの生成速度をみると，

$$\frac{db}{dt} = k_1 a = k_2 a_0 e^{-(k_1 + k_2)t} \tag{8.32}$$

$$\frac{dc}{dt} = k_2 a = k_2 a_0 e^{-(k_1 + k_2)t} \tag{8.33}$$

式 (8.32) および式 (8.33) を積分すると，B と C について濃度と時間の関数が得られる．

$$b = \frac{k_1 a_0}{(k_1 + k_2)} (1 - e^{-(k_1 + k_2)t}) \tag{8.34}$$

$$c = \frac{k_2 a_0}{(k_1 + k_2)} (1 - e^{-(k_1 + k_2)t}) \tag{8.35}$$

式 (8.32) および式 (8.33) から B と C の生成速度比は，

$$\frac{\dfrac{db}{dt}}{\dfrac{dc}{dt}} = \frac{db}{dc} = \frac{k_1 a}{k_2 a} = \frac{k_1}{k_2} = 一定$$

式 (8.34) および式 (8.35) から B と C の生成濃度比は，

$$\frac{b}{c} = \frac{k_1}{k_2} = 一定$$

となる．$t \to \infty$ のとき，$a = 0$，$b = \left(\dfrac{k_1}{k_1 + k_2}\right) a_0$，$c = \left(\dfrac{k_1}{k_1 + k_2}\right) a_0$ となる．$k_1 > k_2$ のときの a，b，c の経時変化を図 8.6(a) に示す．図において，時間に関係なく $a + b + c = a_0$ の関係が成立する．

8.4.2 連続反応（逐次反応）

1つの物質 A が反応して生成物 B になり，B がさらに反応して C が生成する反応は**連続反応**または逐次反応と呼ばれる．一般に，1つの化学反応で表される反応でも実際はいくつかの素反応の組合せからなる連続反応である場合が多い．連続反応の各段階の反応速度が大きく異なる場合には，全体の反応速度は最も遅い段階の反応速度に支配される．この遅い段階を**律速段階**という．最も単純な次の2段階反応について考えてみよう．いずれの反応も1次速度式に従うものとする．

$$A \xrightarrow{k_1} B \xrightarrow{k_2} C$$

ある時間における A，B，C の濃度をそれぞれ a，b，c，とすると，微分速度式は

$$-\frac{da}{dt} = k_1 a \tag{8.36}$$

$$\frac{db}{dt} = k_1 a - k_2 b \tag{8.37}$$

$$\frac{dc}{dt} = k_2 b \tag{8.38}$$

式（8.36）を $t = 0$ のとき $a = a_0$ として積分すると，

$$a = a_0 e^{-k_1 t} \tag{8.39}$$

このことは，反応経過に伴い a は指数関数的に減少することを示している．式（8.39）を式（8.37）に代入すると，

$$\frac{db}{dt} = k_1 a_0 e^{-k_1 t} - k_2 b \tag{8.40}$$

となる．式（8.40）を $t = 0$ のとき $b = 0$ であることを加味して積分すると，式（8.41）に変形される．すなわち，B の濃度 b は A の初濃度 a_0 とそれぞれの段階の速度定数を含む式で表すことができる．

$$b = \frac{k_1}{k_2 - k_3} a_0 (e^{-k_1 t} - e^{-k_2 t}) \tag{8.41}$$

C の濃度は，$c = a_0 - a - b$ であるので，

$$c = a_0 \left(1 + \frac{1}{k_1 - k_2}(k_2 e^{-k_1 t} - k_1 e^{k_2 t})\right) \tag{8.42}$$

で表される．

　a，b，c の経時変化の概略を図 8.6(b) に示す．a の減少につれて b は増加するが，B は同時に C に変化するので，やがて減少し最終的には $b = 0$ になる．このことから，b は時間に対して極大値をもつことがわかる．b が極大になる時間（$t_{\max}$）は a_0 によらず k_1 と k_2 のみで決まる．b の極大値（$b_{\max}$）は a_0 と k_1 と k_2 で決まる．k_1 が一定なら，k_2 の値が大きいほど $t_{\max}$ と $b_{\max}$ は小さくなる．k_2 が一定なら，k_1 が大きくなるほど $t_{\max}$ は小さく，$b_{\max}$ は大きくなる．

8.4.3 可逆反応

反応物 A から生成物 B が生成し，一方で B から A が生成する逆反応も進行する複合反応を**可逆反応**という．可逆反応は平衡反応とも呼ばれる．ここで，A から B が生成して，やがて平衡状態に達する場合について考えてみよう．A から B が生成する正反応およびその逆反応は一次速度式に従うものとする．

可逆反応

$$A \underset{k_{-1}}{\overset{k_1}{\rightleftarrows}} B$$

において，$t=0$ における A の濃度を a_0 とする．$t=0$ では B の濃度は 0 である．時間 t における A および B の濃度を a および b とすると，正反応の微分速度式は，

$$-\frac{da}{dt} = k_1 a - k_{-1} b \tag{8.43}$$

で表される．$a_0 = a + b$ であるので，式 (8.43) は式 (8.44) に変形できる．

$$-\frac{da}{dt} = k_1 a - k_{-1}(a_0 - a) \tag{8.44}$$

平衡状態では正反応の速度と逆反応の速度が等しいので，みかけ上，正反応の速度はゼロとなる．すなわち，平衡状態での A の濃度を a_e，B の濃度を b_e とすると

$$k_1 a_e = k_{-1} b_e = k_{-1}(a_0 - a_e) \tag{8.45}$$

となる．

可逆反応の平衡定数を K とすると，式 (8.45) から

$$K = \frac{b_e}{a_e} = \frac{a_0 - a_e}{a_e} = \frac{k_1}{k_{-1}} \tag{8.46}$$

となる．平衡時の A の濃度 a_e は，速度定数（k_1 と k_{-1}）と A の初濃度 a_0 で表すと

$$a_e = \frac{k_{-1}}{k_1 + k_{-1}} a_0 \tag{8.47}$$

であるので，式 (8.44) を変形すると

$$-\frac{da}{dt} = (k_1 + k_{-1})(a - a_e) \tag{8.48}$$

(a) 併発反応の濃度の経時変化

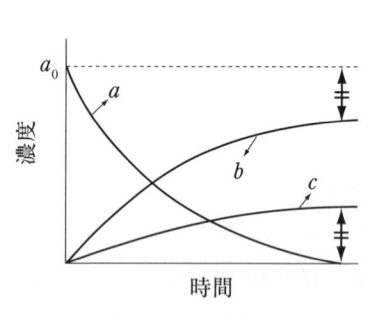

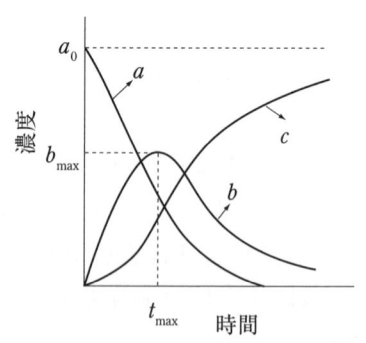

(b) 逐次反応の濃度の経時変化

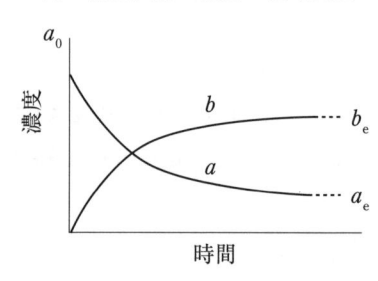

(c) 可逆反応の濃度の経時変化

図 8.6　複合反応にみられる反応物と生成物の濃度の経時変化

積分形にすると

$$-\int \frac{da}{a - a_e} = (k_1 + k_{-1}) \int dt \tag{8.49}$$

$t = 0$ のとき $a = a_0$ であるので

$$\ln \frac{a_0 - a_e}{a - a_e} = (k_1 + k_{-1})t \tag{8.50}$$

が得られる．可逆反応にみられる A と B の濃度の経時変化を図 8.6(c) に示す．

8.5　反応速度の温度依存性

反応速度は温度によって大きく影響を受け，反応温度を高くすると反応が速くな

8.5 反応速度の温度依存性

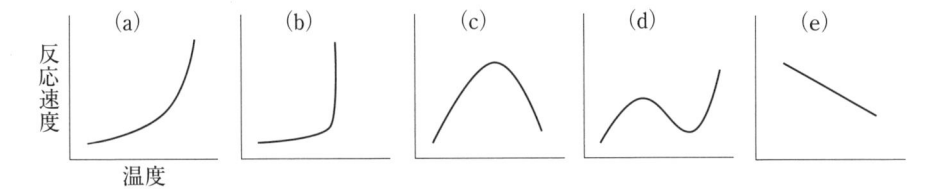

図 8.7 反応速度と温度の関係
(a) 一般的な均一反応, (b) 爆発型の反応, (c) 一般的な酵素反応, (d) ある温度領域で反応速度が制御される反応, (e) 温度上昇に伴い反応速度が低下する気相反応

ることは日常よく経験する．反応速度の温度依存性を大別すると図 8.7 に示すような 5 種類の型に分けられる．(a) 型の反応は均一反応でよくみられ，最も一般的なタイプである．(a) 型の反応は，アレニウス Arrhenius によって反応速度の温度依存性が経験的に明らかにされており，アレニウス型という．(a) 以外の型はアンチ-アレニウス型という．

(a) 型の反応において，反応速度に及ぼす温度の影響はアレニウスが経験的に導いた式

$$\frac{d \ln k}{dT} = \frac{E_a}{RT^2} \tag{8.51}$$

で表される．これは**アレニウスの式**と呼ばれる．ここで，R は気体定数，E_a は**活性化エネルギー**，R は気体定数，T は絶対温度である．E_a は温度に依存しないものとして式 (8.51) を積分すると

$$\ln k = \ln A - \frac{E_a}{RT} \tag{8.52}$$

が得られる．$\ln A$ は積分定数である．式 (8.52) を指数型に書き直すと

$$k = A e^{-E_a/RT} \tag{8.53}$$

が得られる．A は頻度因子と呼ばれ，通常の温度範囲では温度に関係しない定数である．定数 A と E_a (アレニウスパラメータ) は，その反応に特有な値である．アレニウスパラメータは式 (8.52) を用いて求めることができる．すなわち，種々の温度で反応を行い，その温度における k の値を求め，$1/T$ に対して $\ln k$ をプロットすると直線が得られる．このようなプロットは，アレニウス・プロットと呼ばれて

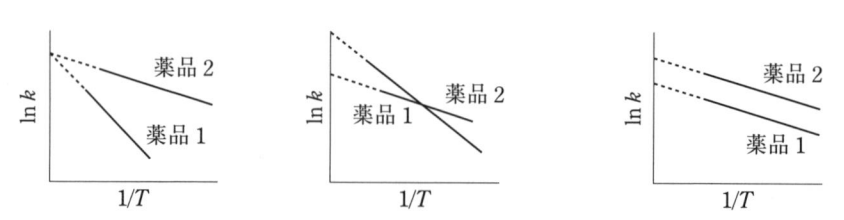

(1) 頻度因子が等しい場合　(2) 頻度因子が異なる場合　(3) 活性化エネルギーが等しい場合

図 8.8　2 つの薬品のアレニウス・プロット

いる．アレニウス・プロットの直線の勾配は $\dfrac{-E_a}{R}$ であるので，反応の活性化エネルギーを求めることができる．また，得られた直線を $1/T = 0$ に外挿すると，縦軸の切片から頻度因子 A を求めることができる．

アレニウス式およびアレニウス・プロットは，医薬品の安定性の予測に重要な役割をする．薬品の分解にアレニウスの式を適用するとき，k は薬品の分解速度定数となる．k が小さい薬品ほど安定で好ましいことになる．E_a と A の大小により 2 つの薬品の安定性を比較することができる．代表的な例を図 8.8 に示す．(1) と (3) では温度によらず薬品 1 は薬品 2 よりも常に安定である．しかし，(2) の例では，2 つのアレニウス・プロットに交点があるので，交点の前後の温度で薬品 1 と 2 の安定性は逆転していることに注意しよう．

8.6　反応速度の衝突理論と遷移状態理論

反応速度を理論的に取り扱うものに，衝突理論と遷移状態理論がある．まず，衝突理論についてみていこう．

8.6.1　衝突理論

衝突理論は気体分子運動論に基づくものであって，その考え方によりアレニウスパラメータの意味が簡単に理解できる．衝突理論では，反応 A + B ⟶ P におい

8.6 反応速度の衝突理論と遷移状態理論

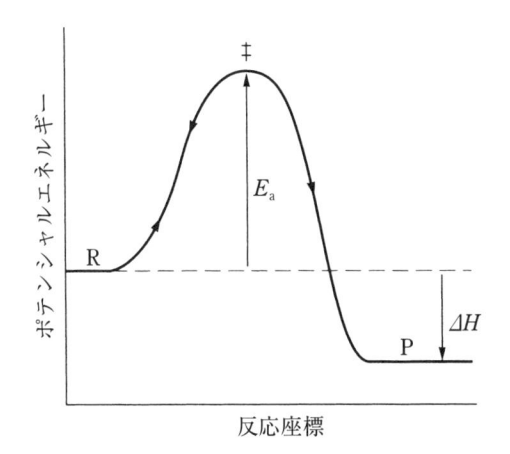

図 8.9 反応に対するポテンシャル障壁と活性化エネルギー
R = 反応物，P = 生成物，‡ = 遷移状態あるいは活性錯体，E_a = 活性化エネルギー，ΔH = 反応のエンタルピー（この場合，負）

て，次の2つの条件が満たされたとき反応が進行するものとする．
(1) 二つの反応物AとBは衝突しなければならない．
(2) 衝突している分子のエネルギーが反応の活性化エネルギー以上にならなければならない．

この2つの条件を念頭におくと，反応速度は反応物の衝突頻度と活性化エネルギー以上のエネルギーもった分子の割合の関数とみなすことができる．はじめに，反応物AとBの衝突頻度について考えてみよう．反応物Bの濃度が2倍になれば，反応物Aが反応物Bに衝突する頻度は2倍になり，Aの濃度が2倍になれば，反応物Bが反応物Aに衝突する頻度は2倍になる．また，AとBの相対速度V_Rが大きいほど衝突頻度は大きくなる．このように，衝突頻度は反応物AとBの濃度と相対速度に比例する．つまり，式に表すと次のように書ける．

$$\text{衝突頻度} \propto V_R[A][B] \tag{8.54}$$

ここで，記号∝は比例を意味する．AおよびBの濃度は，[A]および[B]で表している．気体分子運動論によると気体分子の相対速度は，温度をT，2つの分子の換算質量をμとすると，

$$V_R \propto \sqrt{\frac{T}{\mu}} \tag{8.55}$$

の関係がある．式（8.54）および式（8.55）をまとめると，衝突頻度は

$$\text{衝突頻度} \propto \sqrt{\frac{T}{\mu}} [A][B] \tag{8.56}$$

で表される．

衝突理論では，衝突したすべての分子が反応に関与するのではなく，活性化エネルギー E_a 以上のエネルギーをもった分子のみが反応すると考える．活性化エネルギー以上のエネルギーをもつ分子の割合 f は，分子がある特定のエネルギーをもつ確率（ボルツマン分布）から，きわめて一般的な考察により計算することができる．その結果は

$$f = e^{-E_a/RT}$$

で表される．

この段階でいえることは，反応速度は衝突頻度と f の積に比例することである．すなわち，式で表すと

$$\text{反応速度} \propto \sqrt{\frac{T}{\mu}} [A][B] \, e^{-E_a/RT} \tag{8.57}$$

AとBの2分子反応において，多くの場合，反応速度は2次反応速度式で表すことができるので，式（8.57）と2次反応速度式

$$\text{反応速度} = k[A][B]$$

を比較すると，速度定数 k は

$$k \propto \sqrt{\frac{T}{\mu}} \, e^{-E_a/RT} \tag{8.58}$$

で表されることがわかる．

たいていの反応において，おおまかな計算によれば，温度が10℃上昇するごとに，反応速度定数は約2倍になる．しかし，温度が20℃から30℃になった場合に，$\sqrt{T}$ の変化は約3.4％にすぎない．温度変化が速度定数に大きな影響を与えている主因は指数因子（$e^{-E_a/RT}$）である．すなわち，$\sqrt{\dfrac{T}{\mu}}$ を比例定数に組み込み，比例定数を X とおくと，式（8.58）は

$$k = X \cdot e^{-E_a/RT} \tag{8.59}$$

として表すことができる．X はアレニウス式（式8.53）の A とみなすことができ

るが，実験的に求めたAと一致しないことが多い．これは，2つの反応物が衝突するときに，反応を起こりやすくしたりあるいは反応速度を遅くしたりする立体的な効果が関与するからである．実際の速度定数と関連づけるために，立体配置の効果を加味しなければならない．そこで，確率因子あるいは立体因子と呼ばれるPで補正して

$$k = PX \cdot e^{-E_a/RT} \tag{8.60}$$

が与えられた．Pは1回の衝突が反応に有効に活かされる確率とみなすことができる．反応が起こるのに必要な2つの分子の相対的な立体配置が立体障害などで妨げられる場合には，反応の確率は減少することが知られている．Pは通常は1より小さいが，2つの反応物の分子間で特殊な相互作用が生じる場合には1より大きくなることがある．溶液中で3級アミン類をアルキルハライドでアルキル化して4級塩を生成する反応では，Pは小さい．これは，3級アミン上のアルキル基によって，窒素原子上の孤立電子対がハロゲン化アルキルへの接近を妨げて，反応物どうしの衝突を妨げているからであろう．例えば，ベンゼン中での臭化エチルとトリエチルアミンの反応は$P = 10^{-9}$である．

8.6.2　遷移状態理論

　反応速度を理論的に扱うのに，これまで述べてきた衝突理論のほかに，これから述べる**遷移状態理論**がある．遷移状態理論は絶対反応速度論とも呼ばれている．衝突理論は気体分子運動論に基づいているので，主に気相反応においてよいモデルとなっているが，溶液中の反応には適用できない場合がある．遷移状態理論は，気相反応だけでなく，溶液中で起こる反応にも適用できる洗練された反応速度の理論である．この理論では，反応物が互いに近づくとそのポテンシャルエネルギーは上昇し，あるところで極大に達する．この極大点では活性錯体が形成されと考える．活性錯体は遷移状態とも呼ばれる．活性錯体は，この状態から生成物ができることもあるし，壊れてもとの反応物に戻ることもあるような拮抗した状態にある．活性錯体は，普通の分子のように単離して調べることができる反応中間体とは異なる．活性錯体の概念は，まわりに存在する溶媒分子が関与した活性錯体も考えることができるので，気相反応だけではなく溶液中の反応にも適用できる．遷移状態理論では，

反応物が活性錯体をつくり，それが崩壊して生成物になっていく速さにより，反応速度が決まるというものである．

反応物 A と B から活性錯体 $X^{\neq}$ を経て生成物 P ができる反応について考えてみよう．活性錯体は $X^{\neq}$ のように，記号 $\neq$ をつけて表す．A，B，$X^{\neq}$ の間に平衡があり，平衡定数を $K^{\neq}$ とする．すなわち，

$$A + B \longrightarrow X^{\neq} \longrightarrow P$$

$$K^{\neq} = \frac{[X^{\neq}]}{[A][B]} \quad [X^{\neq}] = K^{\neq}[A][B]$$

とする．統計力学によると，活性錯体 $X^{\neq}$ が分解して生成物 P を生ずる頻度は，活性錯体が生成物に変換される方向の振動数で表され，その値は $\kappa k_B T/h$ である．ここで，k_B はボルツマン定数，h はプランク定数，κ は透過率である．κ は簡単な反応では 1 である．したがって，反応速度は

$$-\frac{d[A]}{dt} = k[A][B] = \frac{k_B T}{h} K^{\neq}[A][B]$$

で示される．すなわち，速度定数 k は

$$k = \frac{k_B T}{h} \cdot K^{\neq} \tag{8.61}$$

で表される．平衡定数 $K^{\neq}$ は，熱力学的パラメータを用いた関数として表すことができる（第 5 章参照）．すなわち，反応物と活性錯体の平衡定数 K と，標準ギブズエネルギー変化 $\Delta G^{\circ \neq}$ との関係は

$$\Delta G^{\circ \neq} = -RT \ln K^{\neq}$$
$$K^{\neq} = e^{-\Delta G^{\circ \neq}/RT} \tag{8.62}$$

で表すことができる．

標準ギブズエネルギー変化 $\Delta G^{\circ \neq}$ は，一定圧力で，反応物が活性錯体に移行するときのエネルギーの差を活性化エンタルピー $\Delta H^{\circ \neq}$，反応物から活性錯体に移行するときのエントロピー差を活性化エントロピー $\Delta S^{\circ \neq}$ とすると，$\Delta G = \Delta H - T\Delta S$ の関係を用いて

$$\Delta G^{\circ \neq} = \Delta H^{\circ \neq} - T \Delta S^{\circ \neq}$$

で表すことができるので，$K^{\neq}$ は

$$K^{\neq} = e^{-(\Delta H^{\circ \neq} - T\Delta S^{\circ \neq})/RT}$$

$$K^{\ddagger} = e^{-\Delta H^{\circ\ddagger}/RT} \cdot e^{\Delta S^{\circ\ddagger}/R}$$

で表される．式（8.61）に代入すると，速度定数 k は

$$k = \frac{k_B T}{h} \cdot e^{-\Delta H^{\circ\ddagger}/RT} \cdot e^{\Delta S^{\circ\ddagger}/R} \tag{8.63}$$

で表される．式（8.62）とアレニウス式（8.53）を比較すると次の関係式が得られる．

$$A = PX \cong \frac{k_B T}{h} e^{\Delta S^{\circ\ddagger}/R} \tag{8.64}$$

衝突理論において P の値が小さい反応は，絶対反応速度論ではその反応の $e^{\Delta S^{\circ\ddagger}/R}$ の値は小さいことになり，それゆえ活性化エントロピー変化 $\Delta S^{\circ\ddagger}/R$ は負の値になる．そのような反応の遷移状態は，反応分子よりもはるかに秩序正しい形をとっている．

8.7 光化学反応

光化学反応 photochemical reaction は，分子が光のエネルギーを吸収することによって開始される反応である．光のエネルギーは分子内の同じエネルギー量の状態変化と共鳴してエネルギーの授受を行う．アボガドロ数をLとすると，1モルの反応物がL個の光量子を吸収することによって得られるエネルギーを1アインシュタイン Einstein という．振動数 ν の1個の光量子がもつエネルギーは $h\nu$（h はプランクの定数，6.6262×10^{-34} J·s）であるので，光の波長を λ とすると，1アインシュタインは Lh (c/λ) = $11.93 \times 10^4/\lambda$ (kJ mol^{-1}) である．可視・紫外領域の光のエネルギーは分子の電子状態間のエネルギー変化に相当する．例えば，波長 200 nm の光の1アインシュタインは 600 kJ mol^{-1} となる．この値は，通常の反応における活性化エネルギーおよび結合エネルギーに相当する．光を吸収した反応分子の電子は反結合性と呼ばれるエネルギー的に高い軌道に押し上げられることにより，反応の最初の活性化エネルギーを得，励起状態になる．光化学反応の特徴は，光のエネルギーが分子の励起状態をつくることである．励起状態の分子は種々の過程でそのエネルギーを消費する．それらの過程の1つに分解反応がある．光化学反応で

は熱による化学反応とは異なった特性を示す場合がある．光化学は分子の電子状態の研究と密接な関連性がある．光量子を吸収したすべての分子が必ずしも化学反応を起こすとは限らない．実際に化学変化を起こしている分子の数と吸収された光量子の数の比を**量子収量** quantum yield（量子収率，Φ）といい，次のように定義される．

$$\Phi = \frac{ある時間内に反応している分子数}{ある時間内に吸収される量子数}$$

量子収量は，光化学反応過程の最初の段階では1である．したがって，1段階のみからなる光化学反応の量子収量は1である．しかし，多くの光化学反応では量子収量は1にならない．量子収量の値は反応の種類と条件，光の波長などによって異なる場合が多く，その値から反応機構を推論できることもある．量子収量が低い光反応では，よく光増感剤 photosensitizer と呼ばれる一種の触媒と作用する物質が用いられる．例えば，シュウ酸水溶液に 265 m の光を照射すると次の反応が起こる．

$$H_2C_2O_4 + h\nu = CO_2 + CO + H_2O$$

この反応の量子収量は 0.01 である．すなわち，光を吸収したシュウ酸分子100個のうち，分解するのは1個だけである．ここに，ウラニルイオン（UO_2^{2+}）が存在すると量子収量は1になる．光増感剤の分子が1個の光量子を吸収し，活性化された状態になる．この活性化された分子は何らの化学変化も起こさないが，反応物の分子にエネルギーを渡し，このことによって反応物の分子は活性化されて反応する．光増感剤として用いられる代表的な有機化合物に，アセトフェノン，ベンゾフェノン，フルオレン，エオシンなどがある．植物の葉に存在する葉緑素（クロロフィル）は最もよく知られている光増感剤である．クロロフィルは可視光線を吸収すると電子エネルギーが増大する．獲得した電子エネルギーは他の分子に移行し，一連の複雑な生物学的反応経路が開始される．これらの反応の結果，光合成として知られている二酸化炭素と水から炭水化物と酸素が生成する反応が起こる．

最もよく知られている光化学反応の例として，オレフィン類の光照射による *cis-trans* 異性化反応がある．スチルベンの光異性化についてみると，波長が280～300 m の光を照射すると励起三重項中間体を経て *cis-trans* 相互に変換するのであるが，*trans* 体90％を含む *cis-trans* 平衡混合物が得られる．これは，*cis*-スチルベン→*trans*-スチルベンの活性化エネルギーが *trans*-スチルベン→*cis*-スチルベンの

活性化エネルギーよりも低いことを示している.

$$\underset{C_6H_5}{\overset{H}{>}}C=C\underset{H}{\overset{C_6H_5}{<}} \underset{}{\overset{h\nu}{\rightleftarrows}} \underset{H}{\overset{C_6H_5}{>}}C=C\underset{H}{\overset{C_6H_5}{<}}$$

同様の現象はマレイン酸-フマル酸の *cis-trans* 異性化反応にもみられる. 波長 207 m の光を用いると, マレイン酸からフマル酸への変換の量子収量は 0.03, 逆過程のそれは 0.11 である. マレイン酸からフマル酸への異性化反応の量子収率のほうが小さいことは, 逆反応が正反応よりも優先していることを意味する. オレフィン類やケトンの光化学反応は特によく研究されている. 高等生物の皮膚で光反応によりビタミン D_3 が合成される反応や, 色覚に関係するレチナールの *cis-trans* 異性化反応がある.

8.8 連鎖反応

水素と塩素の混合気体に光照射すると塩化水素が生成する反応は, 最初に Cl_2 の**光反応**によって分解し, $Cl \cdot$ が発生する. これが発端となって次の2種の素反応が起こる.

(i)　$Cl_2 + h\nu = 2Cl\cdot$
(ii)　$Cl\cdot + H_2 = HCl + H\cdot$
(iii)　$H\cdot + Cl_2 = HCl + Cl\cdot$
(iv)　$Cl\cdot + Cl\cdot + M = Cl_2 + M$

(iii) で生じた $Cl \cdot$ が再び (ii) の反応に入り, 同じ過程が繰り返される. この繰り返しは H や $Cl \cdot$ の同種間および異種間の再結合反応で活性種が消失するまで続く. このように, 1つの素反応あるいは連続して起こる数種の素反応によって生成する化学種が, 初期の反応の活性な反応体の1つとして再び用いられると, 同じ反応が多数循環的に繰り返される. この繰返し反応を主体とし, その前と後ろの活性種の創生と消失を加えた一連の反応を連鎖反応という.

光や熱で初めに活性種ができる反応を連鎖開始（上の例では (i) の反応），繰り返し過程を連鎖伝播反応（(ii)，(iii) の過程），活性種の消失過程を停止という．連鎖停止は反応容器によるCl·の吸着，気相中での衝突，あるいは過剰なエネルギーを取り除くのに必要な第三の物質の添加による．HやCl·のように成長過程で繰り返し再生して反応する活性種を**連鎖担体** chain carrier という．また，開始時の活性種1個当たり繰り返される成長反応の回数を連鎖長と呼び，この場合，$10^3 \sim 10^5$ に達する．量子収量は反応 (ii) と (iii) が繰り返される回数によって決定される．連鎖反応は特に高分子のラジカル重合反応で重要である．

我々の身近にある連鎖反応の例として，リノール酸やリノレン酸などの不飽和脂肪酸の酸化がある．この反応は過酸化物や**フリーラジカル**を含む連鎖反応である．この現象は自動酸化反応として知られており，連鎖停止には，フリーラジカルと容易に反応する 2-*tert*-ブチル-4-メトキシフェノール，3-*tert*-ブチル-4-メトキシフェノール，3,4,5-トリヒドロキシ安息香酸のような**抗酸化剤** antioxidant が用いられる．油脂の硬化，染料の退色，高分子化合物の劣化などもラジカル機構で進行する自動酸化反応による．

8.9 反応速度と溶媒効果

通常，液相反応では反応する分子は溶媒分子と相互作用する．そのために，反応速度は溶媒の極性に大きく影響される．反応分子がイオンの場合や中間体としてイオンが生じる場合には，特にその影響が大きい．**溶媒効果**は反応機構によって異なり，求核置換反応を例にあげると S_N1 反応と S_N2 反応とで異なる結果を示す．化学反応の反応速度は，反応物と遷移状態の間のエネルギー差に相当する $\Delta G^{\neq}$ によって決まる．

S_N1 反応の律速段階は反応物の自発的な解離によるカルボカチオンの生成段階で，求核試薬のカルボカチオンへの攻撃段階は速い．したがって，S_N1 反応の反応速度は親電子試薬の濃度だけに依存し，求核試薬の濃度には無関係である．遷移状態を安定化させるか，あるいは反応物質のエネルギー準位を上げるか，いずれかの要因

によってS_N1反応の$\Delta G^{\ddagger}$は低下し，反応速度は大になる．すなわち，S_N1反応の反応速度は，カルボカチオン中間体が安定であればあるほど反応速度は大になる．炭化水素系の無極性溶媒はカルボカチオン中間体と溶媒和する能力が劣っているが，極性溶媒は溶媒和する能力が大きいため，極性溶媒中ではS_N1反応の反応速度定数が大きくなる．これに対して，S_N2反応の反応速度は親電子試薬と求核試薬の濃度の積に比例し，その遷移状態では，電荷は攻撃する求核試薬と脱離基の両方に分布している．S_N2反応の遷移状態が安定であれば，それだけ反応も速くなる．S_N2反応の速度定数は電荷を分離しやすくする因子によって大きくなる．逆に，反応物を安定化する要因は，$\Delta G^{\ddagger}$を増大させ反応速度を低下させる．プロトン性の極性溶媒は負に荷電した求核試薬と水素結合を結ぶことができる．すなわち，溶媒和が求核試薬を強く安定化し，プロトン性の極性溶媒は求核試薬の反応性を減少させるためにS_N2反応の反応速度定数を小さくする．無極性の溶媒が，S_N2反応の溶媒として優れているのはこの理由による．一方，極性非プロトン性溶媒は，遷移状態のエネルギー準位で求核試薬の基底状態のエネルギー準位を押し上げるために$\Delta G^{\ddagger}$が低下し，これによって反応速度定数が大きくなる．

　反応速度は，溶媒の誘電率によっても影響を受ける．特に，中間体としてイオンが生じる場合，反応速度は溶媒の極性に大きく影響を受ける．イオンのまわりの溶媒分子はイオンから強い静電力を受け溶媒和が強くなり，溶質分子の運動の自由度が少なく，エントロピーが小さくなるからである．イオン間の反応では，水溶液のイオン強度によっても影響を受ける．2つのイオンが同符号の場合，イオン強度が大きいほど反応速度は大きくなるが，異符号の場合には逆に反応速度は小さくなる．

8.10　触　媒

　反応の化学平衡の状態には影響しないが，活性化エネルギーを低下させ，ポテンシャル障壁の高さを減少させる物質を触媒という．一般に，反応の前後で触媒となる物質の量は変わらない．大きな活性化エネルギーの反応であっても，触媒があると活性化エネルギーが低くなり，反応する分子の数が増加する．活性化エネルギー

を高くする働きをして反応速度を小さくする物質を負触媒という．負触媒は安定剤として使われる．

8.10.1 均一触媒と不均一触媒

反応物と触媒が同じ相にある触媒反応は，均一系で作用するので均一触媒 homogeneous catalyst という．気相中での均一触媒反応は，フリーラジカルを生成する物質によりしばしば触媒される．一方，反応物と触媒の2つの相が接触している面で起こる触媒反応は，不均一系で作用するので不均一触媒 heterogeneous catalyst と呼ばれる．図8.10に非触媒反応（破線）と触媒反応（実線）のポテンシャル曲線を示す．

触媒反応は，律速段階の活性化過程のギブズ自由エネルギーを減少させることにあり，非触媒の場合とは異なる別の機構で反応が進行する．図8.10に示すように，反応物と触媒の間でエネルギーの低い新しい活性錯体が形成される．生成物も触媒と錯体を形成するが，生成物と触媒の結合力は弱いので触媒は生成物から離れる．反応分子が特異的に吸着される触媒の部分を活性中心という．反応物が活性中心に特異的に吸着されると特定の化学結合を弱められ，その結果，分子の特定の結合の

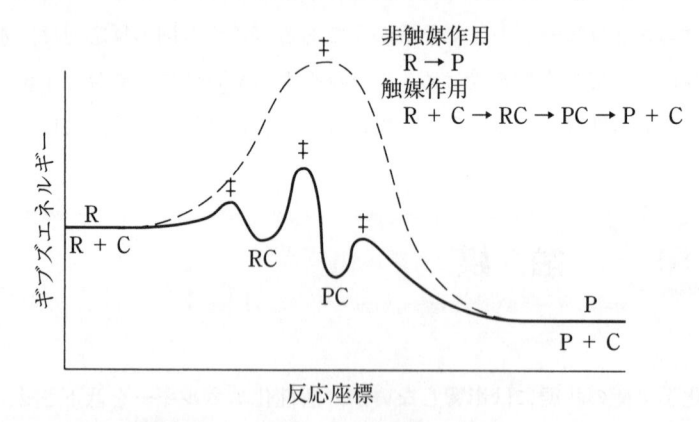

図8.10 非触媒反応（波線）と触媒反応（実線）のポテンシャルエネルギー

R＝反応物，P＝生成物，C＝触媒，‡＝遷移状態，RC＝反応物－触媒錯体，PC＝生成物－触媒錯体，RCとPCは中間体化合物

切断が促進される．生体内に存在するいろいろな酵素は，生体反応の触媒としてある特定の反応にのみ働いている．

不均一触媒反応は，気相や液相で反応が固体触媒の表面で起こる反応である．その第一段階は，反応物の触媒表面への吸着である．反応物の触媒表面に吸着される反応物の量は触媒の比表面積に比例する．したがって，触媒活性を高めるには不均一触媒を微細にして比表面積を大きくするとよい．不均一触媒反応は，活性中心が望む反応物とは異なる別の物質に強く吸着されると阻害される．このような触媒の働きを阻止する物質を触媒毒という．シアン化物，ヒ素化合物，水銀化合物，硫黄，硫化水素などがその例である．

接触還元（水素添加）には，触媒として水素を吸着するNi，Pd，Ptなどの遷移金属が用いられる．これらの遷移金属は，不飽和化合物のC＝Cおよび水素をそれぞれ吸着して，（C＝C）-触媒と（H_2）-触媒の錯体を形成する．次に，水素が添加されて（CH–CH）-触媒を形成する．飽和炭化水素の触媒への吸着力は弱いので触媒表面から脱着し，活性中心は再生される．鉄触媒は，水素と窒素からアンモニアを工業的に合成するハーバー法でよく知られている触媒である．

8.10.2　酸塩基触媒反応

溶液中の均一触媒反応の中で重要なものに**酸塩基触媒反応**がある．反応物にH^+が供与されると反応が促進され，反応後にH^+は生成物から放出され再び反応物に供与される．この型の触媒反応の本質は，触媒，反応物および生成物分子間で起こる可逆的な酸塩基反応である．近年，酸で触媒される反応の多くは塩基によっても触媒されることがわかった．エステルの加水分解，ケトンのエノール化などはその例である．反応速度は酸性領域では溶液中の水素イオン濃度に，アルカリ側では水酸化物イオンの濃度にほぼ比例する．

塩基触媒反応には，カルボニル結合に求核攻撃をして起こるものが多い．アルドール縮合，活性メチレンに対する親電子試薬の反応も塩基で触媒される．ベンズアルデヒドのベンゾイン縮合において，シアン化物イオンが特別な塩基触媒として作用している．

一般に，酸や塩基で触媒される反応の反応速度は反応物の濃度を［Y］とすると

$$v = k_N[Y] + k_H[H^+][Y] + k_{OH}[OH^-][Y] \tag{8.65}$$

で表される.この速度式は反応物 Y に関するみかけの 1 次反応であって,酸塩基触媒反応における反応速度定数 k は

$$k = k_N + k_H[H^+] + k_{OH}[OH^-]$$

$$k = k_N + k_H[H^+] + \frac{k_{OH} \cdot K_W}{[H^+]}$$

で表される.K_W は水のイオン積,k_N は無触媒のときの速度定数である.k_H,k_{OH} は反応速度への酸触媒あるいは塩基触媒の寄与を表現する係数で,それぞれ**酸触媒定数**,**塩基触媒定数**と呼ばれる.これらの定数は反応温度が一定ならば,pH が変わっても変わることはない.

酸触媒によってのみ触媒される反応の速度定数は,$k = k_H[H^+]$ で表される.両辺の常用対数をとると

$$\log k = \log k_H + \log[H^+] = \log k_H - \mathrm{pH} \tag{8.66}$$

となる.すなわち,pH に対して速度定数の対数をプロットすると,勾配が -1 の直線が得られる.pH が 1 減少すると $\log k$ が 1 増加するので,反応速度は 10 倍大きくなることになる.

一方,塩基によってのみで触媒される反応では,速度定数 k は

$$k = k_{OH}[OH^-]$$

で表される.両辺の対数をとって変形すると

$$\log k = \log k_{OH} + \log[OH^-] \tag{8.67}$$

となる.水のイオン積 $K_w = [H^+][OH^-]$ を用いて変形すると

$$\log k = \log k_{OH} + \log K_W + \mathrm{pH} \tag{8.68}$$

pH に対して速度定数の対数をプロットすると,勾配が $+1$ の直線が得られる.溶液の pH が 1 だけ大きくなると反応速度は 10 倍大きくなる.

酸によっても塩基によっても触媒される反応の速度定数は

$$k = k_H[H^+] + k_{OH}[OH^-]$$

で表される.この反応の反応速度が最も小さくなるときは,$k_H[H^+]$ と $k_{OH}[OH^-]$ が等しくなるときである.そのときの溶液の pH は式(8.69)から求められる.

$$K_H[H^+] = \frac{k_{OH} 10^{-14}}{[H^+]}$$

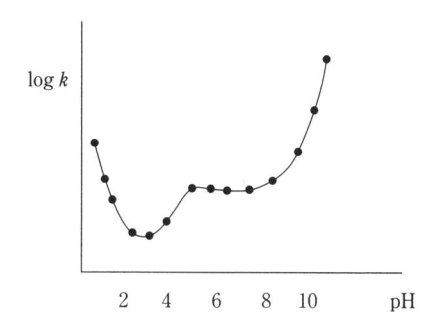

図 8.11 アセチルサリチル酸の加水分解反応の pH 依存性

$$k_\mathrm{H}[\mathrm{H}^+]^2 = k_\mathrm{OH} 10^{-14}$$

$$\mathrm{pH} = 7 + \frac{1}{2} \log \frac{k_\mathrm{H}}{k_\mathrm{OH}} \tag{8.69}$$

pH と log k との関係をグラフに表したものを，酸塩基触媒反応の pH プロファイルまたは反応速度-pH プロファイルという．アスピリン（アセチルサリチル酸）の pH プロファイルは複雑なグラフを与える．図 8.11 にその pH プロファイルを示す．

酸塩基触媒反応では特定の酸（例えば，H^+ や $\mathrm{H_3O}^+$）や塩基（例えば，OH^-）のみが触媒作用をする場合を**特殊酸塩基触媒**反応と呼び，反応系中にあるすべての酸，塩基が触媒する反応を**一般酸塩基触媒反応**と呼ぶ．一般酸塩基触媒反応と特殊酸塩基触媒反応を区別するには，反応を緩衝液中で適当な塩を加えて行うとよい．溶液の pH を一定にしながら，緩衝液中の酸と塩の比率を一定に保って緩衝液の濃度を変えて反応速度を測定する．もし，緩衝液の濃度の変化に伴って反応速度が変化すれば一般酸塩基触媒反応であり，緩衝液中の酸の濃度によっては変化しないが，$[\mathrm{H}^+]$ によってのみ変化する場合は特殊酸塩基触媒反応である．

8.11 吸着等温式

ある均一な溶液または気体の中に多孔質の固体があるとき，その固体の表面での濃度が相の内部の濃度よりも高くなっている現象を**吸着** adsorption という．吸着

する固体を吸着媒あるいは吸着剤 adsorbent といい，吸着されている物質を吸着質 adsorbate という．吸着量は，一般に吸着媒の質量（g）に対する吸着質の物質量（mol）で表される．このときの吸着量は一定温度では濃度の関数である．

一定温度において，固体の表面に吸着されている吸着質の物質量と均一な相に存在する吸着質の物質量との間に平衡状態が成立しているとき，すなわち吸着平衡にあるとき，吸着量と濃度との関係は吸着等温式 adsorption isotherm で表される．ここでは，不均一触媒や吸着媒の研究によく使われている2つの吸着等温式について述べる．

第一は，フロイントリッヒ Freundlich によって経験的に見いだされた**フロイントリッヒの吸着等温式**（8.70）である．フロイントリッヒは，溶液からの吸着において，吸着媒の質量を m（g）とし，m（g）に吸着されている吸着質の物質量を x（mol），そのときの溶液の濃度を c とすると，これらの間には次式（8.70）が成立することを経験的に見いだした．

$$\frac{x}{m} = kc^{1/n} \tag{8.70}$$

この式は両辺の対数をとると

$$\log \frac{x}{m} = \log k + \frac{1}{n} \log c \tag{8.71}$$

が得られる．ここで k と n は溶質と吸着媒によって決まる定数である．n は通常1よりも大きい．

もう1つは，理論的に誘導された**ラングミュア Langmuir の吸着等温式**である．いま，吸着媒の表面積全体を1，すでに吸着質が吸着されている表面積を σ とすると，さらに吸着に利用できる面積は（$1-\sigma$）である．吸着質が吸着される速度は，均一な溶液において，吸着平衡時の溶液の濃度 c と吸着に利用できる面積に比例する．比例定数を k_1 とすると

$$\text{吸着速度} = k_1 c(1-\sigma)$$

吸着媒に吸着されている分子は，表面から脱着して溶液に戻ろうとする．脱着の速度は吸着質が吸着されている表面積に比例する．比例定数を k_2 とすると

$$\text{脱着速度} = k_2 \sigma$$

やがて，吸着速度と脱着速度が等しくなり吸着平衡に達すると

$$k_1 c (1 - \sigma) = k_2 \sigma \tag{8.72}$$

が成立する．k_1/k_2 を平衡定数 k として整理すると

$$\sigma = \frac{kc}{1 + kc} \tag{8.73}$$

が導かれる．σ はフロイントリッヒの吸着等温式における x/m に比例するとみなして，次のラングミュアの吸着等温式が誘導される．

$$\frac{x}{m} = \frac{k' kc}{1 + kc} \tag{8.74}$$

フロイントリッヒの吸着等温式では x/m が $c^{1/n}$ に比例する．これに対して，ラングミュアの吸着等温式では，低濃度において $(1 + kc) \cong 1$ とみなすことができるので，x/m は c に比例する．一方，高濃度では $(1 + kc) \cong kc$ とみなすことができるので，x/m は c に無関係である．

これら2つの吸着等温式は，溶液の濃度を気体の圧力に置き換えると，気相からの吸着にも適用することができる．

8.12 酵素反応

生体では一見静止しているようにみえても，実は合成と分解が絶え間なく行われており，生体系で起こっている1つ1つの複雑な化学反応はすべて巧みに酵素によって調整されている．酵素は生体内反応の触媒であり，その本体はコロイド状高分子のタンパク質である．酵素が選択的に作用する物質を**基質** substrate という．酵素にはいくつかの特色がある．その1つは，一般の化学反応に利用されている触媒とは異なり，基質に対する選択性が高い．例えば，インベルターゼはショ糖の加水分解だけを行い，麦芽糖には作用しない．第二に，酵素の活性部位に解離基をもつアミノ酸残基が含まれる場合には，活性が解離状態で左右されるため，それぞれの酵素に最も高い活性を示す pH（至適 pH）が存在する．第三に，酵素には**最適温度**が存在する．酵素活性は温度が高くなるほど上昇するが，高温になりすぎるとタンパク質が変性し活性部位を構成しているアミノ酸残基も壊れるので，酵素は失活

する.

　酵素は,反応物が酵素分子の活性中心に吸着することによって酵素反応が進行するので不均一触媒の性質をもっているが,水に溶解して高分子溶液となるので均一触媒と共通する性質ももっている.

8.12.1　吸着等温式による説明

　図 8.12 は酵素反応速度と基質濃度 [S] および酵素濃度 [E] の関係を示した図である.酵素濃度を一定にして,基質の初濃度を変化させて反応速度を観察すると,初めのうちは反応速度が基質濃度に比例して上昇するが,この上昇率はしだいに小さくなり,やがて一定の値に近づく.これは,酵素表面が基質で飽和されるためである.一方,基質の濃度を一定にした場合には,反応速度は酵素濃度に単純に比例する.これらの現象は,活性部位への反応物の吸着がラングミュアの吸着等温式に従うと仮定すると,次のように説明される.

　基質分子で覆われた酵素の表面積を σ とすると,σ は式 (8.73) から

$$\sigma = \frac{k[\mathrm{S}]}{1 + k[\mathrm{S}]} \tag{8.75}$$

となる.ここで k は比例定数,[S] は基質の濃度である.したがって,[E] を酵素の濃度とすると,基質分子によって覆われた酵素の全表面積 A は

$$A = k' \sigma [\mathrm{E}] \tag{8.76}$$

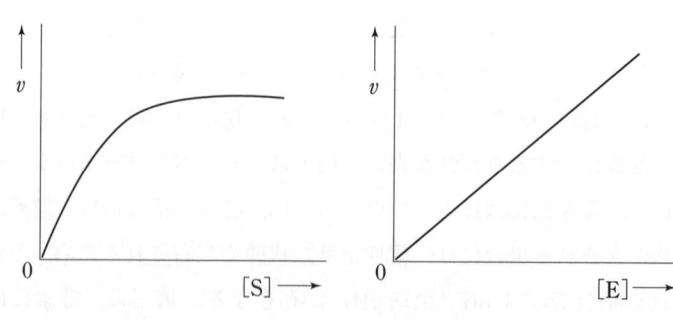

(a) 基質濃度を変化させたとき　　(b) 酵素濃度を変化させたとき

図 8.12　酵素反応速度の変化

で与えられる．k'は比例定数である．式 (8.76) に式 (8.75) を代入すると，A は

$$A = \frac{k'k[S][E]}{1 + k[S]} \tag{8.77}$$

となる．単位時間当たりに反応する分子の数は，酵素に吸着された分子の数，すなわち覆われた全面積に比例する．いい換えると，反応速度vはAに比例するので

$$v = \frac{k'k[S][E]}{1 + k[S]} = \frac{k'[E]}{1 + 1/k[S]} \tag{8.78}$$

[E] を一定に保つとき，基質濃度が$k[S]$は1に比較して小さいので$1 + k[S] \cong 1$とみなすことができ，反応速度は

$$v \cong k'k[S][E]$$

である．この場合，反応速度は基質濃度に比例して大きくなるが，やがて一定の値になる．一方，基質濃度が高いとき，$1 + k[S] \cong k[S]$とみなすことができ，反応速度は [E] に比例する．

$$v \cong k'[E]$$

一方，[S] を一定に保つとき，反応速度は図 8.12 から明らかなように [E] に比例する．

8.12.2 酵素反応のミカエリス・メンテン機構

酵素反応の別の理論的な取り扱いは，ミカエリスとメンテンによって明らかにされた．酵素反応は，基質 S の酵素 E への吸着，酵素-基質錯体 ES の生成，ES の生成物 P と酵素への分解，の3つの過程からなると考えられている．酵素と基質から錯体が生成する速度定数をk_1，錯体から酵素と基質に解離する速度定数をk_{-1}，錯体から生成物を生成する速度定数をk_2とすると

$$E + S \underset{k_{-1}}{\overset{k_1}{\rightleftarrows}} ES \overset{k_2}{\longrightarrow} P + E$$

酵素の初濃度を$[E]_0$，t時間後の錯体の濃度を [ES] とすると，さらに反応できる遊離の酵素濃度 [E] は（$[E] = [E]_0 - [ES]$）である．錯体の生成速度は，遊離の酵素濃度と基質濃度に比例するので

$$\frac{d[\mathrm{ES}]}{dt} = k_1([\mathrm{E}]_0 - [\mathrm{ES}])[\mathrm{S}] \tag{8.79}$$

錯体が基質と酵素へ分解する速度は

$$-\frac{d[\mathrm{ES}]}{dt} = k_{-1}[\mathrm{ES}] \tag{8.80}$$

また,錯体の濃度は生成物を生成することにより次式で示される速度で減少する.

$$-\frac{d[\mathrm{ES}]}{dt} = k_2[\mathrm{ES}] \tag{8.81}$$

ここで,酵素反応が起こっている間は錯体の濃度は一定な定常状態と考えると,錯体の正味の生成速度はゼロとみなすことができる.すなわち,錯体が形成される速度と同じ速度で,錯体は分解されるとみなせるので次式が成立する.

$$k_1([\mathrm{E}]_0 - [\mathrm{ES}])[\mathrm{S}] = k_{-1}[\mathrm{ES}] + k_2[\mathrm{ES}] \tag{8.82}$$

両辺を $[\mathrm{ES}]$ で割って式を変形すると

$$\frac{([\mathrm{E}]_0 - [\mathrm{ES}])[\mathrm{S}]}{[\mathrm{ES}]} = \frac{k_{-1} + k_2}{k_1} = K_\mathrm{m} \tag{8.83}$$

が得られる.ここで,K_m は基質-酵素系の**ミカエリス定数** Michaelis constant と呼ばれる.$k_{-1} \gg k_2$ のとき,K_m は可逆反応 $\mathrm{ES} \rightleftarrows \mathrm{E} + \mathrm{S}$ の平衡定数に相当する.すなわち,ミカエリス定数は錯体の解離尺度であり,その逆数は酵素の基質に対する親和力を示す.ミカエリス定数は濃度の次元で表される.

式 (8.83) の両辺に $[\mathrm{ES}]$ を掛け,整理すると

$$[\mathrm{ES}] = \frac{[\mathrm{E}]_0[\mathrm{S}]}{K_\mathrm{m} + [\mathrm{S}]} = \frac{[\mathrm{E}]_0}{1 + K_\mathrm{m}/[\mathrm{S}]} \tag{8.84}$$

酵素反応の反応速度 v は生成物 P の生成速度に等しく,錯体の濃度に比例する.

$$v = k_2[\mathrm{ES}]$$

したがって,

$$v = \frac{k_2[\mathrm{E}]_0[\mathrm{S}]}{K_\mathrm{m} + [\mathrm{S}]} = \frac{k_2[\mathrm{E}]_0}{1 + \dfrac{K_\mathrm{m}}{[\mathrm{S}]}} \tag{8.85}$$

この式は**ミカエリス・メンテンの式** Michaelis-Menten equation と呼ばれる.基質が大過剰存在するとき,全酵素は錯体の形で存在する.すなわち,$[\mathrm{ES}] = [\mathrm{E}]_0$

8.12 酵素反応

である．このとき，酵素の反応速度は最大になる．最大の酵素反応速度を V_{max} とすると，

$$V_{max} = k_2[\mathrm{ES}] = k_2[\mathrm{E}]_0$$

となるので，ミカエリス・メンテンの式は次式のように変形できる．

$$v = \frac{V_{max}[\mathrm{S}]}{K_m + [\mathrm{S}]} = \frac{V_{max}}{1 + \dfrac{K_m}{[\mathrm{S}]}} \tag{8.86}$$

式 (8.86) の逆数をとり整理すると

$$\frac{1}{v} = \frac{1}{V_{max}} + \frac{K_m}{V_{max}} \cdot \frac{1}{[\mathrm{S}]} \tag{8.87}$$

となる．この式は**ラインウィーバー・バークの式**と呼ばれ，酵素反応速度の解析に利用される．

ミカエリス定数は，前にも述べたが，酵素・基質複合体の解離の傾向を表すパラメータである．いいかえれば，K_m は酵素と基質複合体の結合の強さの目安になるもので，酵素の基質特異性の評価に役立つ．ミカエリス定数を求めるには次の2つの方法が利用される．

第一の方法は，V_{max} の 1/2 に等しい酵素反応速度を与える基質濃度 [S] を求める方法である．式 (8.86) に $v = \dfrac{1}{2} V_{max}$ を代入すると，$K_m = [\mathrm{S}]$ となる．すなわち，種々の基質濃度で反応速度 v を測定し，[S] に対して v をプロットすると図

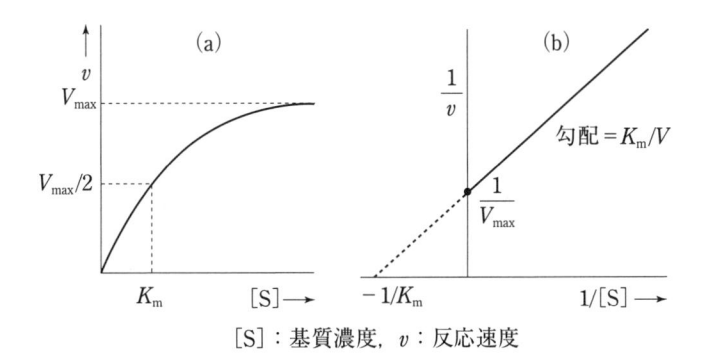

[S]：基質濃度，v：反応速度

図 8.13 酵素反応における基質濃度と反応速度の関係

8.13 に示される曲線が得られる．v が V_{max} の 1/2 になる [S] がミカエリス定数である．

第二の方法は，ラインウィーバー・バークの式から求める方法である．すなわち，種々の基質濃度で v を測定し，1/[S] に対して 1/v をプロットすると，勾配 K_m/V_{max} の直線が得られる（図 8.13）．このプロットはラインウィーバー・バークのプロットと呼ばれる．直線プロットを左側へ外挿すると，1/[S] 軸の切片は $-1/K_m$ になるのでミカエリス定数が求められる．この方法は，V_{max} の 1/2 になる基質濃度を求める第一の方法よりも正確なミカエリス定数を与える．

8.12.3　酵素反応の阻害

酵素と可逆的あるいは不可逆的に結合して，酵素-基質の錯体形成を妨げることにより酵素反応を阻害する物質を阻害剤 inhibitor という．阻害剤の作用は特異的である．酵素阻害剤は，抗生物質や制がん剤の研究開発や酵素の速度論の研究などに用いられている．アンギオテンシン変換酵素阻害剤の研究から多くの降圧剤が開発された酵素が阻害剤と可逆的に結合する場合を可逆阻害という．阻害剤が酵素の活性中心にある特定の官能基（例えばアミノ基や水酸基）に不可逆的に共有結合して酵素を不活性化する阻害剤を不可逆阻害剤という．不可逆阻害剤は，活性酵素の濃度を減少させ，それに伴い反応速度も低下する．

ここでは，可逆阻害剤が存在するときの反応速度について述べる．可逆阻害剤は拮抗阻害剤と非拮抗阻害に大別される．

1）拮抗阻害

拮抗阻害は，阻害剤が酵素の活性中心に基質と競合的に結合し不活性錯体が生成されることにより，酵素反応速度を遅くする阻害である．阻害剤を I，不活性錯体を EI と表記すると，**拮抗阻害**が起こるときの酵素反応は次のようになる．

$$\mathrm{E} + \mathrm{S} \underset{k_{-1}}{\overset{k_1}{\rightleftarrows}} \mathrm{ES} \overset{k_2}{\longrightarrow} \mathrm{P} + \mathrm{E}$$

$$\mathrm{E} + \mathrm{I} \underset{k_{-3}}{\overset{k_3}{\rightleftarrows}} \mathrm{EI} \tag{8.88}$$

8.12 酵素反応

式 (8.88) において，逆反応の平衡定数，すなわち，不活性錯体の解離定数，$K_i = \dfrac{[E][I]}{[EI]}$ を**阻害定数**という．

拮抗阻害において，基質とさらに反応できる酵素濃度 [E] は，[E] = ([E]$_0$ − [ES] − [EI]) で表される．すなわち，阻害定数 K_i は

$$K_i = \frac{[E]_0 - [ES] - [EI]}{[EI]} \tag{8.89}$$

となる．一方，式(8.82)を誘導したように定常状態の時を考えると，[ES] はミカエリス定数を含む次式で表すことができる．

$$[ES] = \frac{([E]_0 - [ES] - [EI])[S]}{K_m} \tag{8.90}$$

式 (8.89) と式 (8.90) をまとめて整理すると

$$[ES] = \frac{[E]_0 [S]}{[S] + K_m \left(\dfrac{[I]}{K_i} + 1 \right)} \tag{8.91}$$

が得られる．式 (8.91) および $V_{max} = k_2 [E]_0$ の関係から，拮抗阻害剤が存在するときのミカエリス・メンテンの酵素反応速度式 v は

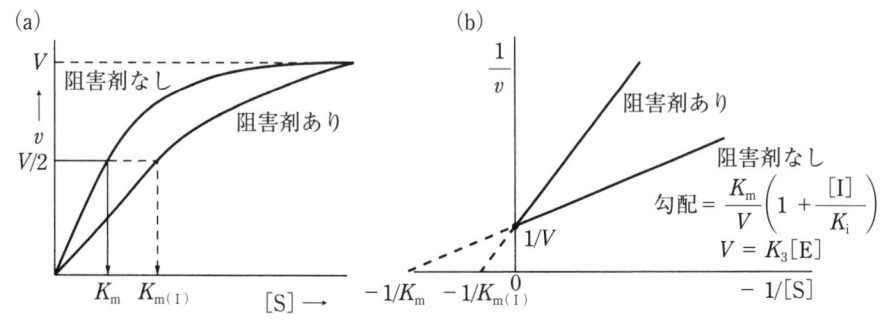

(a) 基質濃度に対する反応速度のプロット $K_{m(I)}$ は阻害剤があるときの K_m

(b) 競合阻害剤に対するラインウィーバー・バークのプロット

図 8.14 拮抗阻害剤があるときの基質濃度と反応速度の関係

で表される．拮抗阻害では見かけ上 K_m は $(1+[I]/K_i)$ 倍だけ大きくなる．しかし，阻害剤が存在しても V_{max} は変わらない．式 (8.92) の両辺の逆数を取ると

$$v = k_2[ES] = \frac{V_{max}[S]}{[S] + K_m\left(\frac{[I]}{K_i} + 1\right)} \tag{8.92}$$

$$\frac{1}{v} = \frac{1}{V_{max}} + \frac{K_m}{V_{max}}\left(\frac{[I]}{K_i} + 1\right) \cdot \frac{1}{[S]} \tag{8.93}$$

となり，ラインウィーバー・バークのプロットは，勾配が $\frac{K_m}{V_{max}}\left(\frac{[I]}{K_i} + 1\right)$ の直線が得られる．拮抗阻害に対するラインウィーバー・バークのプロットは，[I]が上昇するにつれて勾配が大きくなる．

2）非拮抗阻害

阻害剤が酵素の基質結合部位と異なる活性中心で結合することによって，酵素分子の形がゆがみ，酵素の活性を低下させる阻害剤を**非拮抗阻害剤** non-competitive inhibitor という．非拮抗阻害は，酵素が酵素-基質-阻害剤という三重複合体（ESI）をつくる点で拮抗阻害とは異なる．この型の阻害剤は，基質との構造的な類似性はない．非拮抗阻害が起こるときの酵素反応は次のように表される．

$$E + S \rightleftarrows ES \xrightarrow{k_2} P + E$$

$$E + I \rightleftarrows EI \tag{8.94}$$
$$ES + I \rightleftarrows ESI \tag{8.95}$$

非拮抗阻害において，基質とさらに反応できる酵素濃度 [E] は，[E] = ([E]$_0$ − [ES] − [EI] − [ESI]) で表される．錯体 EI と ESI で，I の結合部位は同じであるので，K_i は

$$K_i = \frac{([E]_0 - [ES] - [EI] - [ESI])}{[EI]} = \frac{[ES][I]}{[ESI]} \tag{8.96}$$

で表すことができる．

一方，式 (8.82) を誘導したように定常状態の時を考えると，[ES] はミカエリス定数を含む次式で表すことができる．

8.12 酵素反応

$$[ES] = \frac{([E]_0 - [ES] - [EI] - [ESI])[S]}{K_m} \quad (8.97)$$

拮抗阻害で誘導したように，式（8.96）および式（8.97）から酵素反応速度 v を導くと

$$v = \frac{V_{max}[S]}{([S] + K_m)\left(\dfrac{[I]}{K_i} + 1\right)} = \frac{V_{max}}{\left(1 + \dfrac{K_m}{[S]}\right)\left(\dfrac{[I]}{K_i} + 1\right)} \quad (8.98)$$

が得られる．非拮抗阻害剤が存在するときの基質濃度と反応速度の関係を図 8.15 に示す．基質濃度を大きくすると $K_m/[S]$ は 0 に近づくので，みかけの最大速度 v_{app} は

$$v_{app} = \frac{V_{max}}{\dfrac{[I]}{K_i} + 1}$$

となる．すなわち，拮抗阻害と異なり非拮抗阻害では [I] が増大するに従い，みかけの最大速度 v_{app} が小さくなる．式（8.98）の両辺の逆数をとると，非拮抗阻害のラインウィーバー・バークの式が得られる．

$$\frac{1}{v} = \frac{1}{V_{max}}\left(\frac{[I]}{K_i} + 1\right) + \frac{K_m}{V_{max}}\left(\frac{[I]}{K_i} + 1\right) \cdot \frac{1}{[S]} \quad (8.99)$$

ラインウィーバー・バークのプロットを図 8.15 に示す．

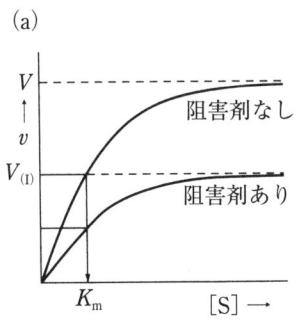

(a) 基質濃度に対する反応速度のプロット $V_{(I)}$ は阻害剤があるときの V

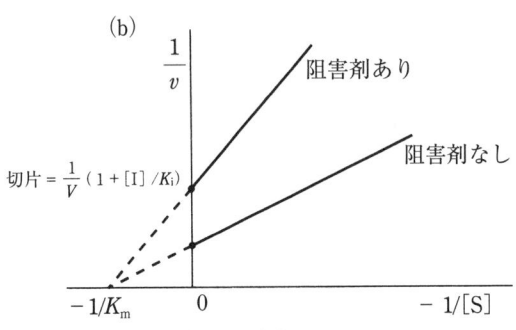

(b) 競合阻害剤に対するラインウィーバー・バークのプロット

図 8.15 非拮抗阻害剤があるときの基質濃度と反応速度の関係

8.13 拡 散

　温度が一定に保たれている状態で，仕切りのある容器のそれぞれの空間に異種の気体を入れ，仕切りをはずすと，いずれの気体の粒子も熱運動によって移動し，やがて一様な濃度分布の混合物になる．溶液中においても，溶媒分子および溶質分子は絶えず熱運動している．溶液に，他の溶液を加えたり濃度の異なる溶液を混合したりする場合においても，溶質の粒子が移動し濃度分布は一様になる．このように，異種の粒子の混合系が熱平衡状態に近づく際に起こる濃度分布の変化の過程を**拡散** diffusion という．これは，医薬品の溶解や吸収，分布を検討する上で重要な性質である．拡散は気体や液体ばかりでなく，固体においてもきわめて遅い速度であるが起こる．膜や粉体層を通じて起こる拡散を浸透という．拡散は気体では分圧の高い領域から低い領域へ，溶液では濃度の高い領域から低い領域へ拡散物質が均一な分布になるまで起こり，平衡状態に達する．

　図8.16に示したように，時間 $t = 0$ において無限に長い直方体の中央 $x = 0$ に溶

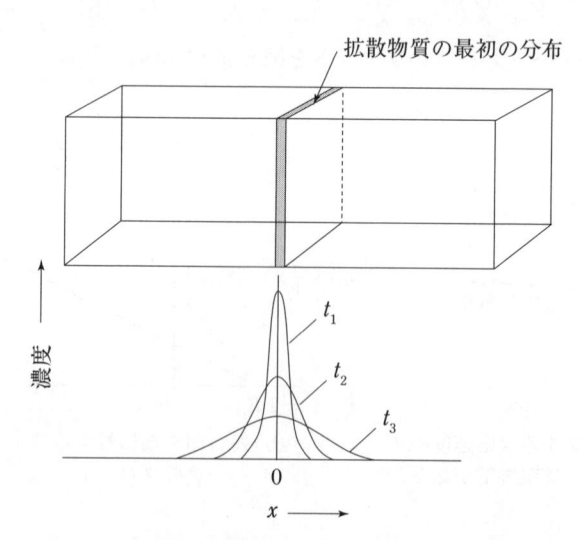

図 8.16　薄膜状の溶質の拡散，濃度分布の時間変化

質のみが存在する溶液について，この点から時間とともに溶質が直方体の左右に広がっていくことを考えよう．ただし，対流は起こっていないとする．溶質の濃度 c は距離 x と時間 t の関数で表され，中心からの距離が x における溶質の濃度 c は時間とともに増加する．単位時間内に単位面積当たりに通過する溶質の通過量を流速といい，x における流速 J は濃度勾配に比例することが知られている．すなわち，直方体の断面積を $A(\mathrm{m}^2)$，原点から x と $(x+dx)$ の距離における濃度を c および $(c+dc)$，dt 時間に移動した溶質の物質量を dn (mol) とすると，流速 J は次式で表される．

$$J = \frac{dn}{dt} \cdot \frac{1}{A} = -D \frac{dc}{dx} \tag{8.100}$$

この式は，拡散に関する**フィック Fick の第一法則**として知られている．D は拡散係数と呼ばれ，一定温度における溶質および溶媒によって決まる定数である．D の SI 単位は $\mathrm{m}^2 \cdot \mathrm{s}^{-1}$ である．

フィックの第一法則の式は，拡散の定常状態，すなわち濃度勾配が一定の場合に適用される．拡散が進むにつれて濃度勾配が時間とともに変化する場合には，ある時間における溶質濃度の時間的変化は次式で与えられる．

$$\frac{\partial c}{\partial t} = D \frac{\partial^2 c}{\partial x^2} \tag{8.101}$$

この式は**フィックの拡散の第二法則**として知られている．フィックの法則は拡散に関する基本的な法則で，高分子固体内における低分子の拡散にも当てはまる．

拡散係数は溶質分子が溶媒中を移動するときの摩擦係数 f に逆比例することがアインシュタインによって明らかとされているので次式が成立する．

$$D = \frac{RT}{N} \cdot \frac{1}{f} \tag{8.102}$$

ここで，N はアボガドロ数，R は気体定数，T は絶対温度である．さらにストークス Stokes によれば，溶質が球体であれば摩擦係数 f は溶質の半径 r と溶媒の粘度 η と次の関係がある．

$$f = 6\pi\eta r \tag{8.103}$$

したがって，式 (8.102) と式 (8.103) から次式が得られる．

$$D = \frac{RT}{6\pi \eta r N} \tag{8.104}$$

この式は，ストークス-アインシュタインの関係式と呼ばれる．この式から溶質分子の大きさが求められる．すなわち，溶媒と溶液を多孔板で隔てておき，一定時間後に通過した溶質量を測定すると，拡散係数が求まり，拡散係数から溶質分子の半径が計算できる．

8.14　固体の溶解速度

　薬物の中には錠剤や粉末などの固形製剤として投与されるものが多い．そのような固形製剤が薬効を発現するためには，体液中に溶解しなければならない．錠剤は崩壊して顆粒となり，さらに分散して微粒子となる．溶解は未崩壊の固体，顆粒，微粒子のいずれからも起こる．あまり溶解度が高くない物質が溶解するとき，固体と接した溶液（固体-液体界面）の濃度はその物質の飽和溶液の濃度に保たれる．固体の表面から離れたところでは，拡散によりその濃度は減少し，やがて溶液内部（バルク層）の濃度と等しくなる．固体の溶解速度（dc/dt）は，ある時点における溶液の濃度をcとすると，

$$\frac{dc}{dt} = k_1 S(c_s - c) \tag{8.105}$$

で表される．ここで，k_1は1次速度定数，Sは固体の表面積，c_sは固体-液体界面の濃度（溶解度），cはバルク層の濃度である．この式はノイエス・ホイットニー Noyes-Whitneyの式と呼ばれる．図8.17に示すように，固体-液面界面の飽和溶液の層と液体内部のバルク層との間に厚さhの拡散層があり，拡散層の濃度勾配は直線的であると仮定して，拡散がフィックの第一法則に従うとすると，溶解速度は次式で与えられる．

$$\frac{dc}{dt} = \frac{DS(c_s - c)}{Vh} \tag{8.106}$$

ここでVは溶液の体積，Dは拡散係数である．この式はノイエス・ホイットニー・

8.14 固体の溶解速度

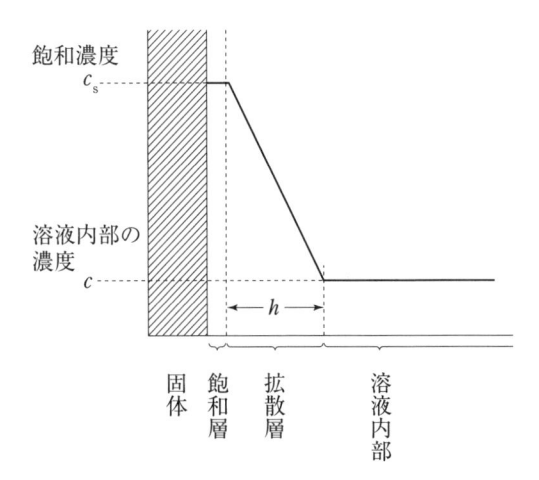

図 8.17 固体溶解の拡散層モデル

ネルンスト式と呼ばれる．固体の表面積が大きいほど，また，拡散係数が大きいほど溶解速度は大きくなる．また，拡散層の厚さ h が小さいほど，固体薬物の溶解速度は大きくなる．c_s に影響を与える因子として，温度，pH，固体-液体界面での表面張力などがある．固体薬物の溶解速度を調節する製剤化においては，これらの因子が考慮される．

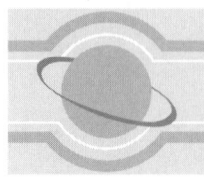

練習問題

1. 半減期が 100 日，1 次反応に従って分解する医薬品がある．この薬品の分解反応の速度定数を求めよ．
2. 次の並発反応において，素反応はいずれも 1 次反応に従うものとする．速度定数は k_1 が 5×10^{-4} h^{-1}，k_2 が 5×10^{-5} h^{-1} である．同じ温度で A の残存率が 90 % 以上を保つのは何日間か．

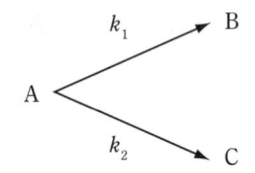

$$A \begin{array}{c} \xrightarrow{k_1} B \\ \xrightarrow{k_2} C \end{array}$$

3. ある薬物 1.3 g を含む懸濁剤 10 mL がある．この薬物は水溶液中では 1 次反応で分解し，その 1 次速度定数は 2×10^{-3} (hr^{-1}) である．ただし，この薬物の飽和溶解度は 0.33 % とし，その溶解速度は分解速度に比べて十分に大きい物とする．この薬物の含有量が 80 % 以上を保つのは何日か
4. ある薬物は 1 次反応で分解する．13 ℃において半減期は 1000 時間で，30 ℃では半減期は 100 時間であった．温度が 13 ℃から 30 ℃に上昇すると反応速度は何倍になるか．
5. 医薬品 A は 0 次反応で分解する．この医薬品の半減期は初濃度が 10 mg/mL のとき 120 分であった．初濃度を 5 mg/mL に変えたら半減期はどれくらいになるか．
6. Arrhenius 式に関する次の記述の正誤を問う．誤っているものは正しく記述せよ
    a) Arrhenius 式によると，絶対温度 T の逆数に対してその温度における反応速度定数 k をプロットすると直線が得られる．この直線の勾配から活性化エネルギーを求めることができる．
    b) 反応速度が Arrhenius 式に従うとき，反応速度定数は絶対温度に反比例し

て変化する.

c) Arrhenius 式は1次反応には当てはまるが，0次反応および2次反応には当てはまらない.

d) 2種類の医薬品 A および B の分解反応において，Arrhenius プロットの直線の勾配が大きい医薬品は，小さいものよりも常に安定である.

e) Arrhenius プロットが直線を示さないときには，実験した温度範囲内において複数の反応機構が存在する可能性がある.

f) Arrhenius プロットから反応熱を求めることができる.

7. A → P_1 の反応が0次反応に従い，A → P_2 の反応が1次反応に従って進行する. いずれも初濃度を等しくして反応を行った. 半減期はいずれも4時間であった. 反応開始2時間後では，どちらの反応のほうが A の残存量が多いか，また，反応開始後4時間ではどちらの反応のほうが A の残存量が多いか，説明しなさい.

8. 水酸イオンのみの触媒作用によって分解する医薬品がある. このものの 37 ℃，pH 12 における分解速度定数は 0.1 min^{-1} であった. このものの 37 ℃，pH 10 における分解速度定数（min^{-1}）を求めよ. ただし pK_w は 14 とする.

9. 水溶液中の1次反応において，反応速度定数が $k = k_H[H^+] + k_{OH}[OH^-]$ で表される薬物がある. この薬物が最も安定に保存できる pH はどれくらいか. ここで，$k_{OH} = 10^2 \, L \cdot mol^{-1} hr^{-1}$, $k_H = 10^3 \, L \cdot mol^{-1} hr^{-1}$ である.

Chapter 9

電解質と化学電池

到達目標

1) 代表的な化学電池の種類とその構成について説明できる.
2) 標準電極電位について説明できる.
3) 起電力と標準自由エネルギー変化の関係を説明できる.
4) Nernst の式が誘導できる.
5) 濃淡電池について説明できる.
6) 膜電位と能動輸送について説明できる.

　物質を利用する上で，電気的性質は重要な意義をもっている．電気を通す物質もあれば電気を通さない物質もある．生体情報の伝達機構においても生体の電気的性質が役割を担っている．また，電流を通じると電気分解が生じたり，化学変化を利用して電池をつくるなどがあげられる．また，液の酸性・アルカリ性の問題，電解質の溶解・沈殿も物質の電気的性質として扱うことができる．ここでは溶液中のイオンの性質と電極界面におけるイオンに関する現象のうち，主なものを学ぶ．

9.1　電解質

　NaCl，NH_4Cl，Na_2HPO_4，安息香酸ナトリウムなどの塩類および酸，塩基は，水などの極性の高い溶媒中で，その一部あるいは全部がそれらの分子を構成している陽イオンと陰イオンに解離して溶解する．純粋な状態ではイオンに解離しない

が，このように溶媒に溶解したときにイオンに電離する物質を**電解質** electrolyte といい，電解質が陽イオンと陰イオンに解離する現象を電離あるいはイオン化 ionization という．

$$AB \rightleftarrows A^+ + B^-$$

溶液中で完全に電離している物質を**強電解質** strong electrolyte といい，一部だけが電離する電解質を弱電解質 weak electrolyte という．NaCl，NH_4Cl，Na_2HPO_4，安息香酸ナトリウムなどの塩および塩酸や硫酸などの強酸，水酸化ナトリウムなどの強塩基は水溶液中で完全に電離する強電解質である．酢酸など，多くの有機酸およびアミン類は**弱電解質**である．一方，ショ糖のようにイオンに解離しないで分子の状態で水に溶ける物質を非電解質 nonelectrolyte という．電解質溶液の性質は，非電解質溶液の場合と異なり，非電解質溶液の浸透圧は $\pi = CRT$ により求められるのに対し，電解質溶液の浸透圧はこれよりも大きな値を示し，ファントホッフの係数を乗じた値，$\pi = iCRT$ を示す．沸点上昇度 ΔT_b，凝固点降下度 ΔT_f など他の束一的性質についても，非電解質溶液よりも大きな値を示す．

非電解質の水溶液に電位差をかけても電流は流れないが，電解質の水溶液は，電極を入れて電位差をかけたときに電流を流す性質がある．電気を流す性質を電気伝導性といい，電気伝導性を有することが電解質溶液の最も特徴的な性質の１つにあげられる．

一般に，塩類の結晶は陽イオンと陰イオンがクーロン力によってイオン結合をなしている．イオン結合によって形成される結晶がイオン結晶である．イオン結合は強い結合なのでイオン結晶の融点は高い．電解質を誘電率の大きな溶媒（極性の大きな溶媒）に溶解すると，イオン結晶と溶媒との間に生じるイオン-双極子相互作用によってイオン間のクーロン力が弱められイオン溶液となる．電離したイオンは水中で水和 hydration によりそれぞれのイオンが単独で存在するよりも安定化する．例えば，NaCl は水溶液中で NaCl $\rightleftarrows$ Na^+ + Cl^- のように解離するが，Na^+ も Cl^- も水和している．電解質が水に溶解してイオンに解離するにはエネルギーが必要であるが，電解質が溶解したときに，水和による安定化がイオンの分離に必要なエネルギーを上まわるときには発熱を伴う．そうでないときには吸熱を伴う．溶質分子と溶媒分子との相互作用を**溶媒和** solvation といい，溶質と溶媒から溶媒和によって生じる化合物を**溶媒和化合物**と呼んでいる．一般に，溶媒和化合物は，溶液中で

は安定に存在できても，それらを単離することができないものが多いが，溶媒和化合物が水和物の場合は，$CuSO_4 \cdot 5H_2O$ のように安定に存在できるものも少なくない．

9.2 電気伝導

　物質の両端に電位差を与えたときに，内部に電場ができて電流が流れる現象を**電気伝導**という．塩化ナトリウムの固体結晶は電気伝導性はないが，水に溶解するとイオンが移動できるようになるので伝導性が生じる．電解質溶液の電気伝導は，金属導体と同様，オーム Ohm の法則（導線を流れる電流は電位差に比例する）に従う．いま，一定の電位差 E(V) のもとで，電解質溶液中を流れる電流の強さを I(A)，電気抵抗を R(Ω) とするとこれらの間には，$I = E/R$（あるいは，$R = E/I$）の関係が成立する．R は物体の電気抵抗（オーム，Ω）である．電気伝導において，電気抵抗 R(Ω) は導体の長さ l(m) 比例し，断面積 A(m^2) に反比例する．

$$R = \rho \cdot \frac{l}{A} \tag{9.1}$$

比例定数 ρ（Ω·m）は，抵抗率 resistivity（あるいは比抵抗，固有抵抗）と呼ばれ，SI 単位では体積 1 m^3 の立方体における対面間の抵抗に等しく，温度が一定ならば物質によって決まる定数である．電気抵抗の逆数（$1/R$）は電気の流れやすさの程度を表し，これを**コンダクタンス**といい，その SI 単位はジーメンス（siemens，S，S $= \Omega^{-1}$）である．抵抗率 ρ の逆数は電気の通りやすさを表し，**伝導率** conductivity と呼ばれ，これを κ（SI 単位は S·m^{-1} または Ω^{-1}·m^{-1} である）とすると，次式で表される．

$$\kappa = \frac{1}{\rho} = \frac{l}{A} \cdot \frac{1}{R} \tag{9.2}$$

伝導率 κ は，式 (9.2) に $R = E/I$ を代入すると

$$\kappa = \frac{1}{\rho} = \frac{l}{A} \cdot \frac{I}{E} = \frac{I}{A} / \frac{E}{l} \tag{9.3}$$

が得られる．伝導率は，電場の強さが 1 V·m^{-1} のときに断面積 1 m^2 の面積を通過

する電流に相当し，**電解質溶液**の伝導性の尺度になる．溶液の伝導率を測定するために，ホイーストン・ブリッジの原理を応用したコールラウシュ・ブリッジが一般に用いられる．図9.1に装置を示す．図9.1 (b) に示したものはセルの模式図である．R_x は試料の電解質溶液の入った伝導度測定用セルに電解質溶液を入れて測定したときの電極間の抵抗値，R_0 は既知の標準抵抗値であり，入力信号には分極による影響を防ぐ目的で1 kHz～4 kHz程度の交流を用いる．抵抗R_1, R_2 を調節して，検出器Dに電流が流れないようしたときの (R_2/R_1) 比を測定すれば，そのときのセルの電気抵抗 R_x は，次式で与えられる．このときブリッジは平衡である．

$$R_x = \frac{R_1}{R_2} \cdot R_0 \qquad (9.4)$$

したがって，溶液の抵抗 R_x を求めるには，R_0 は既知であるので，ブリッジが平衡であるときの抵抗の比を測定すればよい．このようにして求められた R_x の値を式 (9.2) の R に代入すれば伝導率 κ が求められる．

伝導率 κ は，R_x に逆比例する．比例定数に相当する l/A 値は測定しているセルに依存する値であり，しばしばセル定数と呼ばれている．実際には，伝導率測定セルの電極の面積 A と電極間の距離 l を実測することは困難であるので，セル定数は伝導率既知の溶液，例えば KCl 溶液の電気抵抗を測定して，セル定数と呼ばれる l/A の値を定めておき $(K_{cell} = l/A)$，その後，試料の R_x を測定することにより κ の値を求めることになる．表9.1に標準溶液として用いられるKClの κ 値を示した．

固体物質の伝導率は温度のみに依存するが，電解質溶液のそれは単位体積当たり

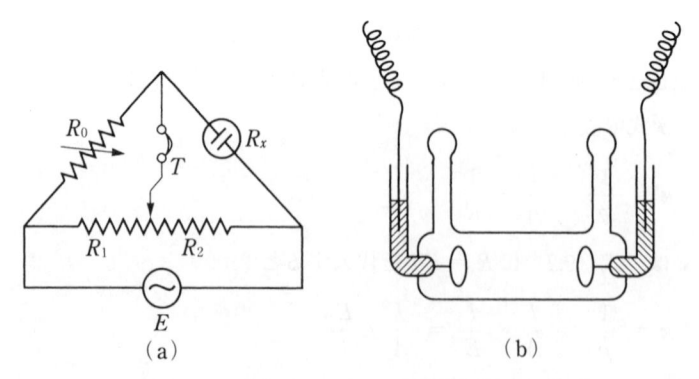

図 9.1 コールラウシュ・ブリッジ (a) と伝導度測定用セル (b) の一例

9.2 電気伝導

表 9.1 KCl 水溶液の伝導率 κ の値 ($S \cdot m^{-1}$)

濃度 KCl(g)/H₂O(kg)	273 K	291 K	298 K
0.46	0.07733	0.12202	0.14085
7.48	0.7134	1.1164	1.2853
76.63	6.5144	9.7822	11.132

の溶液中に存在するイオンの数（イオン濃度）およびそれらの間の相互作用に依存して変化するので，1 モルの電解質溶液についての電気伝導率には，モル伝導率 molar conductivity，Λ が用いられる．Λ は，伝導率 κ を濃度（$mol \cdot m^{-3}$ で）で割った量

$$\Lambda = \frac{\kappa}{C} \tag{9.5}$$

で表される．濃度 C の単位は SI 単位系で $mol \cdot m^{-3}$，κ は $\Omega^{-1} \cdot m^{-1}$ であるので，Λ の単位は $\Omega^{-1} \cdot m^2 \cdot mol^{-1}$ あるいは $S \cdot m^2 \cdot mol^{-1}$ である．モル伝導率は，1 m 離れて電極を平行に置き，極板の間に正確に 1 モルの溶質が含まれているときの伝導率である．濃度 C の単位として，$mol \cdot dm^{-3}$，κ の単位として $S \cdot m^{-1}$ を用いるとき，式 (9.5) は，

$$\Lambda = \frac{1000 \, cm^3 \, dm^{-3} \kappa}{C} \tag{9.6}$$

で表されるが，さらにモル伝導率を考える場合には，濃度の項には 1 モルに対応する化学式量を明記する必要がある．したがって，式 (9.6) の濃度 C は 1 モルではなく，1 当量とすればよく，**当量伝導率** Λ の単位は $\Omega^{-1} \cdot cm^2 \cdot Eq^{-1}$ である．1 価の電荷イオン（例えば，Na^+，Cl^-）や 1 価の電解質（例えば，KCl や KNO_3）に対しては，**モル伝導率**と当量伝導率は等しいが，$MgSO_4$ のように 2 価の電解質はそれぞれの 2 つの単位電荷をもつので，当量伝導率はモル伝導率の半分になる．

当量伝導率と伝導率の違いは，前者は測定濃度の溶質が完全に解離するかぎり，同じ数のイオンを生じ，そのイオンの数による電流運搬能力を表すのに対し，後者は単位容積の溶液中の全イオンの電流運搬能力を表すので濃度の影響を受ける．一定温度において，電解質溶液のモル伝導率を濃度の平方根に対してプロットすると，

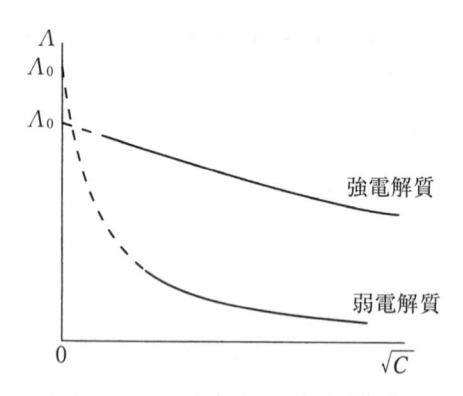

図 9.2　濃度 C の関数として強電解質および弱電解質のモル伝導率 Λ
点線の部分は実験的には得られない．

図 9.2 のようになる．

　強電解質の溶液では，完全に解離しているので，濃度によって Λ の値が大きく変化しないで，直線が得られるが，濃度の増大とともにイオン間相互作用により Λ の減少がみられ，直線性からずれる現象が現れる．コールラウシュ Kohlrausch は実験によって強電解質濃度が 10^{-3} M 以下の希釈溶液に対しては濃度 C の希薄溶液のモル伝導率 Λ は次式で表される関係が成立することを見出した．

$$\Lambda = \Lambda_0 - a\sqrt{C} \tag{9.7}$$

ここで a は一定温度では，電解質に固有の値である．弱電解質溶液では，低濃度では，Λ 値はきわめて高いが，濃度が高くなると急激に減少し，その後は大きな変化はみられなくなる．電解質溶液のモル伝導率を無限希釈に外挿したモル伝導率の値を**極限モル伝導率** limiting molar conductivity といい，Λ_0 で表す．強電解質では，直線が得られるので，ゼロ濃度に外挿して，正確な Λ_0 を得ることができる．弱電解質の場合は，モル伝導率 Λ は，低濃度では溶質の解離が進むので急激に増加するために，Λ_0 値を濃度 0 への外挿から正確に得ることは困難である．ある濃度におけるモル伝導率を Λ，解離度を α とすれば，電気伝導に関与するのは解離したイオンだけであるから

$$\alpha = \Lambda/\Lambda_0 \tag{9.8}$$

が成立する．この式は伝導度測定により弱電解質溶液の解離度から Λ_0 値を求められることを示す重要な式である．例えば，HA $\rightleftarrows$ H$^+$ + A$^-$ が平衡状態にあると

表9.2 電解質のモル伝導率Λの値 (298 K), $\Lambda/10^4 = \text{S·m}^2\text{·mol}^{-1}$

電解質	濃度 $C/\text{mol·m}^{-3}$			
	0	1	10	100
KOH	271.8	268.8	261.8	245.5
NaOH	248.4	244.0	238	221.5
CH_3COONa	91.0	88.5	83.7	72.8
HCl	426.1	421.4	411.1	389.8
KCl	149.8	147.0	141.3	129.0
NaCl	126.4	123.7		

き, 解離定数は $K_a = [\text{H}^+][\text{A}^-]/[\text{HA}]$ である. 濃度 C における解離度 α が 1 より小さいときには $K_a = C\alpha^2/(1-\alpha)$ となる. これに, 式 (9.8) を代入すると, $K_a = C\Lambda^2/\Lambda_0(\Lambda_0 - \Lambda)$ が得られる. 整理すると $1/\Lambda = (1/K_a\Lambda_0^2)(\Lambda C) + 1/\Lambda_0$ が得られる. $1/\Lambda$ を ΛC に対してプロットすると, 得られる勾配 $(1/K_a\Lambda_0^2)$ から K_a を求めることができる.

表 9.2 に電解質のモル伝導率 Λ の値を示した.

9.3 イオン独立移動の法則

コールラウシュは, 共通イオンを有する種々の電解質の Λ_0 値を測定した結果, 電解質の無限希釈溶液では解離して生じた陽イオンおよび陰イオンにイオンは互いに影響を受けることなく, 各々独立の速度で動いていることを明らかにした. 極限モル伝導率 Λ_0 は, 陽イオン, 陰イオンの各イオンの独立した固有の値である極限モル伝導率の和で表される.

$$\Lambda_0 = \lambda_{+0} + \lambda_{-0} \tag{9.9}$$

これをコールラウシュの**イオン独立移動の法則** low of the independent migration of ion という. λ_+, λ_- はそれぞれ電解質を構成している陽イオン, 陰イオンのモル伝導率で, λ_{+0}, λ_{-0} は無限希釈におけるそれぞれのイオンのモル伝導率で, イオンの極限モル伝導率である. 無限希釈の条件下では, 両イオンの相互作用を無視した

理想溶液として取り扱うことができる．このコールラウシュのイオン独立移動の法則は，電解質の Λ_0 値は弱電解質の場合も含めて，構成イオンの極限モル伝導率の和によって得られることを示している．種々の弱電解質の極限モル伝導率は単純な計算により求めることができる．例えば，酢酸の Λ_0 の値は次のように求められる．

$$\Lambda_0(\mathrm{AcOH}) = \lambda_{+0}(\mathrm{H}^+) + \lambda_{-0}(\mathrm{AcO}^-)$$

は 25 ℃ における既知の値から算出される．

$$\Lambda_0(\mathrm{AcONa}) = \lambda_{+0}(\mathrm{Na}^+) + \lambda_{-0}(\mathrm{AcO}^-) = 9.10 \times 10^{-3}\,(\mathrm{S \cdot m^2 \cdot mol^{-1}}) \quad ①$$

$$\Lambda_0(\mathrm{HCl}) = \lambda_{+0}(\mathrm{H}^+) + \lambda_{-0}(\mathrm{Cl}^-) = 42.62 \times 10^{-3}\,(\mathrm{S \cdot m^2 \cdot mol^{-1}}) \quad ②$$

$$\Lambda_0(\mathrm{NaCl}) = \lambda_{+0}(\mathrm{Na}^+) + \lambda_{-0}(\mathrm{Cl}^-) = 12.64 \times 10^{-3}\,(\mathrm{S \cdot m^2 \cdot mol^{-1}}) \quad ③$$

① と ② の和から ③ を引くと

$$\Lambda_0(\mathrm{AcOH}) = \Lambda_0(\mathrm{HCl}) + \Lambda_0(\mathrm{AcONa}) - \Lambda_0(\mathrm{NaCl})$$
$$= \lambda_{+0}(\mathrm{Na}^+) + \lambda_{-0}(\mathrm{AcO}^-) + \lambda_{+0}(\mathrm{H}^+) + \lambda_{-0}(\mathrm{Cl}^-) - \lambda_{+0}(\mathrm{Na}^+) - \lambda_{-0}(\mathrm{Cl}^-)$$
$$= \lambda_{-0}(\mathrm{AcO}^-) + \lambda_{+0}(\mathrm{H}^+) = 39.08 \times 10^{-3}$$

すなわち，$\Lambda_0(\mathrm{AcOH}) = \lambda_{+0}(\mathrm{H}^+) + \lambda_{-0}(\mathrm{AcO}^-) = 39.08 \times 10^{-3}\,(\mathrm{S \cdot m^2 \cdot mol^{-1}})$

が得られるが，実際のイオンのモル伝導率は，極限モル伝導率と輸率の値から計算される．

9.4 輸率とイオンの移動度

電解質溶液に電位差をかけると，溶液中の陽イオンは陰極へ，陰イオンは陽極に移動することによって電流が流れる．これは，電解質溶液中で方向も大きさも乱雑に動いているイオンに電場などの力が働いて，イオンが特定の方向に移動することに起因する．一般に荷電粒子が電場 E ($\mathrm{V \cdot m^{-1}}$) に置かれると速度 v ($\mathrm{m \cdot s^{-1}}$) は，$v = uE$ で表される．比例定数 u ($\mathrm{m^2 \cdot s^{-1} \cdot V^{-1}}$) を**移動度** mobility という．電解質を構成する陽イオンと陰イオンの各イオンの移動の速さが異なるので，全電気伝導に対する両イオンの移動による寄与は一般に等しくない．流れた全電気量に対して，特定のイオンによって運ばれる電気量の割合はその**イオンの輸率** transport number と呼ばれている．コールラウシュのイオン独立移動の法則の式より，陽イオン，陰

イオンの輸率 t_+, t_- はそれぞれそのイオンのモル伝導率をその塩の極限モル伝導率で割った値として表されるので，
陽イオンが運ぶ電流の割合は，

$$t_+ = \frac{\lambda_+}{\lambda_+ + \lambda_-} = \frac{\lambda_+}{\Lambda} \tag{9.10}$$

陰イオンが運ぶ電流の割合は，

$$t_- = \frac{\lambda_-}{\lambda_+ + \lambda_-} = \frac{\lambda_-}{\Lambda} \tag{9.11}$$

また，

$$t_+ + t_- = 1$$

輸率も濃度によって変化するが，一般に，25℃の水溶液のイオンの移動度は4～8 × 10^{-4} $cm^2 \cdot s^{-1} \cdot V^{-1}$ である．水溶液中の種々の濃度における陽イオンの輸率を表9.3に示した．輸率の測定にはヒットルフ Hittorf の方法と境界移動法がよく知られているが，ここではヒットルフの方法による HCl の輸率の測定法について説明する．この方法の原理を図9.3に示した．

輸率測定セルは図9.3のように陽極部，中央部，陰極部の3つに分かれ，それぞれの部分から溶液を取り出すことができるような構造になっている．いま図におい

表9.3　無限希釈における陽イオンおよび陰イオンの伝導率 λ_{+0}, λ_{-0} および移動度 u_{+0}, u_{-0} (258 K)

イオン	$\lambda_0 \cdot 10^3$ (S·m²·mol⁻¹)		$u_0 \cdot 10^8$ (m²·s⁻¹·V⁻¹)
	18℃	25℃	25℃
H^+ (H_2O)	31.5	34.98	36.3
Na^+	4.28	5.08	5.19
K^+	6.39	7.35	7.62
NH_4^+	6.39	7.35	7.62
Ca^{2+}	10.14	11.90	6.17
Ba^{2+}	10.92	12.72	6.60
OH^-	17.1	19.83	20.5
Cl^-	6.60	7.63	7.91
I^-	6.65	7.68	7.96
CH_3COO^-	3.51	4.09	4.24

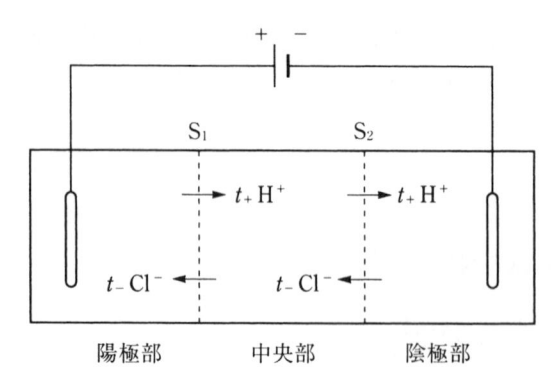

図 9.3 ヒットルフ法による HCl の輸率測定

て，n ファラデーだけ通電したとき，図 9.3 のような陽極液の境界断面 S_1 および陰極液の境界断面 S_2 を横切って，H^+ が nt_+ 当量右へ，Cl^- が nt_- 当量左へ流れたとする．ファラデーの電解の法則により，セルの電極部分ではそれぞれ 1 ファラデー当たり次の反応が生じている．

$$陽極上：H^+ + e^- \longrightarrow \frac{1}{2}H_2 \quad (反応 1)$$

$$陰極上：Cl^- \longrightarrow \frac{1}{2}Cl_2 + e^- \quad (反応 2)$$

S_1 と S_2 との間の中央部にある HCl の当量数は変化を受けない程度に通電すると，陰極液と陽極液の各部分のそれぞれのイオンの当量数の変化は次のようになる．

陰極液の組成変化（反応 1 による電解電流部分を含めて）

$\quad H^+$ の変化 $= -n + nt_+ = -nt_-$

$\quad Cl^-$ の変化 $= -nt_-$

陽極液の組成変化（反応 2 による電解電流部分を含めて）

$\quad H^+$ の変化 $= -nt_+$

$\quad Cl^-$ の変化 $= -n + nt_- = -nt_+$

ゆえに，n ファラデーの通電によって，陰極部では HCl が nt_- 当量，陽極部では nt_+ 当量だけ減少する．この通電ファラデー数と両極液の当量数の変化は正確に比例するので，電流を流す前後のセルの各部分の濃度を分析し，これから各部分の電解質の減少当量数を求めれば，輸率が得られる．

9.4 輸率とイオンの移動度

式 (9.10), (9.11) より $t_+ + t_- = 1$ であるから, 実際には陽極液か陰極液のどちらかの測定だけでよく, その計算式は次のようになる.

$$陽イオンが運ぶ電流の割合 \quad t_+ = \frac{陽極部で減少した HCl の当量数}{電解された HCl の当量数} \tag{9.12}$$

この式の分母は流れた電気量をファラデーの単位で表した値 $[Q/F:$ ここで, Q はセルを通過した電気量, F はファラデー定数 $(96,485 \text{ C·mol}^{-1})]$ に等しい. 陰極部を分析した場合は, 式 (9.12) と同じ考え方により t_- が得られる.

次に, 溶液中でのイオンの移動速度について述べる. 電荷をもつ粒子, イオンは電場内でその電場の強さに比例した速度で移動する傾向がある. いま, 強さ E の電場の中を速度 v で移動する. このとき, $v = uE$ で比例定数 u を移動度 (mobility, 易動度ともいう). 電場の強度は電位差を電極間の距離で割った量であり, その SI 単位は V·m^{-1} である. したがって, 移動度はイオンの移動速度 (m·s^{-1}) を電場の強度 (V·m^{-1}) で割った量であり, SI 単位は $\text{m}^2\text{·s}^{-1}\text{·V}^{-1}$ である. 単位体積中の電荷 q なるイオンの数を n とすると, 一定断面積を 1 秒間によぎる電気量が伝導率 κ にあたるから, $\kappa = nq \cdot u$ であり, λ_+ および λ_- について次式が成り立つ.

$$\lambda_+ = Le^0 u_+ = u_+ F \tag{9.13}$$

および $\quad \lambda_- = Le^0 u_- = u_- F$

ここで, L はアボガドロ数, e^0 はイオンの電荷, F はファラデー定数である. したがって, 式 (9.13) は次のように書き換えられる.

$$\Lambda = (u_+ + u_-)F \quad および \quad \Lambda_0 = (u_{+0} + u_{-0})F \tag{9.14}$$

ここで, u_{+0} および u_{-0} は無限希釈における移動度を示している.

さらに, 式 (9.11) と式 (9.13) より, 前述のイオンの輸率は次の関係式で示される.

$$t_+ = \frac{u_+}{u_+ + u_-} \qquad t_- = \frac{u_-}{u_+ + u_-} \tag{9.15}$$

表 9.3 に無限希釈におけるイオンの伝導率 λ_0 およびイオンの移動度 u_0 の値を示した.

電解質溶液中のイオンが電場の下で動く速度を移動度 $u/\text{m}^2\text{·s}^{-1}\text{·V}^{-1}$ という. u にファラデー定数 F を乗じたものがイオン当量伝導率である. 水溶液中の無限希

釈におけるイオンの伝導率を示す．

H^+とOH^-が水溶液中で他のイオンの値に比較して伝導率と移動度が異常に大きいのは，H^+（水溶液中ではH_3O^+として存在している）とOH^-が水中で移動するとともに，水分子に電荷の受け渡しによる移動が活発に起こっていることに起因すると考えられる．

$$H-\overset{H}{\underset{}{O}}-H \cdots \overset{H}{\underset{}{O}}-H \longrightarrow \overset{H}{\underset{}{O}}-H \quad H-\overset{H}{\underset{}{O}}-H \qquad \overset{H}{\underset{}{O}}^- \cdots \overset{H}{\underset{}{O}}-H \longrightarrow \overset{H}{\underset{}{O}}-H \quad \overset{H}{\underset{}{O}}-H$$

アルカリ金属では$Li^+ < Na^+ < K^+$の順に，**イオン半径**（それぞれ0.073，0.116，0.152 nm）の小さいほうがλ_{+0}の値が大きくなるのは，電荷が同じでも，イオンの大きさが小さいイオンほどその周囲の電場が強いために，水分子が水和して見かけ上大きなイオンとなって移動するためにイオン半径が小さいイオンの移動度が小さくなると考えられている．

9.5 イオンの活動度

電解質は互いに反対の電荷を有するイオンで構成されるから，それぞれのイオンの**活量**を決定できるはずであるが，陽，陰各イオン単独の活量を測定する方法はない．そのために，両イオンの平均活量$a_{\pm}$，また電解質全体の活量aが代わりに考えられる．C^{z+}を陽イオン，A^{z-}を陰イオンとしたとき，電解質$C_{\nu_+} \cdot A_{\nu_-}$は次のように解離する．

$$C_{\nu_+} \cdot A_{\nu_-} \rightleftharpoons \nu_+ C^{z+} + \nu_- A^{z-}$$

（例えば，$Fe_2(SO_4)_3$を例にあげると，$Fe_2(SO_4)_3 = 2Fe^{3+} + 3SO_4^{2-}$；$\nu_+ = 2$，$\nu_- = 3$，$z_+ = 3$，$z_- = 2$となる．）

陽イオンの活量a_+および陰イオンの活量a_-は，次式によって実験的に測定可能な活量aおよび$a_{\pm}$とに関係づけられる．

$$a = (a_+)^{\nu_+}(a_-)^{\nu_-} = (a_{\pm})^{\nu_+ + \nu_-}$$

すなわちイオンの平均活量$a_{\pm}$は次のように幾何平均[*]を用いて定義されている．

$$a_\pm = (a_+{}^{v_+} a_-{}^{v_-})^{1/(v_+ + v_-)}$$

同様にして平均活量係数 $\gamma_\pm$ が定義される．

$$\gamma_\pm = (\gamma_+{}^{v_+} \gamma_-{}^{v_-})^{1/(v_+ + v_-)}$$

ただし，陽イオン，陰イオンの質量モル濃度を m_+，m_- とすれば $a_+ = \gamma_+ m_+$，$a_- = \gamma_- m_-$，であり，個々の係数 γ_+，γ_- は決定できないが，実験的に $\gamma_\pm$ は測定可能な値である．また，電解質の質量モル濃度 m に対して，陽イオンと陰イオンの濃度はそれぞれ，$m_+ = v_+ m$，$m_- = v_- m$ で示され，計算過程は省略するが，$a_\pm = \gamma_\pm m_\pm$ に関係づけられる．ここで，$m_\pm$ は電解質イオンの平均モル濃度であり，次の式が得られる．

$$m_\pm = (m_+{}^{v_+} \cdot m_-{}^{v_-})^{1/(v_+ + v_-)} = m(v_+{}^{v_+} \cdot v_-{}^{v_-})^{1/(v_+ + v_-)}$$

例えば，$Fe_2(SO_4)_3$ について $a_\pm$，m_+，m_-，および m_+，$m_\pm$ をそれぞれ求めてみると，$a_+ = a^{1/5}$，$m_+ = 2m$，$m_- = 3m$，$m_\pm = 108^{1/5} m = 2.551 m$ となる．また1価の塩，KCl に対して求めると，$a_+ = a^{1/2}$，$m_+ = m_- = m$，$m_\pm = m$ となる．

強電解質の理想性からのずれは，溶液中のイオン間の静電気的な力によって生ずる．デバイ Debye とヒュッケル Hückel は，理想性からのこれらのずれを説明できる理論を提唱し，イオン間相互作用より，イオンの活量係数を理論的に導いた．この理論の詳細は省略するが，陽，陰イオンのイオン価が z^+，z^- であるような電解質の溶液の平均活量係数は次のとおりである．

$$\log \gamma_\pm = - A |z^+ z^-| \sqrt{I} \tag{9.16}$$

ここで，符号 | | は積 $z^+ z^-$ の絶対値を意味する．A は温度や溶媒の誘電率に依存する量であり，25 ℃の水では $A = 0.509$ となる．また，I は溶液のイオン強度

---

* 一般に，n 個の（正）のデータ
$\{x_i\} = \{x_1, x_2, \cdots x_n\}$ が与えられたとき，算術平均（$\bar{x}$），幾何平均（$\bar{x}_G$），調和平均（$\bar{x}_H$）は次のように定義されている．それぞれの平均の間には $\bar{x} \geqq \bar{x}_G \geqq \bar{x}_H$ の関係が成立している．

$$\bar{x} = \frac{x_1 + x_2 + \cdots\cdots + x_n}{n} = \frac{1}{n} \sum_{i=1}^{n} x_i$$

$$\bar{x}_G = \sqrt[n]{x_1 \cdot x_2 \cdot \cdots\cdots \cdot x_n}$$

$$\bar{x}_H = \frac{1}{\dfrac{1}{x_1} + \dfrac{1}{x_2} + \cdots + \dfrac{1}{x_n}} = \frac{1}{\dfrac{1}{n} \sum_{i=1}^{n} \dfrac{1}{x_i}}$$

ionic strength であり，次式で示すようにすべてのイオン種について，イオンのモル濃度とイオン価の二乗の積を加え合わせたものの 1/2 であると定義されている．

$$I = \frac{1}{2} \sum m_i z_i^2 \tag{9.17}$$

ここで，m_i は i 番目のイオン種の質量濃度，z_i はイオン価であって，和は溶媒中のすべてのイオン種について行う．例えば，Na_2SO_4 溶液では，$z^+ = 1$，$z^- = -2$ であるから，$I = 1/2(2m \cdot 1^2 + m \cdot 2^2) = 3m$ および $\log \gamma_\pm = -1.018\sqrt{3m}$ となる．また，$z^+ = z^- = 1$ であるような KCl ではモル濃度とイオン強度の数値は等しく，$I = m$，$\log \gamma_\pm = -0.0509\sqrt{m}$ となる．この式は 0.01 モル濃度より低い濃度の溶液では実験値とよくあう．式の右辺は負であることから，$\gamma_\pm$ は 1 より小さいことがわかる．このイオン強度は，水溶液中での化学反応に影響を及ぼす因子として薬学においてはその取り扱いは重要である．

9.6 弱電解質と解離平衡

9.6.1 弱電解質

溶液中で一部しかイオン化していない物質を弱電解質 weak electrolyte と呼ぶ．弱電解質は水溶液中で，電離して生じる陽イオンおよび陰イオンが電離していない中性分子が共存しその間に化学平衡が成立し，質量作用の法則が成り立っている．化学平衡を扱う場合は，厳密には濃度ではなく活量を用いなければならないが，通常はモル濃度（mol/L）が用いられる．また，弱電解質のイオンの濃度は小さいので，デバイ-ヒュッケルによって記述されるようなイオン間の相互作用はほとんど生じないと考えてよい．

いま，水溶液中で部分的に A^+，B^- のイオンに解離する溶質 AB を考えると，次のように表すことができる．

$$AB \rightleftarrows A^+ + B^-$$

ここで、ABの初濃度をC、解離度をαとすると、平衡状態におけるそれぞれの濃度は、$[AB] = C(1 - \alpha)$、$[A^+] = [B^-] = C\alpha$であるから、この解離平衡に質量作用の法則を適用して、平衡定数Kは

$$K = \frac{[A^+][B^-]}{[AB]} = \frac{C\alpha C\alpha}{C(1 - \alpha)} = \frac{C\alpha^2}{1 - \alpha} \tag{9.18}$$

αは二次方程式の解として求められるが、解離度αが1よりかなり小さいときは、$1 - \alpha \fallingdotseq 1$とおくことができるので、

$$\alpha \fallingdotseq \sqrt{K/C} \tag{9.19}$$

また、$[A^+] = [B^-] = \sqrt{KC}$ \hfill (9.20)

とおくことができる.

式(9.18)に式(9.8)を適用すれば、解離定数Kは

$$K = \frac{\Lambda^2 C}{(\Lambda_0 - \Lambda)\Lambda_0} \tag{9.21}$$

これらの関係式はオストワルドOstwaldの希釈率dilution lawと呼ばれ、分析化学において種々のイオン反応の理論、pHの計算、錯体理論などに数多く応用されている. 式(9.21)より、弱電解質は濃度を下げれば下げるほど、解離度は高くなるといえる. ABが弱酸であれば、Kは酸解離定数K_aであり、弱塩基であれば塩基解離定数K_bである. 解離定数は、$pK = -\log K$で定義される解離指数、pK_aおよびpK_bで示すことが多い.

水は次のように解離している.

$$H_2O \rightleftarrows H^+ + OH^-$$

水の解離定数は、$K = [H^+][OH^-]/[H_2O]$で表される. 分母の水は大量にあって一定とみなせるので、次式が成立する.

$$K_w = [H^+][OH^-]$$

K_wを水のイオン積ionic productという. K_wは純粋な水の電導度の測定から計算される. K_wは温度に依存する定数であるが、溶けている溶質の種類によって変化することはない. 25℃でのK_w値は1.01×10^{-14}である. 水のイオン積$[H^+][OH^-]$は、酸解離定数とその酸の共役塩基の解離定数の積に等しく、$K_a \cdot K_b = K_w$の関係がある. したがって、$pK_a + pK_b = pK_w$が得られる. この式から、強い酸の共役塩基の塩基性度が小さいことは明らかである.

強電解質は，水溶液中では完全に電離していると考えるべきであるが，濃度が高くなると溶液中で電離して生じたイオン間の静電的な相互作用によりモル伝導率の値は濃度によって変化する．

9.6.2　塩の加水分解

強酸と強塩基から生成される塩を水に溶かしても何の反応も起こさず，その水溶液は中性である．しかし，酢酸ナトリウムのような弱酸と強塩基から生じた塩の水溶液は弱アルカリ性である．これは溶媒の水と酢酸イオンが反応するためで，加水分解 hydrolysis と呼ばれている．弱酸と強塩基からなる塩を BA とすると，BA が次のように解離すると

$$BA \rightleftarrows B^+ + A^-$$

酸のみ弱酸であるので，A^- は水と次のように反応する．

$$A^- + H_2O \rightleftarrows HA + OH^-$$

水の濃度は一定とみなせるから

$$K_h = \frac{[AH][OH^-]}{[A^-]} \tag{9.22}$$

となる．この K_h は**加水分解定数** hydrolysis constant と呼ばれている．

弱酸 HA の解離は $HA \rightleftarrows H^+ + A^-$ で表され，その解離定数を K_a とすれば，K_h は簡単な $K_h = K_w/K_a$ で表すことができる．

一方，NH_4Cl のような強酸と弱塩基からなる塩の水溶液では，加水分解して弱酸性を示す．この場合は B^+ が水と反応して

$$B^+ + H_2O \rightleftarrows H^+ + BOH$$

となり，同様の計算により，加水分解定数 K_h は $K_h = K_w/K_b$ となる．

弱酸と弱塩基から生じた塩の場合は，反応は $B^+ + H_2O \rightleftarrows BOH + HA$ と考えればよく，その加水分解定数は

$$K_h = \frac{K_w}{K_a \cdot K_b}$$

となる．

9.7 緩衝液

酸や塩基を少量加えても大きく変化しないような溶液を**緩衝液** buffer solution といい，その作用を**緩衝作用**という．弱酸とその塩，弱塩基とその塩の混合用液あるいはアミノ酸やタンパク質のような両性電解質の溶液には緩衝作用が認められる．いま，弱酸 HA の水素イオン濃度 $[H^+]$ は次式で表される．

$$[H^+] = \frac{[HA]}{[A^-]} K_a \tag{9.23}$$

これに A^- を含む液を加えると，共通イオンの影響により弱酸の解離は抑えられてほとんど無視しうるから，$[HA]$ は酸の全濃度 C_a に等しいと考えられる．また，塩は完全に解離するものと考えれば，$[A^-]$ は塩の全濃度 C_s に等しいとみなすことができる．したがって，これらの式 (9.23) に代入すると $[H^+] = (C_a/C_s) \cdot K_a$ の関係が成り立つ．

水素イオン濃度は $pH = -\log[H^+]$ で表されるから，整理すると

$$pH = pK_a + \log \frac{C_s}{C_a} \tag{9.24}$$

が得られる．この式は次のことを明らかにしている．弱酸とその塩の混合用液の $[H^+]$ は酸の全濃度とその塩の濃度との比によって定まり，たとえ水で希釈しても濃度比は変わらないことから，その溶液の pH は変わらない．また，少量の HCl を加えたとしても HCl の H^+ は A^- と反応して HA となるので，$[A^-]$ は減少するが，塩の濃度が大きいためにほとんど影響がないと考えられる範囲では $[H^+]$ はそれほど変化しない．少量の NaOH を加えても OH^- は溶液中の H^+ と反応して H_2O となるので，$[H^+]$ は減少するが，$[H^+]$ の減少は AH の解離によって補われるから，やはりもとの $[H^+]$ はほとんど変化しない．このように，pH の変化に抵抗する作用をもつ溶液を緩衝液 buffer solution と呼んでいる．

9.8 酸化還元反応と電池の起電力

9.8.1 電極反応

　電子の移動を伴う酸化還元反応においては，化学反応に伴うギブズエネルギーの変化を電気のエネルギーに変換することができる．その装置が化学電池である．化学電池は電気エネルギーの利用だけでなく，化学反応との対応においても重要である．電池の**起電力**（電圧）の測定から対応する酸化還元反応のギブズエネルギー変化を精密に決定することができる．電池の起電力はまた電解質のイオン濃度に関係するから，起電力の値からイオン濃度を求めることができる．水素イオン濃度を求めるのに利用するための装置が pH メータである．

　イオン化傾向の大きな化学種 A を含む塩の溶液とイオン化傾向の小さい化学種 B を含む塩の溶液を，混じり合わないように多孔性隔壁で仕切った容器に入れ，A，B それぞれの塩溶液に金属 A，B の電極を設置し，各電極を外部回路に導線でつなぐと，A の電極では電子を外部に放出する酸化反応 oxidation reaction が起こり，A は A^{n+} となる．一方，B の電極では，陽イオン B^{n+} は電極から電子が流れ込み還元反応が起こり，溶液中の B^{n+} は B となる．すなわち，電極の間で

$$\text{電極 A（酸化反応が起こる）} \quad A \longrightarrow A^{n+} + ne^- \quad (9.25a)$$

$$\text{電極 B（還元反応が起こる）} \quad B^{n+} + ne^- \longrightarrow B \quad (9.25b)$$

の反応が起こる．この反応が継続的に進むと，外部回路に電子の流れが生じる．酸化反応が起こるほうの電極を**負極** negative electrode あるいはアノード anode という．還元が起こるほうの電極を**正極** positive electrode あるいはカソード cathode という．このように化学変化を利用して電流を得る装置が電池 Galvanic cell であり，電池が電流を流そうとする力を起電力 electromotive force（emf）という．

　典型的な電池の例としてダニエル電池を考えよう（図 9.4）．

　この電池は，金属銅の電極と硫酸銅溶液および金属亜鉛の電極と硫酸亜鉛溶液の

9.8 酸化還元反応と電池の起電力

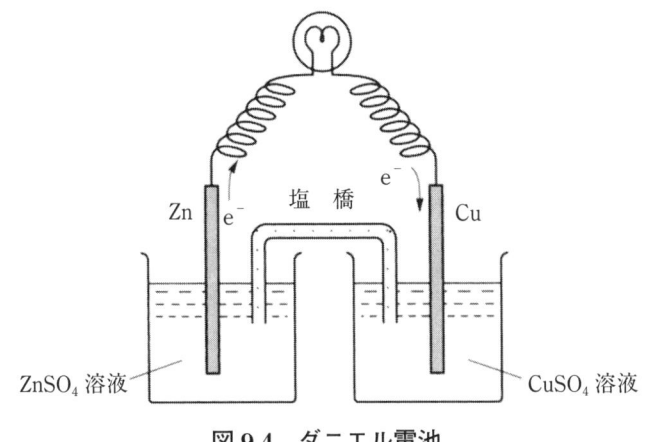

図9.4 ダニエル電池

2つの**半電池** half cell,および両溶液を結ぶ**塩橋** salt bridge からなっている.イオン溶液に電極に浸した系を半電池といい,塩橋は,2つの溶液を連絡する管で,その内部には,イオンによって電気を運び両溶液間の電位差をなくす働きをするように KCl, NH_4Cl などの飽和溶液を入れ寒天やゼラチンで固めたものを入れてある.銅電極と亜鉛電極を導線で結べば,電気エネルギーを取り出すことができる.導線を流れる電流を担うのは電子であるから,化学反応において電子が交換されることが必要である.この場合,Zn のほうが電子を出しやすいので,各電極で次に示す反応が起こっている.

左(Zn)電極:$Zn \longrightarrow Zn^{2+} + 2e^-$

右(Cu)電極:$Cu^{2+} + 2e^- \longrightarrow Cu$

金属亜鉛は,酸化されて亜鉛イオンとなって溶液中に溶け出し,電子は導線を伝わって Cu 電極に到達する.電子は負極から正極に流れるから,Cu 電極で還元反応(銅イオンが電子を受け取って還元され電極に析出する)が起こっているので正極であり,Zn 電極で酸化反応(金属 Zn は酸化されて亜鉛イオンとなって溶液中に溶け出す)が起こっているので負極である.ダニエル電池の図は,右側に正極,左側に負極を書き,正極と負極の間に電解質溶液(イオン)を書き,電極と電解質の間に垂直の線を引き,次のような記号で表される.

$Zn|Zn^{2+} \parallel Cu^{2+}|Cu$

電解質間の2重の垂線 ∥ は電解質の移動がないことを示している.もし,電解質の

移動があるときには1本の垂線で境界を表す.

電極反応に伴う**標準電極電位** $E°$ は表9.4と表9.5に示す. 標準電極電位 $E°$ は標準状態において還元反応が起こるときの電位 (還元電位) で, 標準電極電位は標準水素電極の電位を基準として0と決めた値である.

表9.4 金属の標準電極電位 (25 ℃)

電極反応	($E°$/V)
$Li^+ + e^- \longrightarrow Li$	-3.045
$K^+ + e^- \longrightarrow K$	-2.925
$Cs^+ + e^- \longrightarrow Cs$	-2.923
$Ca^{2+} + 2e^- \longrightarrow Ca$	-2.866
$Na^+ + e^- \longrightarrow Na$	-2.714
$Mg^{2+} + 2e^- \longrightarrow Mg$	-2.363
$Al^{3+} + 3e^- \longrightarrow Al$	-1.662
$Mn^{2+} + 2e^- \longrightarrow Mn$	-1.118
$Zn^{2+} + 2e^- \longrightarrow Zn$	-0.763
$Cd^{2+} + 2e^- \longrightarrow Cd$	-0.403
$Fe^{3+} + 3e^- \longrightarrow Fe$	-0.036
$2H^+ + 2e^- \longrightarrow H_2$	0.000
$Cu^{2+} + 2e^- \longrightarrow Cu$	0.337
$Fe^{3+} + e^- \longrightarrow Fe^{2+}$	0.771
$Hg^{2+} + 2e^- \longrightarrow 2Hg$	0.789
$Ag^+ + e^- \longrightarrow Ag$	0.799
$Pt^{2+} + 2e^- \longrightarrow Pt$	1.19
$Ce^{4+} + e^- \longrightarrow Ce^{3+}$	1.61

表9.5 酸化還元電位 (25 ℃)

電極反応	($E°$/V)
$Ce^{3+} + e^- = Ce^{2+}$	-0.424
$NAD^+ + H^+ + 2e^- = NADH$	-0.32
$FAD + 2H^+ + 2e^- = FADH_2$	-0.22
アセトアルデヒド $+ 2H^+ + 2e^- =$ エタノール	-0.163
$Cu^{2+} + e^- = Cu^+$	0.153
$Sn^{4+} + 2e^- = Sn^{2+}$	0.154
$O_2 + 4H^+ + 4e^- = 2H_2O$	1.229
$MnO_4^- + 4H^+ + 3e^- = MnO_2 + H_2O$	1.695

9.8 酸化還元反応と電池の起電力

銅電極の標準電極電位は表 9.4 から

$$Cu^{2+} + 2e^- \longrightarrow Cu; \quad E° = 0.337 \text{ V}$$

である．亜鉛電極では酸化反応が起こっているから，亜鉛電極の電位（酸化電位）は表 9.4 の符号を変えた値になる．

$$Zn \longrightarrow Zn^{2+} + 2e^-; \quad E° = -(-0.763) \text{ V}$$

電池内に起こる反応は，両電極の反応を電子が消去されるように加えると得られる．電極電位または電池の起電力は示強性であるから，係数を合わせるため反応式を何倍かするときに，電極電位に同じ数をかけてはいけない（電極電位はそのまま）．したがって，全反応に対応する標準起電力は Cu 電極の還元電位と Zn 電極の酸化電位の和になる．

$$Zn + Cu^{2+} \longrightarrow Zn^{2+} + Cu;$$
$$E° = 0.337 - (-0.763) = 1.100 \text{ V} \tag{9.26}$$

あるいは，電池の起電力は各電極の還元電位の差で表される．

例題 9.1　次の電池

$$Zn|Zn^{2+} \| Ag^+|Ag$$

の各電極（半電池）の標準起電力を求めなさい．

解　各電極の反応は，

（左）$Zn \longrightarrow Zn^{2+} + 2e^-$

（右）$Ag^+ + e^- \longrightarrow Ag$

全反応は

$$Zn + 2Ag^+ \longrightarrow Zn^{2+} + 2Ag$$

となる．
表 (9.4) から標準起電力 $E°$ は，

$$E° = 0.7991 - (-0.7631) = 1.5622 \text{ V}$$

となる．

9.8.2 酸化還元電位

表9.4と表9.5の電極電位は標準水素電極を基準（電位0と決める）として表した値であるので，電極または電解質が標準状態にないときの電極電位は表と異なった値になる．まず，電池内で起こっている化学反応におけるギブズ自由エネルギー変化ΔGと電極電位の関係を求めよう．n等量の反応物が酸化還元反応によってn等量の生成物を与えるとき，利用可能なエネルギー（$-\Delta G$ ジュール）が電気エネルギーの変わり得るエネルギーである．このときの電池の起電力をEとすると，nFクーロンの電荷がEボルトの電圧の間を移動するから，対応する電気のエネルギーはnFEジュールである（1 C × 1 V = 1 J）．両者が等しいとおくと

$$-\Delta G = nFE \tag{9.27a}$$

が成立する．

このとき，酸化還元反応が標準状態で起これば，$\Delta G°$に対応するのは標準起電力であるから，同様に

$$-\Delta G° = nFE° \tag{9.27b}$$

である．次に電極反応（n価のイオンの還元反応）

$$Z^{n+}（酸化型）+ ne^- \longrightarrow Z（還元型） \tag{9.28a}$$

の電位と電解質の活量（濃度）との関係を調べよう．電極電位は標準水素電極と組み合わせた次の電池の起電力である．

$$\text{Pt, } H_2 | H^+ \parallel Z^{n+} | Z$$

対応する反応式は

$$\frac{n}{2}H_2 + Z^{n+} \longrightarrow nH^+ + Z \tag{9.28b}$$

である．この反応のギブズエネルギー変化は

$$\Delta G = \Delta G° + RT \ln \frac{[H^+]^n[Z]}{[H_2]^{n/2}[Z^{n+}]} \tag{9.29}$$

と書くことができる．ここで，[ ]はそれぞれの活量を表す．ΔGと$\Delta G°$に関係式(9.27a), (9.27b)を代入し，自然対数を常用対数に変換すれば電極反応(9.28b)に対する電極電位は

9.8 酸化還元反応と電池の起電力

$$E = E° - \frac{2.303RT}{nF} \log \frac{[\mathrm{H}^+]^n[\mathrm{Z}]}{[\mathrm{H}_2]^{n/2}[\mathrm{Z}^{n+}]} \tag{9.30}$$

と表される．この式を (9.28b) に対するネルンスト Nernst の式という．ここで，$R = 8.314$ J·K^{-1}·mol^{-1}, $F = 96485$ C·mol^{-1}, $T = 298.15$ K を代入すると $\dfrac{2.303RT}{F} = 0.05916$ V となる．標準水素電極では $[\mathrm{H}_2] = [\mathrm{H}^+] = 1$ であるから，電極反応に対する電極電位は

$$E = E° - \frac{0.05916}{n} \log \frac{[\mathrm{Z}]}{[\mathrm{Z}^{n+}]} \tag{9.31}$$

と書き換えることができる．ここで，対数項の係数 $\dfrac{2.303RT}{F}$ の値は 18 ℃ では 0.0578 V, 37 ℃ では 0.0616 V である．

　電池の電極電位または起電力 E はギブズエネルギー変化と同様に温度依存性をもつ．一定圧力の下で式 (9.27a) の両辺を，温度 T で微分すると

$$-\left(\frac{\partial \Delta G}{\partial T}\right)_P = nF\left(\frac{\partial E}{\partial T}\right)_P$$

となる．左辺にギブズ-ヘルムホルツの式を代入し，再び式 (9.27a) を用いると次の関係式が得られる．

$$E = T\left(\frac{\partial E}{\partial T}\right)_P - \frac{\Delta H}{nF} \tag{9.32}$$

この式から，横軸に温度 T, 縦軸に起電力 E をとれば直線のグラフが得られることがわかる．いくつかの異なる温度で起電力 E を測定してグラフを描けば，その勾配から温度係数 $(\partial \Delta E/\partial T)_p$ を求めることができる．

例題 9.2　25 ℃ における次の電極 Cu^{2+} (0.0001 M) | Cu の電極電位を求めなさい．ここで，活量係数は 1 とする．

解　反応式は

$$\mathrm{Cu}^{2+} + 2\mathrm{e}^- \longrightarrow \mathrm{Cu}$$

金属電極の活量は 1 としてよいから，電極電位 E は

$$E = 0.337 - \frac{0.05916}{2} \log \frac{1}{0.0001} = 0.219 \text{ V}$$

となる。

例題 9.3

次の電池の 25℃ における起電力を求めなさい。

$$Zn|Zn^{2+}(0.01\text{ M}) \parallel Ag^+(0.05\text{ M})|Ag$$

ただし、0.01 M 亜鉛イオンの活量係数は 0.7、0.05 M 銀イオンの活量係数は 0.8 となる。

解

電池反応は $\quad Zn + 2Ag^+ \longrightarrow Zn^{2+} + 2Ag$

であるから、対応するネルンストの式は

$$E = E° - \frac{0.05916}{2} \log \frac{[Zn^{2+}][Ag]^2}{[Ag^+]^2[Zn]}$$

ここで、金属電極の活量は 1 としてよい。また、標準起電力 $E°$ は 1.562 V であるから

$$E = 1.5622 - \frac{0.05916}{2} \log \frac{0.01 \times 0.7}{(0.05 \times 0.8)^2} = 1.5432 \text{ V}$$

となる。

9.9 濃淡電池と pH メータ

電極電位は電解質の濃度（活量）によって変化するから、同じ電極を組み合わせても電解質の濃度が違えば起電力が生じる。これを**濃淡電池** concentration cell という。n 価の金属を電極に用いた濃淡電池の起電力は濃度（活量）の違い（活量が a_1, a_2）による電圧のみが現れ、次のように考えられる。

$$M|M^{n+}(a_1) \parallel M^{n+}(a_2)|M$$

電池反応は

$$M + M^{n+}(a_2) \longrightarrow M^{n+}(a_1) + M$$

である．起電力は両電極の還元電位の差になるから，25 ℃において，この濃淡電池の起電力は

$$E = \left(E° - \frac{0.05916}{n}\log\frac{1}{a_2}\right) - \left(E° - \frac{0.05916}{n}\log\frac{1}{a_1}\right)$$

$$E = E° - \frac{0.0516}{n}\log\frac{a_1}{a_2}$$

金属電極の代わりに水素電極を用いた濃淡電池

Pt, $H_2|H^+(a_1) \parallel H^+(a_2)|H_2$, Pt

を考える．簡単にするために右電極の水素イオンの活量を $a_2 = 1$ とする．水素イオン活量 (a_1) と pH は pH $= -\log(a_1)$ の関係にあるから，25 ℃における起電力 E は

$$E = 0.05916 \times \text{pH}$$

と表される．このことは，電池の起電力からその溶液の pH を求めることができることを示している．これが pH メータの原理である．水素電極は扱いにくいので，実際の pH メータでは基準電極として塩化銀またはカロメル電極が，作用電極としてガラス電極が用いられている．

例題 9.4

次の濃淡電池の 25 ℃における起電力を求めなさい．

$Ag|Ag^+(0.0001\,M) \parallel Ag^+(0.1\,M)|Ag$

ただし，0.0001 M 銀イオンの活量係数は 1，0.1 M の銀イオンの活量は 0.7 とする．

解

この反応式は，$Ag + Ag^+(0.1\,M) \longrightarrow Ag^+(0.0001\,M) + Ag$
起電力は式(9.31)から，

$$E = -0.05916 \times \log\frac{0.0001}{0.1 \times 0.7} = 0.168\ (\text{V})$$

となる．

9.10　生体系における酸化還元電位過程

　生体細胞内で起こる重要なエネルギー供給反応の1つが栄養物質の酸化である。この酸化は段階的に起こり，発生するギブズエネルギーは直接利用されるかまたはATP内のリン酸結合エネルギーとして貯蔵される。これらの酸化還元過程にも電極電位が対応する。例えば，NAD^+の還元過程は

$$NAD^+ + H^+ + 2e^- \longrightarrow NADH \quad E^{\circ\prime} = -0.32\,\text{V}\ (25\,\text{℃},\ \text{pH}\,7)$$

と表される。ここで，$E^{\circ\prime}$はpH = 7における標準電極電位である。生体の細胞液はおおむね中性であるから，pH = 7を標準状態にとるのが便利である。また，次の例題9.5より

$$O_2 + 4H^+ + 4e^- \longrightarrow 2H_2O \quad E^{\circ\prime} = 0.81\,\text{V}\ (25\,\text{℃},\ \text{pH}\,7)$$

である。したがって，NADHの酸化反応は

$$NADH + H^+ + \frac{1}{2}O_2 \longrightarrow NAD^+ + H_2O \quad E^{\circ\prime} = 0.81 - (-0.32)$$
$$= 1.13\,\text{V}$$

となる。この反応のギブズエネルギー変化$\Delta G^{\circ\prime}$（25 ℃，pH 7）はNADHの1モル当たり

$$\Delta G^{\circ\prime} = -nFE^{\circ\prime} = -2 \times 96487 \times 1.13 = -218\,\text{kJ}\cdot\text{mol}^{-1}$$

である。NADHが1モル酸化されるときに，反応は段階的に進み，ADPと無機リン酸から3モルのATPが生産されることが知られている。このときのATP生産に利用されるエネルギーは

$$\Delta G^{\circ\prime} = -nFE^{\circ\prime} = 3 \times 31 = 93\,\text{kJ}\cdot\text{mol}^{-1}$$

であるから，エネルギーの利用効率は50 %より低く，残りは熱になる。

例題 9.5　電極電位とpHに関する次の反応

$$O_2 + 4H^+ + 4e^- \longrightarrow 2H_2O \quad E^\circ = 1.229\,\text{V}\ (25\,\text{℃})$$

のpH 7における電極電位を求めなさい．

解 水素イオンが関係する反応では溶液のpHが直接電極電位に反映される．式(9.30)は次のように書くことができる．

$$E = E° - \frac{2.303RT}{4F} \log \frac{[H_2O]^2}{[O_2][H^+]^4}$$

$$E = E° - \frac{2.303RT}{4F} \log \frac{[H_2O]^2}{[O_2]} - \frac{2.303RT}{F} (\log[H^+])$$

ここで，$E = E° - \frac{2.303RT}{F} \times$ pH である．したがって，25 ℃，pH 7 における電極電位 $E°'$ は

$$E°' = 1.229 - 0.05916 \times 7 = 0.814 \text{ V}$$

となる．

標準電極電位 $E°'$（pH = 7）の値を用いて pH ≠ 7 のときの電極電位を求めるときも同様にすればよい．

9.11 輸送のある濃淡電池と膜電位

ダニエル電池の左電極と右電極の電解質は塩橋で連結されているが，理想的な塩橋では陽イオン・陰イオンの輸率が等しいので，電解質に電位（液間電位）は生じない．もし，左右電極の電解質が細い管で直接連結されていると片方の半電池から，他方の半電池への移動が起こり，液間電位が生ずる．

いま，1価の金属Mと電解質MXを用いた輸送のある濃淡電池を考える．左電極の電解質の平均活量を a_l，右電極の電解質の平均活量を a_r とすると，濃淡電池は次のように表される．

$$M|MX(a_l) \| MX(a_r)|M$$

電池は十分大きく，反応が起こってもイオンの活量は変化しないものと仮定する．電池内で反応物が1モル反応し，ファラデー定数 F に等しい電気量が移動したと

すると，イオンは次のように移動する．

$$M \longrightarrow M^+ \underset{t_-モルのX^-}{\overset{t_+モルのM^+}{\rightleftarrows}} M^+ \longrightarrow M$$

ここで，t_+ は M^+ の輸率，t_- は X^- の輸率である．このとき，高濃度側の電解質溶液では1モルの M^+ が還元されて電極に析出すると同時に t_+ モルの M^+ が低濃度側から流入し，t_- モルの X^- が低濃度側に流出する．結果として，t_- モルの MX が高濃度側から低濃度側に移動したことになる．右電極の電解質が高濃度であるとするとすると，電解質 MX が右から左へ移動するときギブズエネルギーの変化は

$$\Delta G = t_-(\mu_l - \mu_r)$$

となる．ここで，電解質 MX の化学ポテンシャル μ に式 $\mu = \mu° + RT \ln a$ を代入し，$-\Delta G = nFE$ を用いると

$$E = 2t_- \frac{RT}{F} \ln \frac{a_r}{a_l} \tag{9.33}$$

が誘導される．この式から，活量の値がわかっていれば，輸送のある濃淡電池の起電力から輸率の値を求めることができる．液間電位 E_j は液間電位がない電池の起電力と輸送のある起電力との差として表すことができる．式(9.33)において，$2t_- = 1$ とおいた式と式(9.33)との差をとれば，液間電位 E_j は

$$E_j = (1 - 2t_-) \frac{RT}{F} \ln \frac{a_r}{a_l} \tag{9.34}$$

と表される．ここで，$1 - 2t_- = t_+ - t_- = 2t_+ - 1$ であるから，陽イオンと陰イオンの輸率が等しければ液間電位は生じない．

活量の異なる溶液が膜によって仕切られているとき，膜の両側に電位差が生じる．これを**膜電位**という．例えば，膜の両側に2種類のイオン K^+ と Cl^- が分布しているときの膜電位は液間電位と同じ式で表される．特に膜が片方のイオンのみを通すときには，膜電位 E_m は次のようになる．

$$E_m = \pm \frac{RT}{F} \ln \frac{a_r}{a_l} \tag{9.35}$$

ここで+の符号は $t_+ = 1$（陰イオンが不透過性），-符号は $t_- = 1$（陽イオンが不透過性）の場合に対応する．また，2種類のイオンの透過性が等しければ膜電位は生じない．

いま，膜の両側に膜透過性のイオン K^+，Cl^- があり，膜の一方にタンパク質のような非透過性の高分子イオン（P^-）が存在しているとする．膜透過性のイオンの濃度は，反対側では Cl^- の濃度が高くなって膜の両側で等しくない状態で平衡になる．これを**ドナン** Donnan **膜平衡電位** membrane equilibrium という．

左	膜	右
$[P^-]$	:	……
$[K^+]_l$	:	$[K^+]_r$
$[Cl^-]_l$	:	$[Cl^-]_r$

次に，このイオン分布が平衡になる条件を求めると，K^+，Cl^- は膜を通して拡散できるから，K^+，Cl^- が左から右に移動したときのギブズエネルギー変化は

$$\Delta G = \Delta G^\circ + RT \ln \frac{[K^+]_r[Cl^-]_r}{[K^+]_l[Cl^-]_l}$$

となる．左側のイオンも右側のイオンも標準状態は同じであるから，$\Delta G^\circ = 0$ である．したがって，平衡状態（$\Delta G = 0$）になるためには

$$\frac{[K^+]_r[Cl^-]_r}{[K^+]_l[Cl^-]_l} = 1 \quad \text{または} \quad \frac{[K^+]_r}{[K^+]_l} = \frac{[Cl^-]_l}{[Cl^-]_r}$$

が成立する．このとき，**ドナン膜電位**は透過性のイオンによって表され

$$E_m = \frac{RT}{F} \ln \frac{[K^+]_r}{[K^+]_l}$$

膜電位はあらゆる生体組織に存在する．組織内で最も多量に存在するイオンは Na^+，K^+，Cl^- である．膜電位は，細胞内は，細胞内では細胞外より K^+ が多く，細胞外では Na^+ が多いことによって生じている．陽イオンのこの不均質分布は Na^+-K^+ ポンプによる能動輸送の結果と考えられている．

神経細胞膜の電位について考えてみよう．

ヤリイカの巨大軸索（神経）の内液（原形質）および外液（海水）に含まれる主なイオン種とその濃度（mM）は次のとおりである．

	外液	内液
K^+	10	400
Na^+	460	50
Cl^-	510	40 〜 150
静止電位	0	$-60\,mV$

K^+ または Na^+ による電位は静止電位と異なり，膜に対して不透過性であることがわかる．K^+ による電位（25℃）は，

$$E_m = 0.05916 \times \log \frac{10}{400} = -0.095\,V$$

となり，静止電位よりも低い．また，Na^+ による電位は

$$E_m = 0.05916 \times \log \frac{460}{50} = 0.057\,V$$

になる．この値は静止電位より約 120 mV 高く，膜が興奮してイオンの透過性が著しく増した状態に対応する．

参考文献

1) 馬場茂雄監修，渋谷　皓，松崎久夫編（2001）薬学生の物理化学　第2版，廣川書店
2) 大塚昭信，近藤　保編（1993）薬学生の物理化学　第2版，廣川書店
3) 佐治英郎，須田幸治，長野哲雄，本間　浩編（2005）スタンダード薬学シリーズ2．物理系薬学，I．物質の物理的性質，東京化学同人
4) R. Chang 著（岩澤康裕，北川禎三，濱口宏夫訳）（2003）化学・生命化学系のための物理化学，東京化学同人

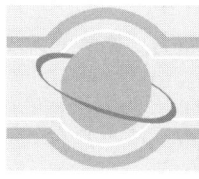

練習問題

1. 濃度 $5 \times 10^{-1} \times \text{mol}^{-1} \cdot \text{m}^{-3}$ の KCl 溶液を電気伝導度測定用セル（セル定数 $4.56 \times 10^2 \, \text{m}^{-1}$）へ入れ，抵抗を測定したところ，25 ℃において 6.13×10^4 Ωであった．この溶液の当量伝導度を求めなさい．

2. 溶液のコンダクタンスは $0.689 \, \Omega^{-1}$ である．セル定数が $0.255 \, \text{cm}^{-1}$ のとき，伝導率を求めなさい．

3. 次の電池の各電極の反応を書き，25 ℃における標準起電力を求めなさい．
    $$\text{Zn} | \text{Zn}^{2+} \, \| \, \text{Cu}^{2+} | \text{Cu}^+, \, \text{Pt}$$

4. 次の電極の電極電位を求めなさい．ただし，$0.01 \, \text{M} \, \text{Pb}^{2+}$ の活量係数は 0.4 である．
    $$\text{Pb}^{2+}(0.01 \, \text{M}) | \text{Pb}$$

5. 次の溶液近似的な pH を求めなさい（活量は濃度に等しいとする）．
    a. $0.1 \, \text{mol} \cdot \text{L}^{-1}$ の塩酸（完全に解離するものとする）
    b. $0.1 \, \text{mol} \cdot \text{L}^{-1}$ のクロロ酢酸（解離度 0.367）
    c. $0.022 \, \text{mol} \cdot \text{L}^{-1}$ のアンモニア（解離度 0.029）
    d. $1.0 \, \text{mol} \cdot \text{L}^{-1}$ のフェノール（解離度 0.000011）
    e. $0.1 \, \text{mol} \cdot \text{L}^{-1}$ の水酸化ナトリウム（完全に解離するものとする）

6. $10^{-7} \, \text{mol/L}$ 塩酸の pH を，水の解離を考慮した場合と，水の解離を考慮しない場合について求め，比較し，考察しなさい．

7. 安息香酸 12.2 g と安息香酸ナトリウム 91 g を用いて緩衝液 1 L を調製した．この緩衝液の pH を求めなさい．ただし，安息香酸の $K_a = 6.31 \times 10^{-5}$，安息香酸の分子量は 122，安息香酸ナトリウムのそれは 1441 である．

8. 生化学において重要な次の反応の電極電位（25 ℃）が表 9.5 に与えられている．
    $$\text{アセトアルデヒド} + 2\text{H}^+ + 2\text{e}^- \longrightarrow \text{エタノール}$$
    $$\text{NAD}^+ + \text{H}^+ + 2\text{e}^- \longrightarrow \text{NADH}$$
    a. 次の反応

アセトアルデヒド + NADH + H$^+$ ⟶ エタノール + NAD$^+$

について，対応する電池の 25 ℃，pH 7 における標準起電力，標準ギブズエネルギー変化，平衡定数を求めなさい．

b. NADH と NAD$^+$ が等しいとき，この反応を逆行させるためにはエタノールの濃度はアセトアルデヒドの濃度の何倍でなければならないか．活量係数は 1 として求めなさい．

9. タンパク質のような巨大分子は通さないが，Na$^+$ や Cl$^-$ のような小さなイオンは自由に通す半透膜で隔てられた 2 つのセルがある．いま，片方のセルに 0.1 mol·L^{-1} の溶液を別のセルには 1 mmol·L^{-1} のタンパク質を満たす．タンパク質は P^{n-}(Na$^+$)$_n$ の形で存在するとして，

a. 平衡のなったとき（ドナンの膜平衡）の各セルの Na$^+$，Cl$^-$ の濃度を求めなさい．

b. 平衡時に膜の両側に生じる電位差（膜電位）を求めなさい．

Chapter 10

界面化学

到達目標

1) 界面（表面）張力の概念を学ぶ.
2) 界面吸着と界面における平衡について学ぶ.
3) 界面活性剤の概念を学ぶ.

10.1 界面と界面化学

1つの物質の中に他の物質が微細な粒子として存在している系は一般に分散系と呼ばれ，この分散系の特性は微細に分散している粒子の表面に起因することが多い．そこで，この表面の性質を検討することは界面化学 surface chemistry と呼ばれる分野で盛んに行われている．界面 interface は気相と液相，液相と液相など二相の間で形成される．物質は一般に三状態で存在するので，5種類の界面が存在する．二相の一方の相を基準に考え，表面 surface と呼ぶこともあり，気-液界面および気-固界面はしばしば液体表面，固体表面と各々呼ばれている．界面に関する諸性質のうち，毛管現象や，"ぬれ" という自発的移動を起こさせる力としての界面張力 interfacial tension，界面において溶質濃度が格別に変わる吸着 adsorption，界面張力を著しく低くする界面活性剤 surfactant，それらに関連するミセル micelle，膜 membrane などを以下に取り上げる．

10.2 界面の性質

10.2.1 表面張力と界面張力

図 10.1 に示すように，液体の内部にある分子 A は周囲の分子からどの方向にも同じ強さで引かれているが，表面にある分子 B は外部から引かれない．そこで表面にある分子（B, C など）に働く引力は表面に垂直な力と表面に沿って前後左右に引かれる力とに分けることができる．表面に存在する分子はすべてこのような力を受けるから，表面の面積を小さくする一種の張力が作用し，この張力を表面張力 surface tension という．

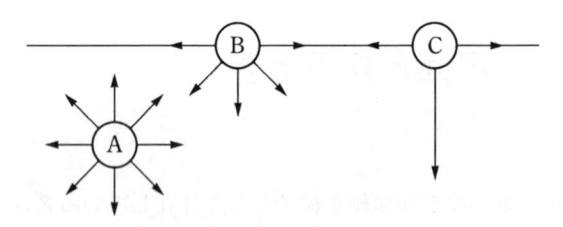

図 10.1 表面張力生成の原理

この表面張力を定量的にとらえるために図 10.2 に表面張力 γ の概念図を示す．いま図 10.2 のような枠組みの中の ABCD 部分に石けん液などの液体の薄膜を張ると，膜表面に働く表面張力のために，膜は縮もうとする．したがって，可動枠 AB を現在の位置に保つためには力 f を加えなければならない．この力 f は膜の幅 l に比例する．表面張力 γ は単位長さ当たりの張力であって，表裏二面あるので，

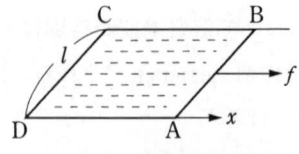

図 10.2 表面張力概念

10.2 界面の性質

$$\gamma = \frac{f}{2l} \tag{10.1}$$

で示すことができる．すなわち，γ は液体表面に平行に，液面上の単位長さの線に直角に働く応力である．表面張力の SI 単位は $N \cdot m^{-1}(= kg \cdot s^{-2})$ である．また CGS 単位は $dyne \cdot cm^{-1}(= g \cdot s^{-2})$ である．1 dyne = 10^{-5} N，1 cm = 10^{-2} m より，1 dyne·cm^{-1} = 10^{-3} N·m^{-1} = 1 mN·m^{-1} である．γ の別な考え方として，いま x 方向に dx だけ可動枠を移動させると膜面積は $2ldx$ だけ増加するが，このとき式 (10.1) を用いて，

$$\frac{\text{膜面になされた仕事}}{\text{増加した膜面積}} = \frac{-fdx}{2ldx} \equiv \gamma \tag{10.2}$$

で定義してもよい．この定義を熱力学の考え方から考え直すと，γ は単位表面積当たりの表面自由エネルギー*変化とみることができる．したがって，$-fdx = -dw = dG$ から面積変化を dA とすると，

$$\frac{dG}{dA} = \gamma \tag{10.3}$$

正式な表式としては次の式となる．

$$\gamma = \left(\frac{\partial G}{\partial A}\right)_{T,P} \tag{10.3'}$$

このように，ある液体表面の表面自由エネルギーと表面張力は同じ量であり，同じ記号 γ で表すのが普通である．表面自由エネルギーの SI 単位は $J \cdot m^{-2}$ である．1 J = 1 N·m だから，これは表面張力の単位 $N \cdot m^{-1}$ と同じである．このような議論は固-液，固-固，液-液の界面についても行うことができる．この場合に，γ は界面張力と呼ばれている．

しかし，固-液，固-固界面張力の測定は一般的には困難である．一方，液体の表面張力や液-液界面張力はよく研究されており，次の諸事項が知られている．2 液体間の界面における界面張力は，その 2 液体の相互溶解度が無視できるくらい小さ

---

* 液体の内部から表面に分子を移して 1 m^2 の表面を新しくつくるのに必要な仕事を表面自由エネルギー surface free energy あるいは表面エネルギー surface energy という．本書では我々になじみ深い表面張力を表面自由エネルギーと同様に区別することなく使用しているが，あくまでも物理的に意味をもつのは表面自由エネルギーである．

表 10.1　純液体の表面張力および水と有機液体間界面張力（mN·m^{-1}）

表面張力	水	72.8	水銀（273 K）	470
	1-オクタノール	27.5	銀（1243 K）	800
	ベンゼン	28.9	金（1343 K）	1000
	オクタン	21.8	塩化ナトリウム（1273 K）	98
界面張力	1-オクタノール/水	8.5		
	ベンゼン/水	35.0		
	オクタン/水	50.8		

い場合，各液体の表面張力の値の中間にあるのが普通である．部分的に混和する2液体間の場合は各表面張力の差で一般に近似される．2液体の分子間力が似ていれば，表面張力も近い値をとる．液体の表面張力は分子間力が増加するとともに増加し，無極性液体（例えば，ベンゼン，オクタンなど）よりも極性液体（例えば，水など）のほうが大きい．液体の表面張力は温度が上昇するとともにほとんど直線的に減少し，臨界温度に近づくにつれて小さくなり，臨界温度では0になる．20 ℃の水の表面張力は100 ℃では約80 %程度になる．

表 10.1 に数種の物質の表面張力を示す．温度の記載されてないものは20 ℃の値である．

10.3　表面張力の測定法

表面張力と界面張力の測定法には，毛管上昇法，つり板法，輪環法，滴重法および滴容法などがある．ここでは毛管上昇法，つり板法，輪環法について述べる．

毛管上昇法 capillary rise method の原理を図 10.3 に示した．毛管の一端を液中に挿入すると，液は管内をある高さまで上昇して，静止する．この液体の上昇する高さは，管が細いほど大きいことはよく知られているが，さらに液の表面張力が大きいほど高く昇る．そこで半径rの毛管を液中に垂直に挿入し，hの高さで静止したとする．このとき，メニスカスの上端（半径Rの円の接線）が管壁となす接触角をθをとすれば，液を引き上げている力は$2\pi r \cdot \gamma \cos \theta$で与えられる．他方これと

10.3 表面張力の測定法

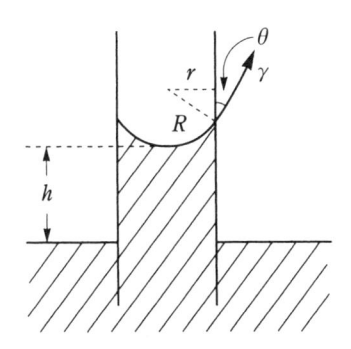

図 10.3 表面張力の測定法,毛管上昇法

釣り合いにある,高さ h の液柱に働く重力の寄与は $\pi r^2 \rho \cdot gh$（ただし,ρ は液体の密度,g は重力加速度）であるから次の式が成立する.

$$\gamma = \frac{h\rho gr}{2\cos\theta} \tag{10.4}$$

高い精度で測定するには,メニスカスの凹部分の質量も重力寄与分として補正すれば,γ を 10^{-4} 程度の精度で測定できる.

つり板法 hanging plate method はウィルヘルミィ Wilhelmy 法とも呼ばれている.この方法の原理は図 10.4 に示すように雲母,ガラスまたは白金板を問題の界面からちょうど引き離すための最小の力 F を測ることにある.つり板のまわりには表面張力が作用している.板は長方形だから,周囲の長さ l は $2 \times$(長さ＋厚さ)に等しい.そこで,表面張力は次式で与えられる.

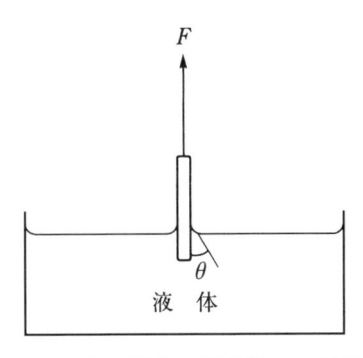

図 10.4 表面張力の測定法,つり板法

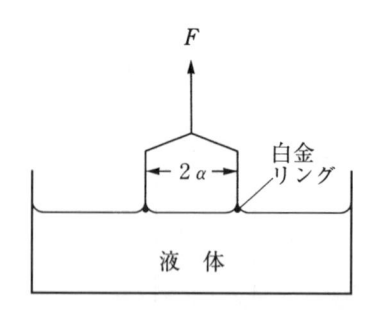

図 10.5 表面張力の測定法，輪環法

$$\gamma = \frac{F}{2 \times (長さ + 厚さ)} \tag{10.5}$$

この方法ではつり板が液体に完全にぬれ，接触角がゼロになる必要がある．このため，ガラスなどのつり板表面に一様にすりを入れることがある．この方法によれば，1つの液体の上に低密度の液体をのせ，その界面の界面張力を測定することもできる．このとき，下側の液体でつり板が完全にぬれることが重要である．

輪環法 ring method は，円周が L の白金環を測定界面からちょうど引き離すための最小の力 F を測る方法である（図10.5）．表面張力は次式で与えられる．

$$\gamma = \frac{\beta F}{2L} \tag{10.6}$$

除数2は円環の内周と外周がともに界面から離れることを考慮している．β は円環が離れる直前の液面の歪みを補正する因子である．界面張力の測定では，密度の異なる2つの液体の界面にリングを置き，これを下側の液体から上側の液体中に引き上げるようにして測定される．この型のものとしてデュ・ヌーイ Du Noüy 表面張力計が広く用いられている．そのほかの測定方法に，表面張力を決める液体を垂直な細い管の先端から非常にゆっくりとたらす滴重法 drop weight method がある．

10.4　ぬれ（拡張係数）

水面に不溶性の油の小滴を落としたとき，広がって薄膜となり虹の七色が認めら

れたりする場合と，油滴のまま浮かんでいる場合とがある．これらの現象を"ぬれる，ぬれない"といった言葉で通常いい表している．"ぬれる"か"ぬれない"かは，次式で定義される拡張係数 spreading coefficient（S）の正負で決まる．

$$S = \gamma_1 - \gamma_{12} - \gamma_2 \tag{10.7}$$

ここで，γ_1 は液体 L_1 の表面張力，γ_2 は液体 L_2 の表面張力，γ_{12} は L_1 と L_2 の界面張力である．$S \geqq 0$ のとき，L_2 は L_1 の表面を広がり，$S < 0$ のときは広がらない．例えば，1-オクタノールと水は前者の例であり，二硫化炭素と水は後者の例である．固体表面のぬれについても液-液界面と同様な式が成り立つことが知られている．

$$S = \gamma_S - \gamma_{SL} - \gamma_L \tag{10.7'}$$

ここで，γ_S は固体 S の界面張力，γ_L は液体 L の界面張力，γ_{SL} は S と L の界面張力である．図 10.6 には，固体表面に広がらないで滴となった液体の様子を示した．液滴と固体表面が接する点での接線を引いて，その間の角度を θ とすると，それぞれの界面張力の間に釣り合いの関係式，$\gamma_S = \gamma_{SL} + \gamma_L \cos \theta$（ヤング Young の式）が成り立ち，これを式（10.7'）に代入すると，

$$S = \gamma_L (\cos \theta - 1) \tag{10.8}$$

の関係式が得られる．$\theta = 0$ の場合，$S \geqq 0$ となり液は表面に平らに広がる．一定の液体（γ_L が一定）では，その液体に対する固体の親和性が増大すれば θ は小さくなる．例えば，固体表面の疎水性が強いほど水の接触角は大きくなる．シリコンあるいはテフロンコートの雨傘の表面上の水滴で容易にこの現象は確認できる．繊維や粉体における毛管状の固体面に沿ってぬれる場合（浸漬ぬれ），式（10.7'）の γ_L 分の変化は考えなくてよいので $S' = \gamma_L \cos \theta$ となり，$0 < \theta \leqq 90°$ の場合 $\cos \theta > 0$ となり，ぬれる．ガラス上の水銀などのような場合でも，液の固体表面への付着の仕事が考えられ，$S'' = \gamma_L (\cos \theta + 1)$ の関係が成り立ち，"付着ぬれ"とい

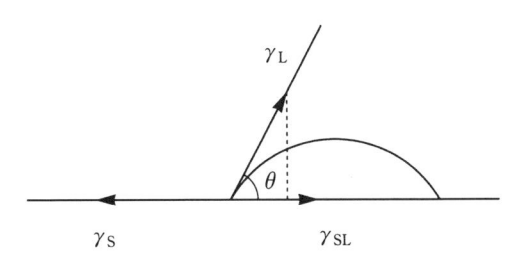

図 10.6　固体表面上の液滴に働く力

い表している.この場合,90°＜ θ ≦ 180°で,cos θ ＜ 0 となりぬれる.ただし,付着ぬれしか起こらない場合（θ ＞ 90 ℃）は,一般にその固体は液にぬれないという.

10.5　吸着と吸着等温式

　液相や気相から溶質や気体分子が固体表面に取り去られる現象を吸着 adsorption という.吸着されている物質が気相または液相に戻ることを脱着 desorption という.これらの現象は,例えば,冷蔵庫内の活性炭での脱臭やシリカゲルによる食品の防湿など一般の生活分野まで広く利用されている.この吸着現象は固体表面に起こるばかりでなく,液体表面や溶液の界面にも起こる.すべての型の界面における吸着は次のような共通な特徴をもっている.① 吸着は選択的である.② 吸着は速い過程である.吸着速度は温度の上昇とともに増加すが,吸着される量は減少する.③ 吸着は自発的過程であり,常に発熱を伴う.すなわち,ΔG は負であり,吸着によりエントロピーの大きな状態（運動の自由度が大きい）からエントロピーの小さな状態に変化したので ΔS は負であり,次式の右辺第 2 項は必ず正となることより,

$$\Delta G = \Delta H - T\Delta S$$

ΔH は常に負となる.吸着に伴う発熱量を吸着熱 heat of adsorption と呼ぶ.

　吸着が起こっている界面では時間の経過により,それ以上吸着しなくなり吸着量の変化しない平衡状態に達する.温度を変化させると,吸着か脱着が起こり,時間が経てばまたその温度による平衡状態に達する.このような平衡状態を吸着平衡 adsorption equilibrium という.吸着量を m,温度を T,分圧（または濃度）を P と書けば,

$$m = f(P, T) \tag{10.9}$$

である.すなわち,吸着量は分圧（または濃度）と温度の関数である.この式 (10.9) は 1 つの状態式であり,吸着式という.温度一定のとき,吸着式は分圧だけの関数となる.この関係を吸着等温線 adsorption isotherm,関係式を吸着等温式という.また分圧一定における吸着量と温度との関係を吸着等圧線 adsorption

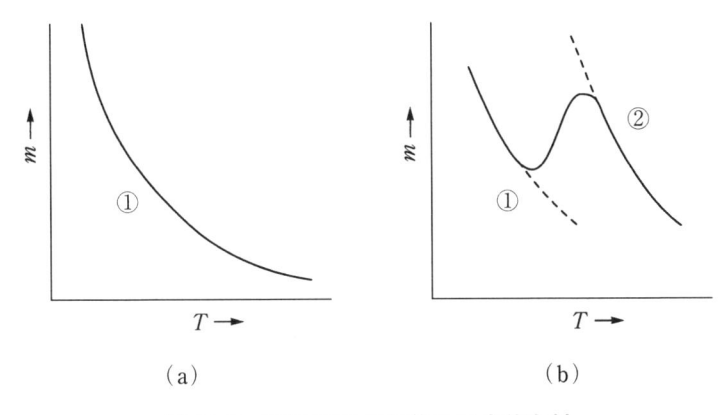

図 10.7　固体表面の吸着の温度依存性

isobar という．

　上述のように，吸着反応は $\Delta H < 0$ であるため，ル・シャトリエの平衡移動の原理からわかるように低温ほど吸着量が多くなる．したがって，吸着量 m と温度 T との吸着等圧線は図 10.7（a）のようであるが，ある場合には同図（b）のような曲線を示すこともある．これは（a）では物理吸着 physical adsorpton（①）のみが起こっているのに対して，（b）では ① から化学吸着 chemical adsorption（②）のカーブへと転移した，すなわち，ある温度から吸着機構が変化したからと考えられる．

　一般に物理吸着の過程では吸着熱（ΔH：約 -40 kJ mol^{-1} 以下）は小さくて液化熱程度であり，また吸着速度は速い．吸着剤分子と吸着分子との分子間相互作用には，双極子-双極子，双極子-誘起双極子または分散力などの分子間力が働いている．その吸着層の厚さは1分子から多分子にまで及ぶことが知られている．物理吸着は吸着の条件，例えば分圧，温度などを変化させると比較的容易に吸着平衡が変化する．すなわち，物質が毛細管内に凝縮されることによって吸着されている場合を別にして可逆的反応である．一方，化学吸着の過程では吸着熱（ΔH：約 -80 kJ mol^{-1} 以上）は大きく反応のエンタルピー程度の発熱があり，活性化エネルギーを必要とするため吸着速度は一般に物理吸着に比較して遅い．

　化学吸着の過程は，吸着剤分子と吸着分子との分子間に共有結合または配位結合が働き，化合物を形成するときのみにみられ，一般には不可逆的反応と考えてよい．化学吸着された物質は真空中で高温に加熱することにより取り去ることも可能であるが，もとの形よりむしろ吸着剤との化合物（あるいはその化合物の分解物）とし

て放出される．また化学吸着では，吸着剤と吸着質間の結合機構の特性によって1分子より厚い層が生ずることはない．化学吸着は，物理吸着に比べて高度に選択的であり，温度等の条件に依存する．

10.5.1 吸着等温式

吸着現象は吸着等温線によって記述されるので，どのような吸着であるかを知るためにも，典型的なその形とそれについての理論は知っておく必要がある．吸着等温線の典型的な形を図10.8に示す．図中の縦軸は吸着剤の単位質量当たりに吸着された物質の量，横軸は平衡圧力または平衡濃度である．

吸着に関して古くから知られている実験式としてフロイントリッヒ Freundlich の吸着等温式がある．一定の温度で一定の固体に吸着される気体の量を m，気体の圧力を p とすれば，

$$m = kp^{1/n} \tag{10.10}$$

ここで，n は実験にあうように定められる定数である．k は比例定数である．その大きさは，$p = 1$ になるときの吸着量に等しいのであるから，k の大きい場合は吸着が強いということになる．この式への適合性は $\log m$ と $\log p$ との直線性を確かめればよい．

溶液の中から溶質が吸着される場合には，この式の p を平衡時の溶液の濃度 C に置き換えた式になる．$m = kC^{1/n}$ とすればよい．n は実験的に1より大きく10より小さい値である．したがって，吸着される量 m は，濃度 C に比例せず，濃度が r 倍になっても，吸着は r 倍にはならない．言い換えると，濃度の小さいときのほうが，吸着される割合が大きいわけである．この事実は，活性炭または他の吸着剤と

フロイントリッヒ型　　ラングミュア型　　BET型

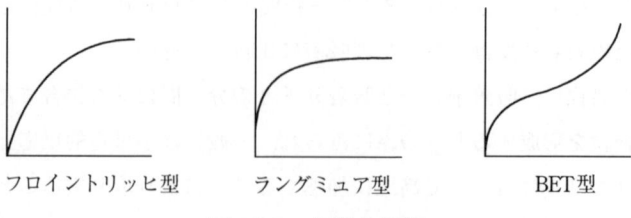

図10.8　各種の吸着

共に振とうして，溶液中の有機化合物を脱色および精製する基礎となっている．

ラングミュア Langmuir の吸着等温式は，固体の表面に吸着された分子が1分子の厚さ（単分子層）であるとして導かれた理論式である．この式も意味を中心に考察する．例えば，固体表面に気体が接触しているとき，一定の温度で，固体の単位表面に吸着されている気体の量 m は次の式で示される．

$$m = \frac{abp}{(1+bp)} \tag{10.11}$$

p は気体の圧力で，a, b は実験結果と一致するように定められる定数である．溶液の中から溶質が吸着される場合には，圧力 p の代わりに平衡時の溶液の濃度 C を上の式に代入して用いればよい．この式を変形すると，

$$\frac{p}{m} = \frac{1}{ab} + \frac{p}{a}$$

と表せるので，ラングミュアの式への適合は $\frac{p}{m}$ と p との直線性を確かめればよく，この勾配と切片から a と b が求められる．a は吸着剤の飽和吸着量を示し，b は吸着における平衡定数と考えられ，吸着量 m は b が大きいほど大きくなることも理解できる．

ブルナウアー Brunauer，エメット Emmett，テラー Teller はラングミュアの式における単分子吸着層仮定を多分子層に変えた場合を考え，多くの物理吸着に適用できる理論式，BET式を提出した．この式が適用対象となる吸着の型は多くの吸着剤についての蒸気吸着にみられる．

$$V = \frac{c \cdot V_m \cdot p}{(p_0 - p)\left[1 + \frac{(c-1)p}{p_0}\right]} \tag{10.12}$$

ここで，V は吸着された気体の容積，V_m は固体の全表面積を単分子吸着層でおおうに要する気体の容積，p は圧力，p_0 は飽和蒸気の圧力，c は定数である．$0.05 < \frac{p}{p_0} < 0.35$ の範囲でよく成立する例が多い．この式は

$$\frac{p}{V(p_0-p)} = \frac{1}{V_m \cdot c} + \frac{c-1}{V_m \cdot c} \cdot \frac{p}{p_0} \tag{10.12′}$$

と変形できるので，この式が成立するか否かは，式（10.12'）で $\dfrac{p}{V(p_0-p)}$ と $\dfrac{p}{p_0}$ との直線性を検定すればよい．切片と勾配から V_m と c を定めることができる．定数 V_m から表面積を算出することができる．固体表面積の測定法には多くの方法があるが，BET 法に基づく気体吸着による方法が，精度が高く，比較的簡単であることから最もよく用いられている．

10.5.2　液体表面における吸着と Gibbs の吸着式

一般に，液体に溶けた溶質はその表面張力または界面張力を変化させる．液体に溶質成分が加えられると，この溶質は液体の内部と表面とに分布する．溶質の界面や表面での濃度が内部の濃度より高くなる場合，この溶質は界面に正吸着 positive adsorption するといい，界面張力や表面張力は低下する．このような溶質は界面活性 surface active であるといわれる．一方，溶質の界面や表面での濃度が内部の濃度より低くなる場合，この溶質は界面に負吸着 negative adsorption するといい，界面張力や表面張力はほとんど変化しないか，むしろ少し高くなる．このような挙動を示す溶質は界面不活性 surface inactive といわれる．

溶液における吸着現象と表面張力の関係は，以下に述べるようにギブズ Gibbs の吸着等温式が導かれており，熱力学的に定量的に扱われている．しかし，この式は電解質溶液ではイオンの吸着により表面張力が変化するなど複雑な条件のため適用できない場合が多い．ギブズの式は次のようにオストワルド Ostwald の方法により導くことができる．

溶液の表面張力を γ として，この溶液の表面積 S の表面層中に溶質 n mol だけ溶液中よりも余分に含まれているとする．いま溶質の微量が溶液から表面に移動し，そのため表面張力に $d\gamma$ の変化があれば表面エネルギーの変化は $S \cdot d\gamma$ である．このエネルギーは同量の溶質を溶液から除く際の浸透圧の仕事に等しい．溶質 n mol を含む溶液の容積を V とし，浸透圧を π とし，溶質の除去による浸透圧の変化を $d\pi$ とすれば，この仕事は $-V \cdot d\pi$ であるから，$S \cdot d\gamma = -V \cdot d\pi$ が成立する．希薄溶液では $\pi V = nRT$ の関係が適用できるので，$\dfrac{d\gamma}{d\pi} = -\dfrac{nRT}{\pi S}$ と変形できる．浸

透圧は濃度に比例するので，π を濃度 (C) に置き換えて $\dfrac{d\gamma}{dC} = -\dfrac{nRT}{CS}$ が得られる．ここで S は溶質 n mol だけ余分に有する表面積であるから，単位面積については $\dfrac{n}{S}$ だけ過剰となる．いま $\dfrac{n}{S} = \Gamma$ とすれば，

$$\Gamma = -\frac{C}{RT} \cdot \frac{d\gamma}{dC} \quad \text{または} \quad \Gamma = -\frac{1}{RT} \cdot \frac{d\gamma}{d\ln C} \tag{10.13}$$

これをギブスの吸着等温式という．

非理想溶液の場合には濃度 C を活動度で置き換えればよい．Γ は単位面積当たりの溶質の吸着量，$\dfrac{d\gamma}{dC}$ は濃度変化による表面張力の増加する割合をそれぞれ示している．$\Gamma > 0$ すなわち，表面付近の溶質濃度が液内部より高くなるときは，$\dfrac{d\gamma}{dC} < 0$ となり，溶質濃度の増加で表面張力 γ が低下する場合であり，脂肪酸，アルコール，界面活性剤などはこのような正吸着を生じる典型的な物質である．$\Gamma < 0$，$\dfrac{d\gamma}{dC} > 0$ では溶質濃度の増加で表面張力が増加する場合であり，先に述べた負吸着に相当し，無機塩類などがよく知られている．

10.6　界面活性剤

水と油は互いに溶け合うことはない．いま水と油が界面をなして存在する中に，セッケン液を入れて振とうすると，いままであった明確な境界面はなくなり，あたかも水と油が溶け合ったかのような状態を示す．これはセッケンが水と油の両方の性質をもち，水と油の二相間の界面に作用して，それらの界面張力を著しく低下させた結果と考えられる．セッケンが示したこの性質を界面活性といい，そのような性質を示す物質を界面活性剤という．これに対して，界面張力をわずかに低下するか，あるいはかえって多少増加させる物質は界面不活性であるという．

(a)

オレイル硫酸ナトリウムの濃度

(b)

塩化ナトリウムの濃度

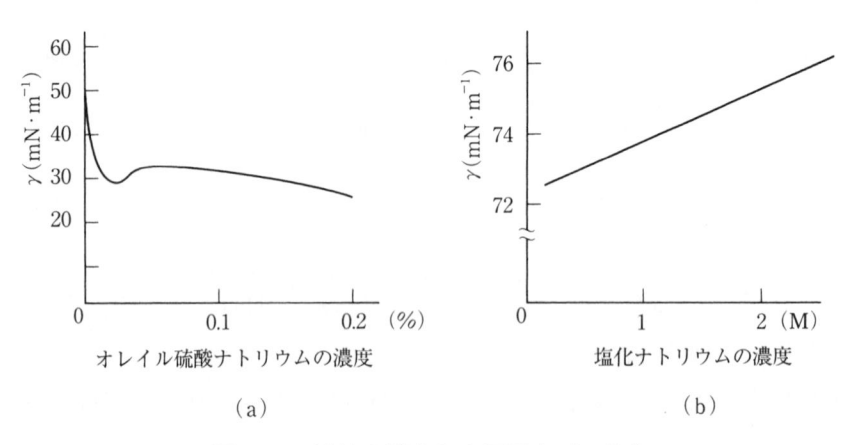

図 10.9 溶液の濃度と表面張力（25 ℃）

図 10.9 に界面活性剤であるオレイル硫酸ナトリウムおよび塩化ナトリウムの濃度と表面張力 γ の例を示した．前者は界面活性剤であるのでその少量の添加で液体の表面張力を大きく減少させるが，界面不活性である塩化ナトリウムは表面張力をほとんど変えないか，またはわずかに増加させる．界面活性作用の大きい脂肪族アルコール，脂肪酸やその塩類の水溶液では同族列の炭素数が増すにつれて急激に界面活性度が増大する（図 10.10）．チスコウスキー Szyskowski により，これらの

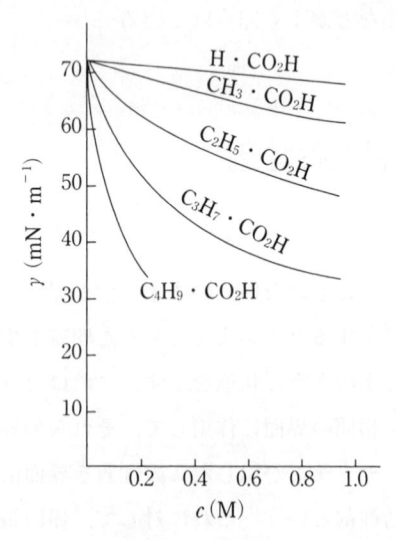

図 10.10 カルボン酸類の炭素数増加と表面張力の関係

10.6 界面活性剤

実験結果に対して次の実験式が提唱されている.

$$\Delta\gamma = \gamma_0 - \gamma = \gamma_0 A \cdot \ln\left(1 + \frac{c}{k}\right) \tag{10.14}$$

γ_0, γ はそれぞれ水,溶液の表面張力,c は溶液の濃度,A は同族列について,k は各物質についての固有な値である.例えば,脂肪酸の場合,アルキル鎖中のメチル基を1つ増す度に,k は $\dfrac{k_n}{k_{n+1}} \fallingdotseq 3$ の比で減少する定数である(トラウベ Traube の規則といわれている).式(10.14)は式(10.13)と組み合わせるとラングミュアの吸着等温式が得られることより,式(10.14)はラングミュアの吸着等

表10.2 界面活性剤の分類

イオン性		名 称	化学構造
イオン性界面活性剤	陰イオン界面活性剤	脂肪酸塩(セッケン),M = Na, K	$RCOO^- M^+$
		アルキルスルホン酸ナトリウム	$RSO_3^- Na^+$
		アルキルベンゼンスルホン酸ナトリウム	$RC_6H_4SO_3^- Na^+$
	陽イオン界面活性剤	アルキルアミン塩酸塩	$RNH_3^+ Cl^-$
		ハロゲン化アルキルアンモニウム	$RN^+(R^1R^2R^3)X^-$
		ハロゲン化アルキルピリジニウム	ピリジニウム環 N^+ –R, X^-
	両性界面活性剤	アルキルベタイン	$RN^+ \begin{cases} R^1 \\ R^2 \\ R^3-COO^- \end{cases}$
		アミノ酸型	$RNHCH_2CH_2COOH$
非イオン性界面活性剤		POE-アンヒドロソルビトールモノ脂肪酸エステル(Span)	HO, OH を持つ糖環 $CHCH_2OOC-R$, OH
		POE-ソルビタンモノ脂肪酸エステル(Tween)	$H(EO)_nO$, $O(EO)_nH$ を持つ糖環 $CHCH_2O(EO)_nOC-R$, $O(EO)_nH$
		脂肪酸モノグリセリド	$RCOOCH_2CH(OH)CH_2OH$

POE:polyoxyethylene $[-(CH_2CH_2O)_n-]$,EO:oxyethylene $[-CH_2CH_2O-]$

温式の別の表し方ということができる．ただし，吸着層の吸着分子が密になると横方向の相互作用が大きく式（10.14）は成立しない．

界面活性剤の分子構造は共通して 1 分子の中に親水性 hydrophilic 部分と親油性 oleophilic（hydrophobic）部分を有している．親油性部分としては，直鎖または分岐鎖の炭化水素鎖，芳香族環または複素環，およびこれらの複合されたものなどである．親水性部分としてはカルボン酸塩，スルホン酸塩，硫酸エステル塩，リン酸エステル塩，第 4 級アンモニウム塩，ポリオキシエチレン鎖等である．界面活性剤の数は，上述の親水基と親油基のさまざまな組み合わせにより数千にもなるが，親水基の種類によって陰イオン性，陽イオン性，両性および非イオン性界面活性剤に大別される．その他，サポニン類や胆汁酸類などの biosurfactant と呼ばれる天然の界面活性剤，ポリビニルピリジン誘導体などの高分子界面活性剤（ポリソープ）も知られている．表 10.2 に代表的なイオン性，非イオン性界面活性剤の分類を示した．

10.7 ミセル

界面活性剤は溶液中で会合し，分子間相互作用の結果，コロイドの大きさを有する熱力学的に安定な集合体すなわちミセル micelle を形成する．例えば，ドデシル硫酸ナトリウム（局方名；ラウリル硫酸ナトリウム，分子量 288.4）では会合数 60 ～ 80 のミセルを形成する．このような挙動を示す物質には，界面活性剤以外にも，メチレンブルーなどのある種の色素，レシチンなどのホスホリピドなどが知られている．ミセル生成はある一定濃度範囲に達すると急激に起こることが特徴であり，この濃度を臨界ミセル濃度 critical micelle concentration（cmc）と呼んでいる．非常に希薄な溶液中ではイオン性界面活性剤は通常の電解質として作用するが，ある濃度に至り，急激に電気伝導度，表面張力，浸透圧等の物理的性質が変化する．これは cmc においてミセルが形成されたためと考えることができる．図 10.11 にドデシル硫酸ナトリウム $C_{12}H_{25}SO_4^-$ Na^+ 水溶液の物理的性質の変化を例示した．ミセルの構造に関しては，球状円筒型ミセル，棒状ミセル，層状ミセル等の説がある．図 10.12 に代表的なミセルの構造モデルを示した．現在は cmc の付近の濃度では球

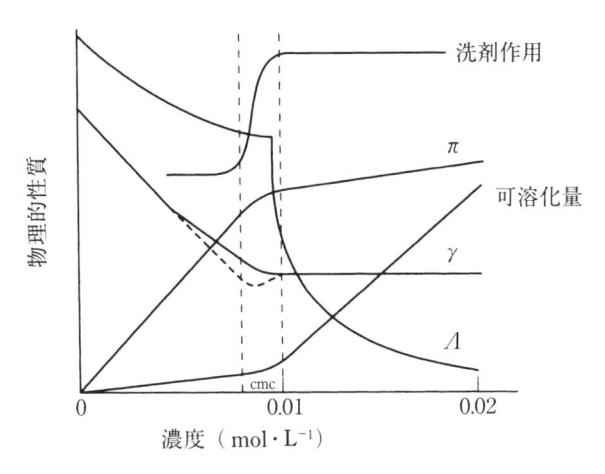

図10.11 25℃におけるドデシル硫酸ナトリウム水溶液の物理的性質
γ = 表面張力,Λ = モル伝導度,π = 浸透圧,cmc = 臨界ミセル濃度

図10.12 いろいろなミセルの推定構造モデル

状ミセルを考えるのが一般的である.

　イオン性界面活性剤の水に対する溶解度は,ある濃度に達するまでは温度上昇に伴って徐々に直線的に増加していくが,ある温度以上でその溶解度が急激に増加する.この温度を発見者の名をとりクラフト点 Krafft point と呼んでいる.クラフト点以下では,非会合界面活性剤の飽和溶液の濃度は cmc 以下である.温度の上昇に伴って,溶解性は徐々に増加し,クラフト点で cmc に達する.クラフト点を越えると水溶性の非常に大きなミセルが生成するため溶解度は急激に上昇する.クラフト点は界面活性剤の cmc がその飽和溶解度と等しくなる温度であると考えられる.

　非イオン性界面活性剤では,クラフト点に相当する温度はみられない.非イオン性界面活性剤は,親水基として酸素を含んだ原子団(例えば,オキシエチレン,$-CH_2-CH_2-O-$)を有しており,イオン性のものと違った性質を示す.そ

の溶液を温めるとある温度で混濁または二層分離を示す．この温度を曇点 clouding point という．この現象は次のように説明されている．非イオン性界面活性剤は，分子内の酸素原子が水の分子と水素結合により水和した状態で水に溶けている．この結合は温度に敏感で，温度の上昇でこの水素結合が切れて脱水（親水性が減じる）するためミセルの大きさに変化が生じて濁りが生じ，さらに温度が高くなると二層に分離すると考えられる．親水基の短いものほど親水性が弱いので曇点も低い．曇点現象は転相乳化法への利用が知られており，HLB 値とともに実用上重要な目安と考えられる．

　界面活性剤の濃度が cmc 以上のミセル状態を形成している水系に難水溶性物質を添加すると，それらはミセルに取り込まれて透明な状態で溶けるようになる．これを可溶化 solubilization という．一般の溶解現象は溶質が溶媒中へ分子状態となって相互に溶け合うのであるが，溶質がミセル中の界面活性剤分子に捕らえられて溶解度が増加したのであり，分子状で溶媒中に分散するのでないから真の溶解ではなく可溶化と呼ばれている．しかし，溶質が余りに多いとミセルをつくれずに，溶質小粒子が界面活性剤分子で保護されて乳化分散（第 11 章で学ぶ）することになる．

　界面活性剤は同一分子中に親水基と親油基（疎水基）をもっているために，親水性と親油性のバランス，親水親油バランス hydrophile-lipophile balance（HLB）が重要である．HLB は，分子内の親水基と親油基のどちらが強いかを量的に表現するため，経験的に導入された概念で，広く一般的に用いられている．しかし HLB は主として非イオン性活性剤を対象として経験的に求められたもので，理論的裏付けは十分でない．この値が大きいほど親水性が強く，小さいほど親油性が強くなることを示している．HLB ＝ 7 が両者のバランスが取れている点であり，その上下 18 〜 1 に分布する．HLB は式（10.15）に示すように親水基と親油基の質量比で決まってくる．2 種類の界面活性剤を混合した時の HLB を求める式（10.16）も知られている．

$$\mathrm{HLB} = 7 + 11.7 \log \frac{M_\mathrm{w}}{M_\mathrm{o}} \tag{10.15}$$

この式で M_w，M_o はそれぞれ親水基，親油基の部分分子量である．

$$\mathrm{HLB}_{AB} = \frac{(\mathrm{HLB}_A)W_A + (\mathrm{HLB}_B)W_B}{W_A + W_B} \tag{10.16}$$

	HLB 値	用途例
親油性 ↑	1.5〜3	消泡剤
	4〜6	油中水型（w/o）乳剤の乳化剤* モノステアリン酸グリセリン セスキオレイン酸ソルビタン（Span 83）
	7〜9	湿潤剤
	8〜18	水中油型（o/w）乳剤の乳化剤* ラウロマクロゴール ポリソルベート 80（Tween 80）
↓ 親水性	13〜15	洗浄剤
	15〜18	可溶化剤

図 10.13　界面活性剤の HLB 値と用途

＊11.7 参照

　この式で HLB_A, HLB_B および HLB_{AB} はそれぞれ界面活性剤 A，界面活性剤 B および両者の混合物の HLB である．W_A, W_B はそれぞれの界面活性剤の質量である．

　界面活性剤の作用には乳化や可溶化等をあげることができる．図 10.13 に各種の界面活性剤の HLB 値とその主な作用と用途を示した．この図より，界面活性剤がその性質と使用目的によって湿潤剤 wetting agent，洗浄剤 detergent，浸透剤 penetrant，分散剤 dispersing agent，乳化剤 emulsifier，可溶化剤 solubilizer，消泡剤 defoaming agent，起泡剤 foaming agent など種々の名称で呼ばれている理由が理解できるであろう．また塩化ベンザルコニウムなどの 4 級アンモニウム塩をもつカチオン性界面活性剤は殺菌・消毒作用があり，広く使用されている．

10.8　膜

　オレイン酸のように水に不溶性の油を一滴水面に滴下すると，その拡張力によって水面を拡がり，水面が広い場合，一分子（単分子）の厚さまで拡がる．ステアリン酸などもこれをベンゼン，石油エーテルなどの有機溶媒に溶かし，その少量を水

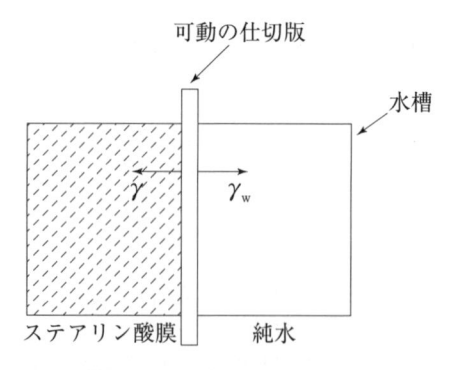

図 10.14　表面圧の観察例
（大塚昭信，近藤保編（2004）薬学生のための物理化学　第3版，p.250，廣川書店）

面に滴下すれば溶媒が揮発した後にステアリン酸分子の一定数が単分子層状に配列して水面上に残ると考えられる．このように水面上にできた水不溶性物質の膜を単分子膜 monomolecular film という．この単分子膜をつくることのできる物質は，炭化水素の一端に -COOH，-OH，-NH$_2$，-CN などの極性基をもち，その極性基を水中に残し，疎水基を空気中に出して水面上で二次元的運動を行っていると考えられている．界面活性剤も界面上でこの単分子膜を形成するが，濃度が高くなるとある特異な濃度（cmc）でミセルをつくり凝集する．このミセルは界面ではなく溶液の内部に存在することとなる．

いま，図 10.14 のように中央に可動の仕切板を置いた水槽の左側にステアリン酸膜をつくる．右側の純水の表面張力 γ_w と左側のステアリン酸膜を有するほうの表面張力 γ の関係が $\gamma_w > \gamma$ であるから，仕切板は右のほうに $\gamma_w - \gamma$ の力で押される．この圧力を表面圧 surface pressure と呼び F で表す．

$$F = \gamma_w - \gamma \tag{10.17}$$

この F は単分子膜の面積によって変化するが，膜天秤と呼ばれる装置で求めることができる．

単分子膜を形成した 1 分子当たりの断面積 A は次式により求めることができる．

$$A = \frac{MS}{V\rho N} \tag{10.18}$$

M は分子量，S は膜で覆われた部分の表面積，V はその体積，ρ はその密度，N はアボガドロ数である．

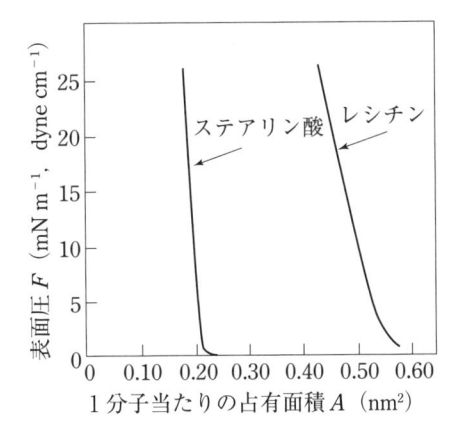

図10.15　ステアリン酸とレシチンのF-A曲線
(大塚昭信，近藤保編（2004）薬学生のための物理化学　第3版，p.251，廣川書店)

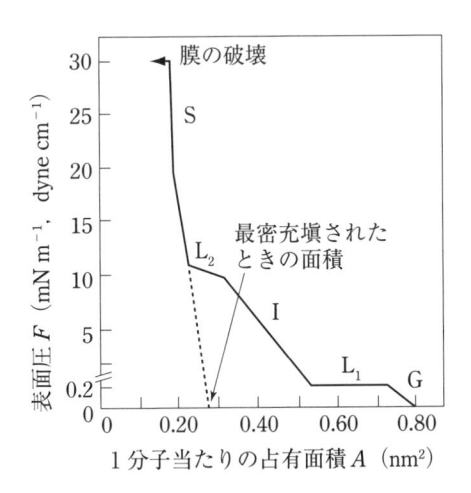

図10.16　典型的なF-A曲線
(大塚昭信，近藤保編（2004）薬学生のための物理化学　第3版，p.251，廣川書店)

ステアリン酸とレシチンの場合について，F-A曲線すなわちFとAの関係は図10.15のようになる．一般に単分子膜の種類をFとAの曲線から分類すると図10.16のようになる．直鎖飽和脂肪酸では，膜が0.5〜0.6 nm^2/分子以上の界面に広がっている場合（領域G）は，膜天秤に圧力はほとんどかからず，膜は二次元における気体のように働く（気体膜）．膜が圧縮され始めると，（領域L_1〜G），液相L_1は気相と平衡を保っていると考えられる．さらに圧縮した状態（領域L_1）は二

次元における液体の状態とみなせる（液体膜）．遷移状態（領域 I）から膜をほとんど圧縮できない密な状態（領域 L_2）を経て最密な状態（領域 S）となる．このとき膜は二次元固体状態とみなせる（固体膜）．最終的には，分子は互いにすべり合い，強く圧縮することにより単分子膜は破壊する．密充填膜の 1 分子当たりの断面積は，図 10.16 の破線で示されているように，直線部分を水平軸に補外する．すなわち $F \to 0$ のときの占有面積であり，直鎖脂肪酸に対する値は $0.2 \sim 0.23$ nm^2 であり，X 線回折から求めた分子断面積（$0.18 \sim 0.2$ nm^2）に近い値である．したがって，この状態では分子は水面上に直立した形で互いに密接していると考えられる．しかし気体膜の状態では極性基を水中にいれた状態で分子そのものは横倒しの形で存在していると考えられている．$F\text{-}A$ 曲線は界面での分子の挙動を二次元という単純化した形で考察を可能とするため古くより多くの研究がなされている．

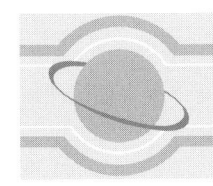

練習問題

次の記述の ☐ 内に適切な言葉あるいは数値を入れ，文を完成させなさい．

1. 表面張力の SI 単位は ☐ である．
2. 無極性液体（例えば，ベンゼン）の表面張力は極性液体（例えば，水）より，[a] 液体の表面張力は温度上昇とともに [b] し，[c] では 0 となる．
3. 界面張力を測定する方法の 1 つである「つり板法」で用いられる板の材質は雲母，ガラス，☐ などが一般的である．
4. 油の小滴を水に落とした時，水面上に広がり薄膜を形成した．この場合の拡張係数（S）は，☐ である．
5. 固－液界面でのそれぞれの界面張力間の関係を表すヤング式において，固体表面の疎水性が強いほど液体（水）の接触角は ☐ なる．
6. 吸着等温線のうち，単分子吸着層を仮定して理論的に導かれた式は ☐ 型である．
7. 吸着反応では，そのエンタルピー変化は常に [a] である．ル・シャトリエの平衡移動の原理からわかるように低温ほど吸着量は [b] なる．
8. 吸着に関して古くから用いられている実験式（経験式）として ☐ の吸着等温式が知られている．
9. 界面活性剤の場合，ギブスの吸着等温式の単位面積当たりの溶質の吸着量（Γ）は，☐ となる．
10. 同一の親水基をもつ一連の非イオン性界面活性剤において，疎水基であるアルキル基の鎖長が短くなると HLB 値は ☐ なる．
11. HLB 値がそれぞれ 4，6 である 2 種類の界面活性剤を等量混合した場合の HLB 値は ☐ である．
12. 界面活性剤は溶液中で会合し，安定な集合体である ☐ を形成する．
13. イオン性界面活性剤水溶液には ☐ と呼ばれる溶解度が急激に増加する温度が存在する．

14. 非イオン性界面活性剤溶液はある温度で混濁または二層分離を示す．この温度を [____] と呼んでいる．
15. 塩化ベンザルコニウムなどの4級アンモニウム塩をもつカチオン性界面活性剤は [____] の作用があり，広く用いられている．

「略解」
 1. $N \cdot m^{-1}$
 2. a. 小さい　　b. 減少　　c. 臨界温度
 3. 白金
 4. 正または0，$(S \geq 0)$
 5. 大きく
 6. ラングミュア
 7. a. 負　　b. 大きく
 8. フロインドリッヒ
 9. 正（$\Gamma > 0$）
10. 大きく
11. 5
12. ミセル
13. クラフト点
14. 曇点
15. 殺菌・消毒

Chapter 11

コロイド分散系

到達目標

1) コロイドの概念と分類を理解する.
2) コロイドの調製方法を理解する.
3) コロイドの光学的および電気的性質を理解する.
4) コロイド分散系の安定性を理解する.
5) 懸濁液（サスペンション）と乳濁液（エマルション）について理解する.

11.1 コロイドの性質と分類

1つの物質の中に他の物質の粒子が分散しているものを分散系 dispersed system といい，分散している粒子を**分散質**あるいは**分散相** dispersed phase，分散粒子を分散させている媒質を**連続相**あるいは**分散媒** dispersing medium という．分散系は粒子径から表 11.1 のように分類されている．直径 5 ～ 100 nm（= 0.1 μm）の分散粒子が分散媒中に安定に存在しているとき，その系を**コロイド** colloid **状態**にあるといい，分散粒子のことを**コロイド粒子**という．この状態は単位体積または単位質量当たりの表面積が非常に大きく，この広い界面の性質がコロイドの特殊な性質を示す．しかし，分子量の非常に大きな高分子では，分散している個々の分子（分子分散）がコロイド粒子としての性質を示すことがある．また粒子の大きさも，極端

表 11.1 分散系の分類

粒子の性質 \ 分散系	粗大分散系	コロイド	分子分散系
粒子径の範囲	100 nm 以上	5 ～ 100 nm	5 nm 以下
原子数	10^9 以上	10^3 ～ 10^9	10^3 以下
特徴			
光学顕微鏡で	見える	見えない（限外顕微鏡で検出可能）	見えない（電子顕微鏡でも見えない）
ろ紙を	通らない	通る	通る
半透膜（セルロース膜など）を	通らない	通らない	通る

に細長い粒子については上の分類は当てはまらず，1つの目安と考えるべきである．分散媒と分散粒子が気体・液体・固体のどれに属するかによって8種類のコロイド系ができる．例えば，分散媒が気体で，分散粒子が液体の場合，分散系の例としては"霧"や"雲"などがあり，分散媒が液体で，分散粒子が気体の場合，その例としては"泡"などがあげられる．薬学の分野で最も多く出会うのは，分散媒が液体のコロイド溶液である．本書では以下，これを単にコロイドという．

コロイドは次のように分類される．

コロイド
- 疎液コロイドまたは分散コロイド
  (lyophobic colloid, dispersoid colloid)
- 親液コロイド (lyophilic colloid)
  - 分子コロイド (molecular colloid)
  - 会合コロイド（ミセルコロイド）(association colloid, micelle colloid)

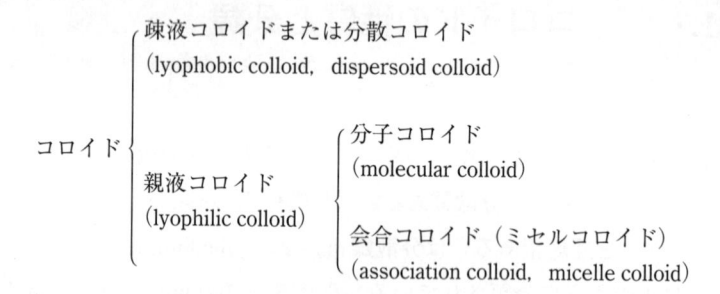

図 11.1　コロイドの分類

コロイドは，コロイド粒子が分散媒から分かれやすい**疎液コロイド**と，分かれにくい**親液コロイド**に大別される．分散媒が水である場合には，それらは**疎水コロイド** hydrophobic colloid，**親水コロイド** hydrophilic colloid と呼ばれている．疎液コロイドは粒子を液体中に分散させてつくるので，**分散コロイド**とも呼ばれており，金

属ゾルなどが例として知られている．親液コロイドはさらに2つに分類される．1つは**分子コロイド**と呼ばれるもので，コロイド粒子の1つ1つが1個の分子であり，タンパク質やデンプンのような高分子の物質を溶かすと得られる．これに対して，多数の分子が集合してコロイドの大きさの粒子（このような集合体をミセルという）となり溶けている系，例えばセッケンやある種の色素などの溶液を**会合コロイド**（ミセルコロイド）と呼んでいる．

11.2　コロイドの製法

　親水コロイドの生成は比較的容易であり，ゼラチン，デンプン，セッケン，染料などを水（あるいは温水）に溶かすことによりコロイドとなる．疎水コロイドの調製法は低分子に分散している粒子を凝集させる**凝集法** condensation method と，粗大な物質を分散させてコロイド次元の小粒子を得ようとする**分散法** dispersion method に大別される．凝集法には物理的凝集法として，撹拌しながら多量の水の中に溶質（例えばイオウ）を含むアルコール溶液を少量ずつ加える方法がある．この場合，溶解度が急に低下するため，溶質がコロイド粒子となる．この溶解度の低下を利用した方法は古くから知られている．化学的凝集法としては，金，銀，白金，パラジウムなどの貴金属のコロイドをつくる還元法，鉄，アルミニウム，クロム，スズの水酸化物のコロイドをつくる加水分解法，難溶性の塩類（例えば臭化銀など）のコロイドをつくる複分解法などが知られている．分散法には，コロイドミルや超音波照射などを用いる機械的分散法，Bredig（ブレディッヒ）が考案した水中での電気放電を利用する電気的分散法，化学反応により生じた沈殿からコロイドをつくる化学的分散法（解膠法，洗い出し法）などがある．それぞれの方法でつくられた疎水コロイドや天然の親水コロイドには，コロイド粒子以外に低分子物質やイオンが混入している場合が多い．そこで，それらを除いて精製するには**透析法**や**限外ろ過法**が用いられている．しかし，ある種のコロイドでは完全にイオンを除去すると，不安定になって沈殿を生ずる場合（例えばグロブリン水溶液）があり，注意を要する．

11.3 光学的性質とブラウン運動

　コロイド粒子は小さいため顕微鏡で検知できないが，光を散乱させる能力は大きく，コロイドにレーザーのような強い光を横から当てると，その光の通路が輝いて見える．この現象は英国の物理学者チンダル Tyndall によって研究されたので，**チンダル現象** Tyndall phenomenon と呼ばれており，これによって普通の溶液とコロイドとを見分けることができる．このチンダル光によってコロイド粒子の位置と数（粒子の数濃度），そして動きを観察する装置が**限外顕微鏡** ultramicroscope である．また，粒子の数濃度は後述の動的光散乱法（コロイド）やコールターカウンター法（粗大分散系）により測定できる．現在ではコロイド粒子の形状を電子顕微鏡により直接観察することもできる．チンダル現象による光散乱強度の方向角分布はコロイド粒子の大きさと形の関数として表されるので，形を適切に仮定すればおおよその分子量を求めることができる．この方法を分子量決定の光散乱法という．限外顕微鏡でコロイド粒子をみると，粒子が活発なランダム運動をしている状態が観察される．この現象は，初めて発見した植物学者 Brown にちなみ**ブラウン運動** Brownian motion と呼ばれている．その本性は気体分子が運動のエネルギーをもつように，分散媒分子もこれと同様の運動エネルギーをもち，この分子がたえずコロイド粒子と衝突している．衝突によりコロイド粒子が受ける力は均等でないため，コロイド粒子の進行方向はランダムに変わり，しだいに粒子の位置が変化すると説明されている．ブラウン運動は粒子が小さければ小さいほど激しく行われ，粒子が大きくなると鈍くなる．コロイド分散系や粗大分散系の分散粒子径は単一ではなく，分布がある．分散系に単一の波長の光を入射しても，分散粒子の拡散運動によるドップラー効果のため，散乱光の波長はわずかに変化する．粒子の拡散速度は半径に依存するため，散乱光の波長変化から半径を求めることができる．これを**動的光散乱** dynamic light scattering 法という．

11.4　コロイドの電気的性質（電気二重層/ζ(ゼータ)電位と界面動現象）

　コロイド粒子はその表面自身のイオン解離（$-NH_3^+$, $-COO^-$ など）や溶質イオンの表面への吸着などによって，一般に帯電している場合が多い．そのためコロイド粒子が電荷をもてば必ず等量の対イオン counter ion が電気的中性を満たすように粒子の周辺に分布する．その結果，コロイド粒子の周囲には**電気二重層** electoric double layer が形成される．この概念は 1879 年にヘルムホルツ Helmholtz により導入された．

　図 11.2 に電気二重層と表面電位との関係を示した．粒子表面のすぐ傍らには，その表面電荷とは反対符号のイオンが密度濃く存在し，**ステルン層** Stern layer（**固定層**）を形成している．さらにその周囲を静電引力とイオンの熱拡散効果によりイオン分布が定まる拡散可動層である**グーイ-チャップマン** Gouy-Chapman **の拡散電気二重層**と呼ばれる大きく 2 つの部分よりこのモデルは構成されている．**ζ（ゼータ）電位**（ψ_ζ）はステルン層の右端とグーイ-チャップマンの拡散電気二重層の電気的中性部分との電位差，いわばイオンが溶媒分子を伴って可動する範囲（この外部境界が"**ずれ表面**"と呼ばれ，ステルン層表面のすぐ外側にあり 2 つの面は非常に接近していることから，通常は同一のものと考える場合が多い）の電位差である．界面動電現象から求まるこのζ電位の大きさ（絶対値）は固定層表面の電位（ψ_S）に比較してやや小さい．粒子表面の電位（ψ_0）= 0 あるいは ψ_ζ = 0，すなわち粒子表面およびずれ表面が電気的に中性となるような水溶液の pH を，それぞれ電荷ゼロ点，あるいは**等電点**と呼び，この pH において，コロイド粒子は静電反発力を得られないため凝集しやすくなる．タンパク質のコロイドからタンパク質分子を沈殿分取する等電点沈殿法はこの性質を利用している．コロイド粒子の荷電状態は，コロイドに電場を作用させて粒子の移動方向と速度を測定する**電気泳動法**をはじめとし，種々の方法で知ることができる．得られた表面電位はζ**電位**あるいは**界面動電位**と呼ばれるが，通常は $\psi_S \fallingdotseq \psi_\zeta$ とみなすことが多い．いずれにしろ，この電気二重層の性質はコロイドの性質の理論的解析には重要である．疎液コロイドの

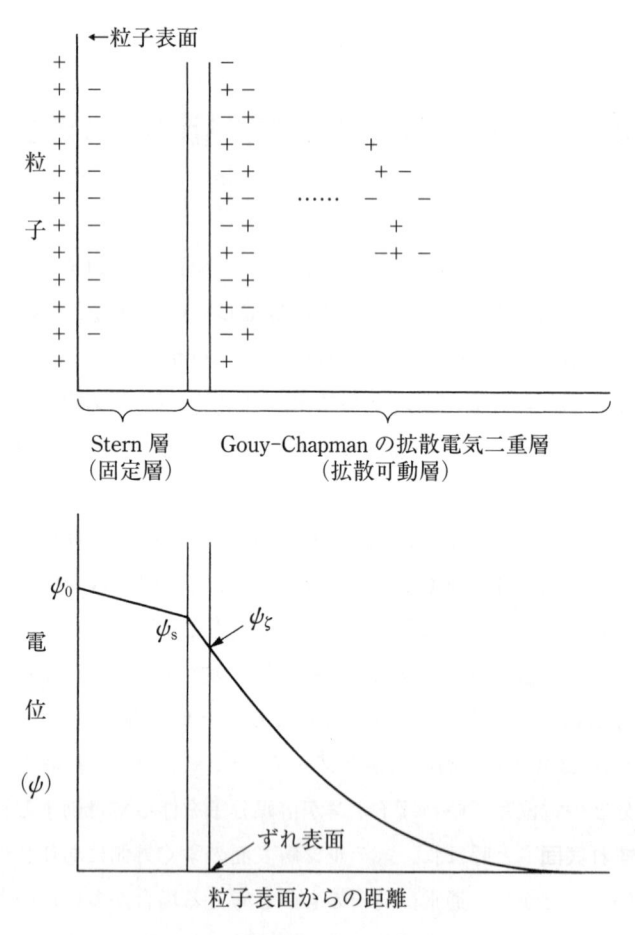

図 11.2　電気二重層と表面電位

安定性は同符号に帯電した二重層どうしの静電反発力によると考えられており，親液コロイドでは，この二重層効果のほかに多量の固定された溶媒分子が粒子の周囲に保護溶媒層を形成するため一段と安定化されていると説明されている．

11.5 コロイド分散系の安定性(疎水コロイドの安定性/親水コロイドの安定性)

　コロイド粒子の表面および周囲の電荷はコロイド分散系の安定性の重要な要因である．一般に疎液コロイドは少量の電解質を加えるだけでその安定性が低下し，**凝集** flocculation または**凝析** coagulation と呼ばれる沈殿現象を生じる．この凝析に要する電解質の最小濃度を**凝析価**という．この能力はコロイド粒子の電荷とは反対符号のイオンで，価数の大きなイオンを含む電解質ほど強く，凝析価はイオン価が大きくなるにつれて等比級数的に小さくなる．このことは**シュルツェ-ハーディ** Schulze-Hardy **の法則**として知られている．疎液コロイドの安定性に関しては，分散系中のコロイド粒子に働く力は静電反発力とファン・デル・ワールス力によることを論拠とする理論も知られている．この理論は，コロイドの安定性を研究した4人（Derjaguin, Landau, Verwey, Overbeek）の頭文字をとって，**DLVO 理論**と呼ばれている．コロイド粒子間の引力はファン・デル・ワールス力であり，粒子間の距離が減少するにつれて増加する．コロイド粒子間の反発力は同じ電荷に起因する電気的なもので，電荷あるいは ζ 電位の増加とともに，また距離が近づくにつれ増加する．粒子間に働く力そのものよりも，粒子間距離 (d) についての力の積分値である相互作用のポテンシャルエネルギー (V) を考えたほうがわかりやすいので，図 11.3 には，低濃度の電解質の存在下 (a) および凝析を起こすのに十分な量の電解質を含む系 (b) での2つのコロイド粒子の相互作用に対するポテンシャルエネルギー (V) を粒子間距離 (d) に対してプロットした曲線を示した．コロイド粒子が球ならば，引力のポテンシャルエネルギー (V_A) は d^{-1} に比例するのに対し，反発力のポテンシャルエネルギー (V_R) は d とともに指数関数的に減少する．このため，全ポテンシャルエネルギー (V_T) は複雑な曲線となる．粒子が互いに接近するにつれ V_T は第2極小点 (X, 可逆的凝集)，第1番目の極大点 (Y)，第1極小点 (Z, 不可逆的凝集) を通過し，d がより短くなった点では粒子の電子雲が反発し合い，V_T は急激に増加する（ボルン反発）．(a) ではエネルギーの状態により，X で示される準安定状態にしばらくとどまることが可能であり，この状態で粒子は凝結体と

呼ばれる緩やかな集合体を形成する．これは沈降後に振とうによって容易に再分散される．もし極大点 Y が十分に低いか，粒子が Y におけるポテンシャルエネルギー障壁を越えられるほどの大きな力学的エネルギーをもっている場合には，それらは互いに近づき，Z により示される安定状態をつくる．この凝析状態では，粒子は

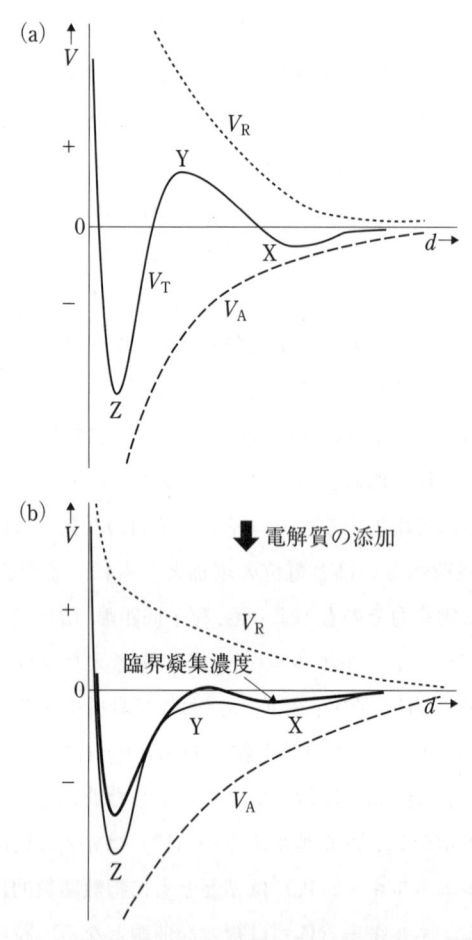

図 11.3　2つのコロイド粒子の相互作用に対するポテンシャルエネルギー曲線
(a) 低濃度の電解質の存在下
(b) 凝析を起こすのに十分な量の電解質の存在下
(馬場茂雄監訳（1991）ライフサイエンス物理化学　第3版，p.487・489，廣川書店，一部改変）

固体の性質と類似した性質をもつ，強く結びついた不可逆的な集合体を形成する．(b)のように凝析に必要な十分量の電解質が添加された場合，X はわずかに深くなり，また Y におけるポテンシャルエネルギー障壁は低くなり，コロイドは Z での凝析や沈殿状態により容易に到達することがわかる．急速な凝析が起こる臨界凝集濃度とは，Y における極大が2つの粒子が離れて存在するときと同じポテンシャルエネルギーをもつ，すなわち，ζ 電位がゼロ近くまで低下する電解質の濃度である．

親水コロイドでは多量の電解質を加えるか，または電解質と脱水性溶媒（アルコールやアセトンなど）を添加することにより凝析する．これは，コロイド粒子界面をおおっている固定水層を除去し，さらに粒子表面の電荷を中和してはじめて凝析を起こさせることができるからである．この十分量の塩を加えることによりコロイド粒子の凝析や沈殿を生じる現象は，一般に**塩析** salting out と呼ばれており，タンパク質コロイドの硫安分画などがその例である．

電解質の塩析力の強さはイオンの種類によって異なっており，それを比較すると，陰イオンについては，$SO_4^{2-} > F^- > Cl^- > Br^- > NO_3^- > I^- > SCN^-$；陽イオンについては，$Li^+ > Na^+ > K^+ > Rb^+ > Cs^+$；$Mg^{2+} > Ca^{2+} > Sr^{2+} > Ba^{2+}$となる．これを**離液順列** lyotropic series，または**ホーフマイスター系列** hofmeister series という．この順序は大体，イオンの水和の程度の順序と一致している．

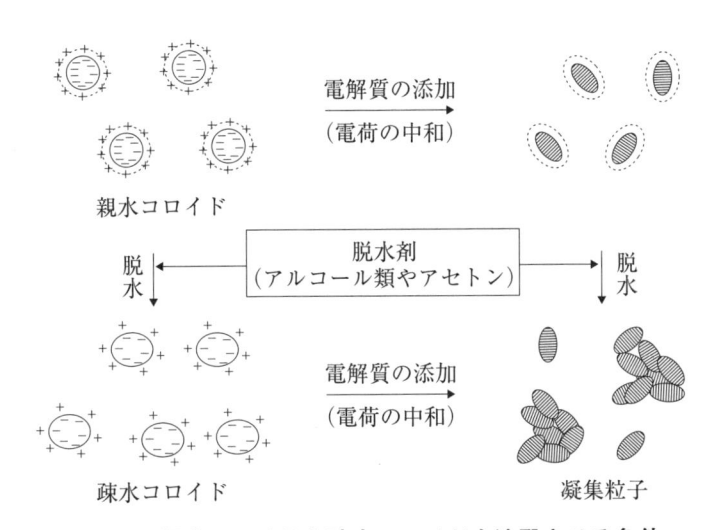

図11.4　親水コロイドと疎水コロイドを沈殿させる条件
（不破龍登代ら編集（1986）最新薬剤学　第4改稿版，p.312，廣川書店，一部改変）

11.6 懸濁液（サスペンション）

懸濁液（サスペンション）suspension は，固体粒子が液体に分散している二相系である．その粒子の大きさは，コロイドと同程度かその上限をわずかに越えている．他の分散系と同様に懸濁液は熱力学的に不安定であるから，長時間放置しておくと分散粒子は沈降する．その沈降の挙動は図 11.5 に示したように大きく 3 つに分けられる．第一は分散系の粒子どうしが凝集せず個々別々に沈降する場合（自由沈降または分散沈降）で，低部に密で硬い沈積層が形成され，これは再分散させにくい．第二は粒子どうしの凝集により部分的に二次粒子が形成され，この二次粒子が沈降

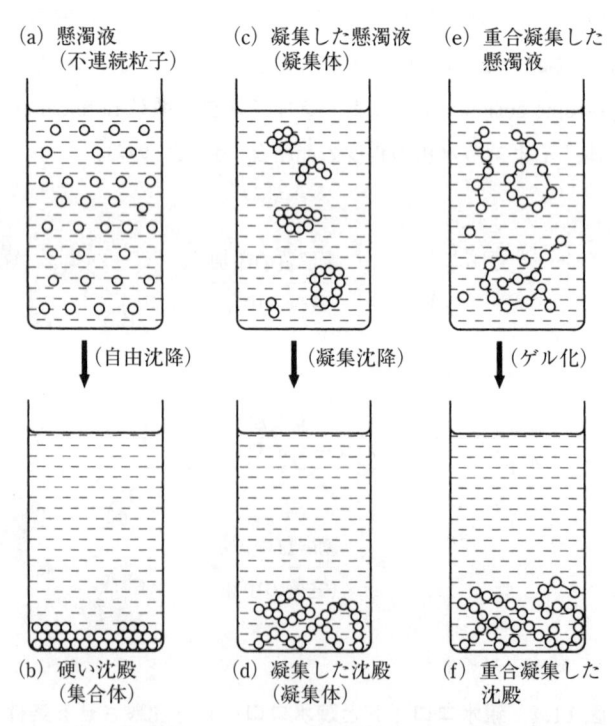

(a) 懸濁液（不連続粒子）　(c) 凝集した懸濁液（凝集体）　(e) 重合凝集した懸濁液

↓（自由沈降）　↓（凝集沈降）　↓（ゲル化）

(b) 硬い沈殿（集合体）　(d) 凝集した沈殿（凝集体）　(f) 重合凝集した沈殿

図 11.5　懸濁液（サスペンション）からの粒子の沈降

し再分散が容易なかさ高い沈積層が形成される場合である（凝集沈降または束縛沈降）．第三は分散系全体に構造（粒子の重合凝結により生ずる足場構造あるいは網状構造）ができ（ゲル化），その後，この構造が崩壊することより分散媒が分離する**離漿** syneresis の現象がみられる場合である．この粒子の沈降を防ぐ，すなわち懸濁性を増大させるには先に述べたように凝集を妨げるため電荷をもたせ，保護溶媒層を形成し粒子の分散性をよくすればよい．また粒子の沈降速度 V_s は粒子の形状が球であるとすると，**ストークス** Stokes **の式**によって表される．

$$V_s = \frac{2r^2(\rho_1 - \rho_2)g}{9\eta} \tag{11.1}$$

ここで，r は粒子の半径，ρ_1 は粒子の密度，ρ_2 は分散媒の密度，g は重力加速度，η は分散媒の粘度である．したがって，V_s を小さくするためには，粒子の半径を小さくし，粒子と分散媒の密度差を小さくし，分散媒の粘度を大きくすればよいことがわかる．分散媒の粘度を大きくするため通常は高分子物質（増粘剤）の添加が行われるが，その際は高分子物質自身の分散粒子への吸着等の直接的影響にも注意を払わねばならない．

11.7　乳濁液（エマルション）

乳濁液（エマルション） emulsion は，2つの相が混ざらないか部分的にしか混ざり合わない液体からなる分散系である．エマルションは，乳化剤とともに2つの液体を乳化機（ホモジナイザーやコロイドミル）または超音波で処理することにより，一方の液体を細かい液滴の形で他の液体中に分散させたもので，その粒径は 0.2〜50 μm であり，粒径の分類からいえば粗大分散系の範囲に入る．

他の分散系と同様にエマルションは熱力学的に不安定であるが，その凝集速度は乳化剤として添加される界面活性剤により遅くなっている．乳化剤は液滴の表面（油-水界面）に吸着され，界面自由エネルギーを減少させ，ζ電位を上昇させる．これがエマルションの安定化の理由である．水中に油滴が分散している系を水中油型エマルション（o/w 型），逆に油中に水滴が分散している系を油中水型エマルシ

ョン（w/o 型）という．エマルションの型を決める主な因子は乳化剤として使用する界面活性剤であり，一般に親水性の大きい（HLB が大きい）乳化剤は o/w 型を，親油性の強い（HLB が小さい）乳化剤は w/o 型をつくる．いいかえれば，乳化剤が溶けやすい液相が分散媒になる．これは**バンクロフト Bancroft の経験則**として知られている．またエマルションの分散粒子は固定した球状ではなく，その大きさも不均一であるから厳密ではないが，各相の容積比もエマルションの型を決める因子である．**オストワルド Ostwald の相容積理論**によれば，ある相が 25.98 ％の濃度までのときは，この相は分散相として存在し，25.98 ～ 74.02 ％までのときは，分散相，分散媒のいずれにもなることができ，74.02 ％を超すと分散媒として存在することになる．最近では，小さな水滴を含有した油滴が水相に分散している w/o/w 型エマルション，あるいは逆に油滴を含有した水滴が油相に分散している o/w/o 型エマルションもあり，これらは多相エマルション multiple emulsion といわれている．これらの様式を図 11.6 に示した．

　一般にエマルションは白濁しているが，水相に高濃度の界面活性剤，共同界面活性剤 cosurfactant といわれる極性化合物（ペンタノールなどの高級アルコール），油を加えて形成されるマイクロエマルション microemulsion はほとんど透明である．このエマルションは粒径が 10 ～ 100 nm であり，熱力学的に安定な可溶化溶液と比較的不安定なエマルションとの中間の状態にあると考えられる．

　エマルションを長時間振とうしていると，それぞれの成分液体への分離，あるいは**転相** phase inversion が起こることがある．この現象を解乳化 demulsification と呼ぶ．後者の過程では内相と外相の役割が交換する．例えば，o/w 型エマルションであるクリームは撹拌により w/o 型エマルションであるバターに変化する．転相

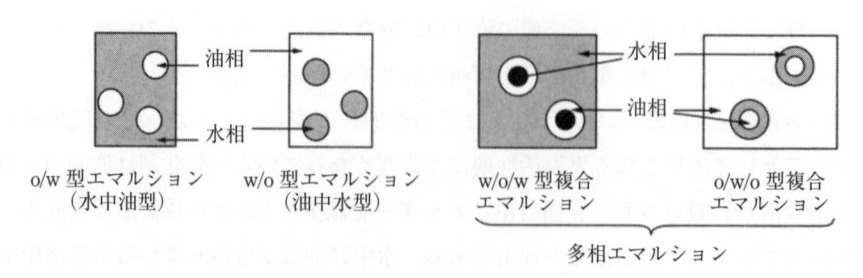

図 11.6　乳濁液（エマルション）の型

11.7 乳濁液（エマルション）

は温度変化，適当な電解質の添加などによっても起こる．ほとんどすべてのエマルションは長時間経過すれば水と油の二相に分離する．このエマルションの破壊は，まず粒子の凝集やクリーミングが起こる．最初は液滴が互いにつなぎ合わさって2次的な集合体をつくる凝集の段階であるが，この段階では各々の液滴はその同一性を保持している．しかも凝集はしばしば可逆的である．第二段階では集合体のいくつかが合体して1つのより大きな液滴をつくる．この過程は融合または合一 coalescence と呼ばれ，不可逆的であり，エマルションが完全に破壊するまで進行する．クリーミング creaming は液滴が浮上または沈降してクリーム層をつくる現象であって，その速度は前述のストークスの式（11.1）で表されるように，液滴の大きさ，液滴と分散媒との密度差，分散媒の粘度に支配される．また凝集によっても促進される．牛乳を放置するとクリームと脱脂乳に分離するのはクリーミングの例である．初期のクリーミング状態では，クリーム層は比較的多量の分散媒を液滴粒子間に含んでおり，振とうなどにより通常もとの状態にもどる．しかし，時間の経過に伴い排液 drainage によって次第に液滴の濃度が高くなり，液滴どうしが接し合うようになる．その結果，液滴は合一し，エマルションは破壊し二液相に分離する．したがって，エマルションを安定化させるには，凝集，排液，クリーミングを遅らせるように乳化剤と分散媒を選び，分散粒子の径を小さくする手段などが一般的にはとられている．

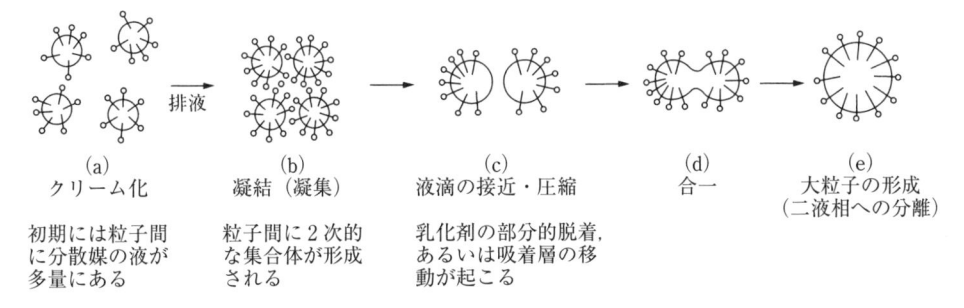

図 11.7 乳濁液（エマルション）の破壊
○は液滴を，ơは乳化剤を示す．

(a) クリーム化 — 初期には粒子間に分散媒の液が多量にある
(b) 凝結（凝集） — 粒子間に2次的な集合体が形成される
(c) 液滴の接近・圧縮 — 乳化剤の部分的脱着，あるいは吸着層の移動が起こる
(d) 合一
(e) 大粒子の形成（二液相への分離）

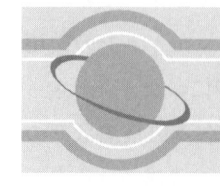

練習問題

A. 次の☐内に適当な語句を入れなさい．
1. コロイドは分散媒との親和性の違いから☐と☐に分類され，前者のほうが安定性は高い．
2. 親水コロイドはコロイド粒子が1個の分子からなる☐と多数の分子が集合した☐に分類される．
3. コロイドの製法には低分子に分散している粒子を凝集させる☐法と粗大な物質を分散させてコロイド次元の小粒子を得ようとする☐法に大別される．
4. 透析の原理は☐である．
5. コロイドに横からレーザーのような強い光をあてると，その光の通路が輝いて見える．この現象は☐と呼ばれており，これにより普通の溶液とコロイドとを見分けることができる．
6. コロイド粒子の荷電状態は，コロイドに電場を作用させて粒子の移動方向と速度を測定する☐法などがある．
7. 凝析に要する電解質の最小濃度を☐といい，各イオンのこの能力は☐の法則に従う．
8. 十分量の塩を加えることにより親水コロイドの沈殿を生じる現象は，☐と呼ばれており，タンパク質の沈殿に利用されている．
9. 液体に固体が分散している系を☐，液体が分散している系を☐という．
10. Span 60（ソルビタンモノステアレート，HLB = 4.6）を使用した乳濁剤の型は☐型であり，Tween 80（日局ポリソルベート80，HLB = 15.0）を使用した乳濁剤の型は☐型である．

B. ストークスの式を分散質の半径あるいは直径を使用して示せ．また，その式から分散系を安定させるための3種類の方法を説明しなさい．

Chapter 12

レオロジー

到達目標

1) 弾性変形と流動の概念を学ぶ.
2) 各種流動モデルについて学ぶ.
3) 粘弾性モデルについて学ぶ.
4) 粘度の概念を学ぶ.
5) 粘度の測定法について学ぶ.

12.1 レオロジーとは

　ひとくちにレオロジーは"変形 deformation と流動 flow に関する科学"であるといわれる. 例えば軟膏は冬かたく, 夏やわらかくなるという一般的な性質がある. やわらかすぎる軟膏は皮膚に塗布したとき流れ落ちる心配があり, かたすぎれば伸びにくく塗布しづらい. そこで, 軟膏を年間を通じて使用上適切なかたさに保たせるため製剤学上種々の工夫がなされている. この軟膏の例のようなかたさという性質は一般的にいえば"外から加えられた力に対して動いたり, 変形したりする"性質であり, レオロジカルという言葉で呼ばれる性質である. 物質の示す"かたさ"とか"粘り"の性質を検討する領域がレオロジーであり, 薬学領域だけでなくその実例は多くの工業分野でみられる現象である. この章では物理薬剤学への基礎として, 薬学生にとって必要なレオロジーの概念を学ぶ.

12.2 応力

ある力が物体に作用したとき，その物体は変形あるいは流動を生じる．変形あるいは流動をもたらす単位面積当たりの力は**応力** stress と呼ばれている．応力は外力により物体内部に生ずる内力であり，図 12.1 に示すように面に垂直に相反する方向に働く引張り応力 tensile stress，相向かう方向に働く圧縮応力 compressive stress，面の接線方向に働くせん断応力 shearing stress がある．

引張り応力　　　　圧縮応力　　　　せん断応力

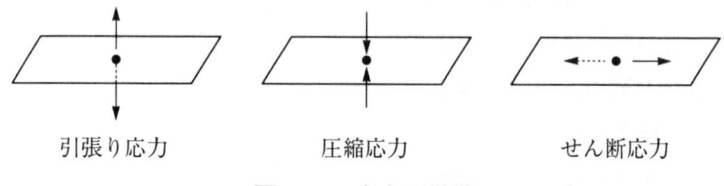

図 12.1　応力の種類

12.3 弾性率

変形はその物体の異なった部位に対する相対的位置の変化と定義される．外力により変形を生じ，外力を除くと内部応力が消滅し元の状態に戻る性質を**弾性** elasticity という．金属など多くの固体は弾性的である．力が除かれたとき物体が元の形に即時に戻るならば，変形は可逆的であるといわれ，理想弾性 ideal elasticity と呼ばれている．実際には力を除いてもただちに完全に元の状態に戻らない場合が多く，遅延弾性 retarded elasticity と呼ばれている．弾性変形は通常"ひずみ strain"として表される．ひずみには伸び extension とずり（せん断 shear）がある．一般に外力を加えると変形が起こり，例えばゴムひもに外力（錘をぶら下げるなど）を加えると変形が小さいときには，変形は外力に比例することはフックの法則として周知のことである．一般化されたフックの法則は，ひずみを e，応力を S

12.3 弾性率

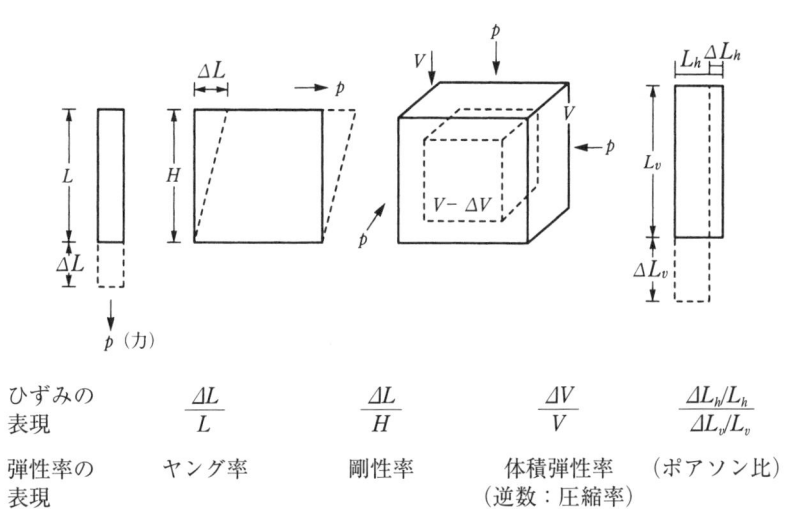

ひずみの表現	$\dfrac{\Delta L}{L}$	$\dfrac{\Delta L}{H}$	$\dfrac{\Delta V}{V}$	$\dfrac{\Delta L_h/L_h}{\Delta L_v/L_v}$
弾性率の表現	ヤング率	剛性率	体積弾性率 (逆数：圧縮率)	(ポアソン比)

図 12.2 弾性率の表現方法

とすると，$S = E \cdot e$ で表される．この時の比例定数 E（弾性率）はひずみの表現の単位が伸びの長さの場合は，ヤング率 Young's modulus，e，ずりの大きさである場合は剛性率 rigidity，γ，体積の減少の割合である場合は体積弾性率 bulk modulus，κ と呼ばれている．また体積弾性率の逆数を圧縮率 compressibility という．また，しばしば使用されるひずみの表現の一種にポアソン比 Poisson's ratio がある．これはゴムひもの伸びの割合と，ゴムひもの横方向の縮む割合の比率を簡単な例として上げることができる．ひずみはいずれも無次元である．図 12.2 に各種の弾性率の表現法をまとめて示した．

　力が除かれても物体が元の形に戻らないならば，変形は不可逆であり，流動が生ずる．例えば，バネに錘をつけ観察するとある一定の重量を超えたなら，錘を除いても元に戻らない．すなわち，バネは応力ゼロにおいて永久的に変形される．この値をその物質の弾性限界 elastic limit と呼んでいる．その際の変形の大きさは可塑変形 plastic deformation と呼ばれ，弾性限界を超えたときに起こる流動の尺度を与える．

12.4 ずり（せん断）

図 12.3 のように，面積 S cm^2 の 2 枚の板の間に厚さ h cm の粘性体をはさみ，一方の板に F の力を加えて引っ張ると流動が始まり，外力に対応した一定速度 d で定常状態になる．いま距離 h において力 F の方向すなわち x 軸に沿った方向の変位を δx であるとするならば，"ずりひずみ shear strain" は $\delta x/h$ であり，これは $\tan \alpha$ に等しい．ずりを起こしている単位面積当たりの力（図中の F/S）は "ずり応力 shear stress" と呼ばれ，記号 τ で与えられる．理想弾性体がずり応力を受けたとき，ずり応力 τ はずりひずみに比例する．図 12.3 に示した簡単なずりの場合には，数学的に $\tau = G \cdot \tan \alpha$ が成り立ち，ここで G は "ずり弾性率 shear modulus" と呼ばれる比例定数である．流動変形の度合いはずりひずみ（$\delta x/h$）それ自身ではなく，時間に関するずりひずみの変化速度，$(dx/dt)/h$ であると考えられる．これは "ずり速度 rate of shear" と呼ばれ，記号 D で表される．dx/dt は x 軸に沿った流速（u_x）であるから，ずり速度は u_x/h となり，これは du_x/dy，すなわち流れに直角な方向における速度の変化に等しい．その意味でこれを速度勾配 velocity gradient ともいう．実用上レオロジーの多くはずり速度やずり応力の関係および組成や時間の影響を扱

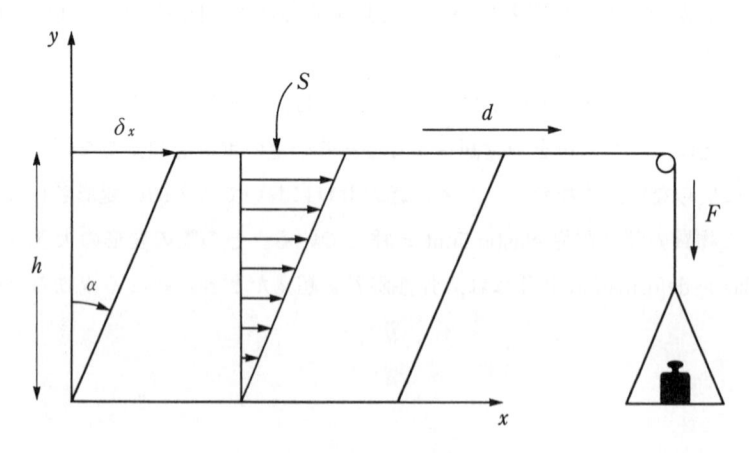

図 12.3 単純なずり

っている.

12.5 流　動

12.5.1 ニュートン流動

　応力を除いた後にも，元の位置に戻る傾向のない物体は流動を表し，弾性を示さない．このような物体は理想粘性体 ideal viscous body と呼ばれている．そして，これはニュートンの法則（通常の液体では外力と流動速度が比例する）に従うので，ニュートン体 Newtonian body とも呼ばれている．液体や気体は典型的なニュートン体である．液体を一定径の管の中を流すと管の中心部では流速は大きく，管壁に接近するにつれ流速は小さくなる．すなわち，中心部から壁にかけて速度勾配が生じている．このような現象が生ずるわけは液体に内部摩擦抵抗が存在するからであり，この種の流動を粘性流動 viscous flow と呼んでいる．一般に気体や純粋液体は粘性流動に関するニュートンの法則に従うことが知られている．これを数学的に示してみると，ずり応力 τ（SI 単位で $N\cdot m^{-2}$ または $kg\cdot m^{-1}\cdot s^{-2}$）はずり速度 D（SI 単位で s^{-1}）に比例するので次式が成り立つ．

$$\tau = \eta \cdot D \tag{12.1}$$

　この比例定数 η は粘性率 coefficient of viscosity（しばしば単に粘度とも呼ばれている）と呼ばれ，その SI 単位は $N\cdot s\cdot m^{-2}(Pa\cdot s)$ または $kg\cdot m^{-1}\cdot s^{-1}$ である．20℃における水の粘性率 η は $1.00 \times 10^{-3}\ kg\cdot m^{-1}\cdot s^{-1}$ である．古くは粘性率はポアズ（P，CGS 単位系），実用単位としてセンチポアズ cP を用いていた．ポアズは SI 単位の 10 分の 1 に相当（$1\ Pa\cdot s = 10\ Poise$）するので，センチポアズは $10^{-3}\ kg\cdot m^{-1}\cdot s^{-1}$ である．粘性率の逆数は流動性 fluidity，ϕ と呼ばれ，$\phi = 1/\eta$ で表される．実際の液体の取り扱いに密接に関連する値であるため，工業的によく用いられる動粘度（運動粘性率 kinematic viscosity, ν）は粘性率 η を流体の密度 ρ で割ることで得られる．

$$\nu = \eta/\rho \tag{12.2}$$

SI 単位系では動粘度は $m^2 \cdot s^{-1}$ で表される．古くは動粘度はストークス（St，CGS 単位系），実用単位としてセンチストークス cSt を用いていた．センチストークスは 10^{-6} $m^2 \cdot s^{-1}$ であり，1 $mm^2 \cdot s^{-1}$ は 1 cSt に相当する．応力とずり速度の間に式（12.1）の比例関係があり，簡単に流動の状態が決まる場合にニュートン流動 Newtonian flow と呼ばれているが，実際は粘性率が応力の大きさによって変化するなど複雑な現象が知られている．例えば高分子溶液や懸濁液はニュートン流動からはずれた挙動を示し，それらを非ニュートン流動 non-Newtonian flow と呼んでいる．薬局方では粘度と動粘度の単位に通例ミリパスカル秒（mPa·s），平方ミリメートル毎秒（$mm^2 \cdot s^{-1}$）を用いていることを記憶しておくべきである．

12.5.2　非ニュートン流動

　ニュートン流動体の流動曲線は，式（12.1）から明らかなように図 12.4（a）に示すような原点を通る直線となる．これに対して，非ニュートン流体の流動曲線は図 12.4（b）〜（e）に示すようにいろいろな形式がある．

　例えば（b）にみるような"ダイラタント流動 dilatant flow"の場合，ずり応力およびずり速度の増大はみかけの粘性率の増加を生じている．この現象は，むしろまれであるが，ほぼ同じ大きさの最密充填粒子の濃いゾル，例えば砂と水のスラリーや濃厚デンプンのりなどが挙げられる．ダイラタント材は，静止しているときには湿っているようであるが，応力をかけると乾いたようになる．この効果は海辺の砂の上を歩くときしばしば気づく現象である．このような現象は一般には**ダイラタンシー** dilatancy と呼ばれており，みかけ上は後述のチキソトロピーの逆現象のように考えられるが，本質的にはダイラタンシーは容積変化を伴うことから同一に論じられない．（c）にみるような典型的な非ニュートン流動の場合は，ずり応力や速度の増大とともにみかけの粘性率は減少している．例としては，長鎖状高分子溶液（核酸，多糖類，カルボキシメチルセルロース）および小粒子の分散（染色剤，血液）などがあげられる．低い応力においては，流れは無秩序に配向した分子のため，みかけ上の粘性率は高い．高い応力と速度では，高分子は流れの方向に配向し，その結果ずりを促進し，みかけの粘性を減少させる．この型の分散系の場合は，粒子

12.5 流動

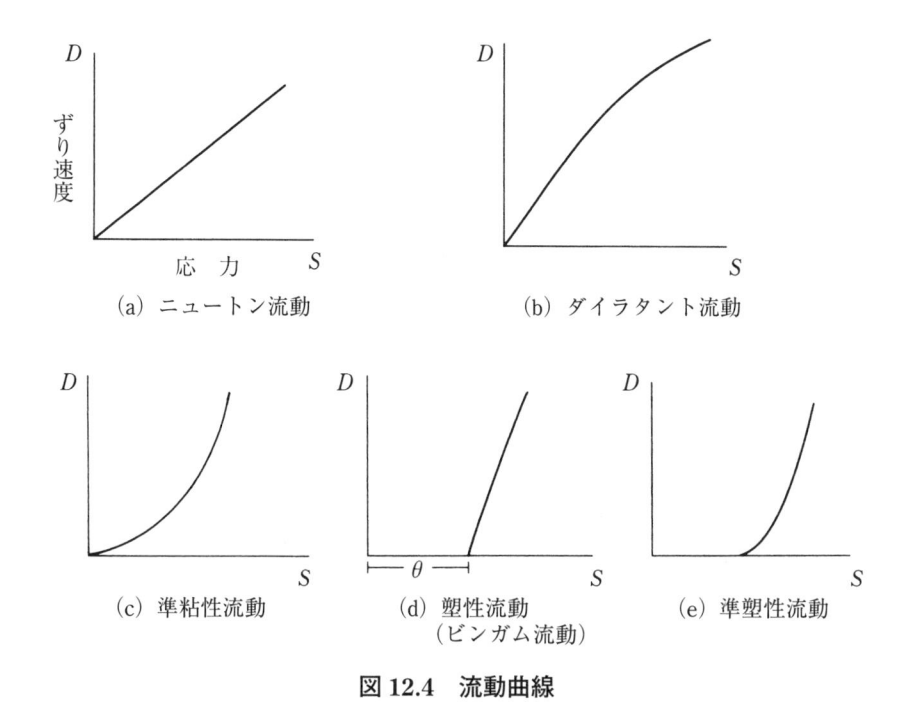

(a) ニュートン流動
(b) ダイラタント流動
(c) 準粘性流動
(d) 塑性流動（ビンガム流動）
(e) 準塑性流動

図 12.4 流動曲線

は静止時には凝集するが，応力の存在下では凝集体は破壊されて束縛されていた溶媒を解放する．この溶媒は潤滑剤として作用するので，粘性率は応力の増大とともに減少する．(d) に示す流動曲線で表されるような流動は**塑性流動** plastic flow または**ビンガム流動** Bingham flow と呼ばれており，降伏値 yield value として知られているある応力を超えるまでずりも流動も生じない．降伏値を超えると，ビンガム体は普通のニュートン流動と同様な直線流動を示す．流動開始後の粘性率を**塑性粘度** plastic viscosity という．(e) は一般の塑性流動に相当し準塑性流動 pseudo-plastic flow と呼ばれている．降伏値を有することはビンガム流動と同じであるが，降伏値以後の流動において応力とひずみ速度とが比例関係にない場合である．例としては，(d) の場合も含め一般に濃厚なエマルションやサスペンションであり，練り歯磨き，ケチャップ，塗料などを挙げることができる．(d), (e) の現象の分子論的説明は次のようである．濃厚な分散体および高分子溶液では，粒子間に凝集力が働き，そのため粒子間に付着が起きて多数の粒子からなる構造体をつくる．これを足場構造 scaffolding structure という．溶液全体に足場構造ができているので，

これを破壊する最小の応力値（降伏値に相当）以上の外力を加えないと流動しないからと考えられている．

図12.4で示したそれぞれの流動曲線は次のような形の経験式によってうまく表現される．

$$\tau = \tau_0 + KD^n \tag{12.3}$$

ここでτはずり応力，Dはずり速度，Kとnは経験的な定数である．τ_0は降伏値を表し，塑性流動を示す物質以外はゼロである．ニュートン流動体は上式において，$\tau_0 = 0$，$n = 1$および$K = \eta$に相当する．ダイラタント体では$\tau_0 = 0$および$n > 1$であり，準粘性流体では$\tau_0 = 0$および$n < 1$となる．

粘度に対する温度の影響を考察したアンドレードの式 equation of Andrade が知られている．この式は粘性流動の場合，分子自身が移動するのではなく分子中に存在する穿孔が移動すると考える穿孔理論 hole theory が基礎となっている．

$$\eta = Ae^{Ev/RT} \tag{12.4}$$

ここでηは温度Tにおける粘度，Evは流動の活性化エネルギー，Tは温度，Rは気体定数，Aは定数である．

12.6　粘弾性

粘性流動と弾性の両方を示す物質は粘弾性物質 viscoelastics と呼ばれ，そのような性質を示す物質にはゼラチンゲル，ガラス転移温度以上での高分子物質，医薬品製剤では軟膏やクリームなどがある．この粘弾性 viscoelasticity の説明のため多くの理論が発展しており，現在のレオロジーの主要なテーマとされている．ここでは代表的な2つのモデルについて述べる．

12.6.1　フォークト粘弾性

応力に対して粘度と弾性とが同時に並行して対応するような物体をフォークト物体 Voigt body またはケルビン固体 Kelvin solid と呼んでいる．具体例としては，完

12.6 粘弾性

全弾性体のスポンジ・ゴムに粘稠な液体（油など）を吸い込ませた状態を考えるとよい．これに力を加えると，力を加えた初期では流動が支配的で粘度に応じた速さでひずみが生じるが，ある程度流動が進むと弾性が支配的となって加えた力と釣り合ったひずみとなると変形が終わる．ただしこのような性質は，次に述べる数式と力学的モデルにより理論的に考えたもので実在の物体にあてはめ考えられたものではない．数式的にフォークト粘弾性を表現すると，応力とひずみの関係式 $S = E \cdot e$ と粘性流動に関する式（12.1）の和と考えられる．

$$S = \gamma e + \eta \frac{de}{dt} \tag{12.5}$$

ここで，S は応力，e はひずみ，$\frac{de}{dt}$ はずり速度で式（12.1）の D に相当する．γ は剛性率，η は粘性率である．

いま一定応力下におけるひずみの大きさを知るためには式（12.5）を積分すればよい．

$$e = \frac{S_0}{\gamma}[1 - \exp(-\gamma t/\eta)] \tag{12.6}$$

得られた式（12.6）は一定の力 S_0 をかけた時にひずみが時間と共に変化していく挙動を示している．図示すると図 12.5 のようになる．時間が十分にたった後（$t = \infty$）ではひずみは S_0/γ に達する．η/γ を遅延時間 retardation time といい，変化の速さを示す数値となっている．このように一定応力のもとにおける変形（ひずみ）の時間的変化を一般に**クリープ** creep という．最初に e_0 だけゆがみの生じていると

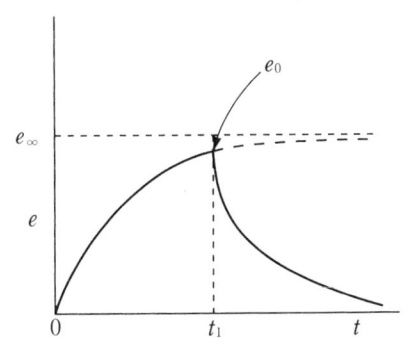

図 12.5 フォークト物体のクリープおよびクリープ回復

弾性体　　　　　粘性体　　　　　フォークト物体

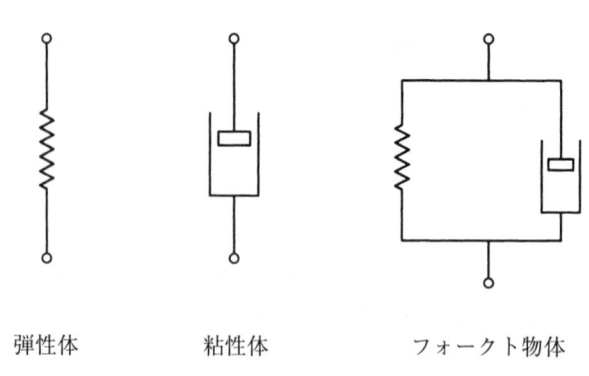

図 12.6　力学的モデル

ころ (t_1) で応力を除去すると $e = e_0 \cdot \exp(-\gamma t/\eta)$ の指数関数（これは応力緩和の式（12.8）と同じ形である）に従って元の状態に徐々に回復する．これをクリープ回復 creep recovery という．

　変形と流動との組み合わせを理解し，その考察を容易にするため力学的模型が一般的に用いられている．弾性変形をバネ spring の伸びで，粘性流動をダッシュポット dashpot（粘性の高い液体を満たしたシリンダーとピストンから成り，そのピストンの滑りで，粘性流動体の挙動を表すことができる装置をいう）で模型的に表すことができる．フォークト物体を表現するには図 12.6 に示すように，バネとダッシュポットとが並列に連結した模型が用いられる．この模型では応力についての和が成り立っている．

12.6.2　マックスウェル粘弾性

　フォークト物体が応力に対して粘性と弾性とが平行して働くのに対して，粘性と弾性とが同時に直列に働くような物体をマックスウェル物体 Maxwell body と呼んでいる．マックスウェル物体の例としては，ポリエチレンのフィルムなどを引き伸ばす場合などがあてはまる．すなわち，力を加えて引き伸ばしておくと，時間が経つにつれて同じ長さに伸ばしていてもかかる力が少なくてすむようになる現象である．数式的には次の式でマックスウェル粘弾性を示すことができる．

$$\frac{de}{dt} = \frac{1}{\gamma} \cdot \frac{dS}{dt} + \frac{1}{\eta}S \tag{12.7}$$

12.6 粘弾性

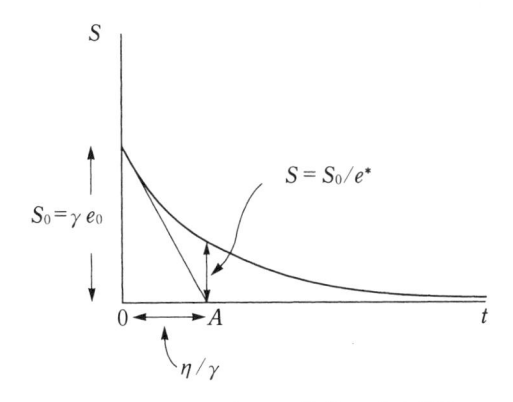

図 12.7 マックスウェル物体の応力緩和

いま試料に一定の変形 e_0 を急激に与えた後，この変形を保たせると内部流動が徐々に起こるため，試料をその状態に保つために必要な応力はしだいに小さくなる．このとき変形に変化はないので，$de/dt = 0$ である．したがって，一定ひずみの条件下に式（12.7）を積分すると次の解が得られる．

$$S = S_0 \cdot \exp(-\gamma t/\eta) \tag{12.8}$$

ここで S_0 は初期の応力である．すなわち，S は図 12.7 に示すように減少していく．この現象を応力緩和 stress relaxation という．$t = \eta/\gamma$ のとき $S = S_0/e^{*\dagger}$ となり，η/γ は応力が $1/e^*$ になるまでの時間を示し，緩和時間 relaxation time と呼ばれ，緩和の速さの1つの尺度となるものである．

マックスウェル物体では全体のひずみは弾性的ずりと粘性的ずりの和として与えられる．マックスウェル粘弾性の模型において，時刻 0 から t_1 まで一定の力 S_0 が働いたとする．この場合，式（12.7）の積分より，全ひずみ e は

$$e = \frac{1}{\gamma}S_0 + \frac{1}{\eta}S_0 t_1 \tag{12.9}$$

となり，図示すれば図 12.8 のようである．式（12.9）の右辺第1項は弾性変形，第2項は粘性流動によるものである．時刻 t_1 において力を除くと初期の瞬間的弾性変形 S_0/γ に等しい分が瞬間的に回復するが，ダッシュポットによって示される粘性流動の分は永久に回復しない．

---

† e^* は自然対数の底であり，ひずみの e と区別するため * を付けてある．

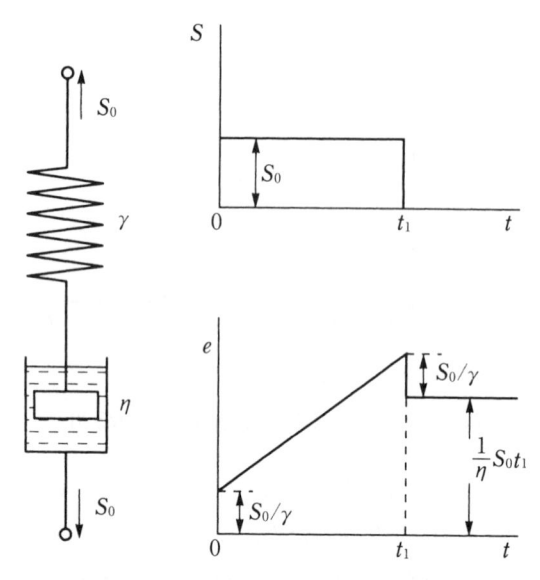

図 12.8　マクスウェル物体の力学的モデル

12.7　流動における特異な現象

12.7.1　チキソトロピー

　ある物質は，変形を行わせることにより流動性を帯びたり，応力によって流動性が増加したりする．このうち回復を伴う流動化の現象——例えば，振とうによるゲルからゾルへ，また放置によるゾルからゲルへの等温的な変化など——，ゾル-ゲルの可逆的な転換の現象を**チキソトロピー** thixotropy という．チキソトロピーを示す具体的例としては，アルミニウムステアレートの水溶液やベントナイト（12 % w/v）の水性懸濁液など濃厚なエマルションやサスペンションがあげられる．薬学領域では，この現象をペニシリン懸濁液の製造に利用したので，よく知られている．チキソトロピーを示す液体の粘度を測定すると，図 12.9 に示すような流動曲線が

12.7 流動における特異な現象

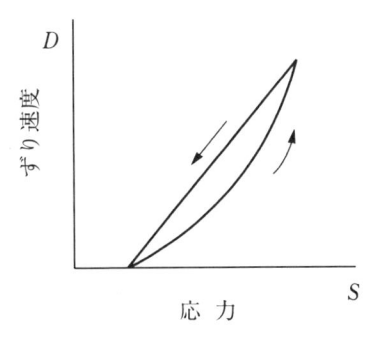

図 12.9 チキソトロピー
(縦軸: ずり速度 D, 横軸: 応力 S)

得られる.

図は，応力を徐々に上昇させ，ある点から応力を低下させた場合のずり速度の変化を示している．応力を増していく過程を示す上昇曲線と，低下させていく過程を示す下降曲線は，図12.4に示した通常の S-D 曲線とは大きく異なり一致せず，**ヒステリシスループ** hysterisis loop と呼ばれる環を描く．このことがチキソトロピーの特徴である．チキソトロピーを示す系において，特殊な場合にある程度の運動を加えるとゲル化が著しく加速されることがある．これが**レオペクシー** rheopexy と呼ばれる現象である．有名な例として，試験管中に石膏と水から成るペーストを静置した場合，固化に数十分を要するが，試験管を緩やかに回転させた場合，その固化時間がわずか数十秒に短縮されることが知られている．

12.7.2　ワイセンベルグ効果

図12.10に示すように，溶液の撹拌のため棒をニュートン流体中に差し込み回転させると，遠心力により棒の周囲の液面は低くなり，容器周辺では高くなる．しかし粘弾性液体（ゴムのキシロール溶液，水銀スルホサリチル酸水溶液など）で同様のことを試みると，液体は棒の周囲をはい上がり上昇する．この現象は**ワイセンベルグ効果** Weissenberg effect と呼ばれ，古くから知られている．このはい上がりは重力が働くため一定の高さの所で止まるが，回転が速くなるほど軸周囲の液面は高くなる．この現象は定性的には次のように説明できる．粘弾性液体を撹拌すると，ニュートン流体でも現れる回転方向に平行なずり応力以外に，弾性体のずりの変形

ニュートン流体　　　　　　　粘弾性流体

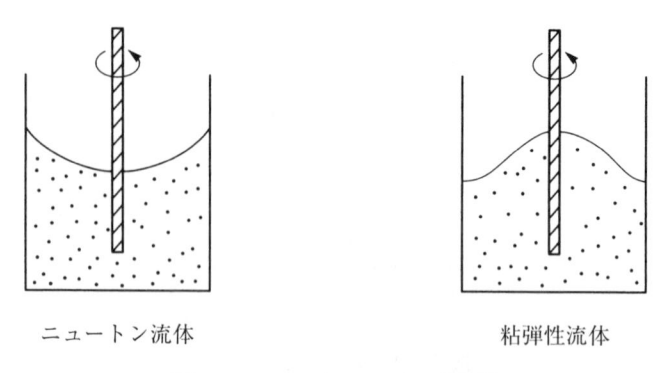

図 12.10　ワイセンベルグ効果

が大きいため，流動方向に直角な方向に法線応力が現れる．このため液体は中心方向に締めつけられることになり，はい上がりの現象を起こすと考えられている．

12.8　レオロジー的性質の測定

12.8.1　粘度の測定法

1）毛細管型粘度計

　粘度の測定としては，一定の長さ，半径の毛細管に，測定する試料溶液または標準物質（例えば水）を入れて流すとき，その流速から粘度を求める方法が一般的である．装置としては図 12.11 に示すように，オストワルド粘度計 Ostwald viscometer やウベローデ粘度計 Ubbelohde viscometer がよく用いられており，薬局方では後者の使用を規定している．毛細管型粘度計により流速から粘度を求めるのは，原理的にはハーゲン・ポアズイユの法則 Hagen-Poiseuille の法則を用いている．
　図 12.12 に示すように，液体が水平に置かれた細長い管を流れるとき，t 秒間に流出する液体の体積を Q とすると，Q は次の式で与えられる．

12.8 レオロジー的性質の測定

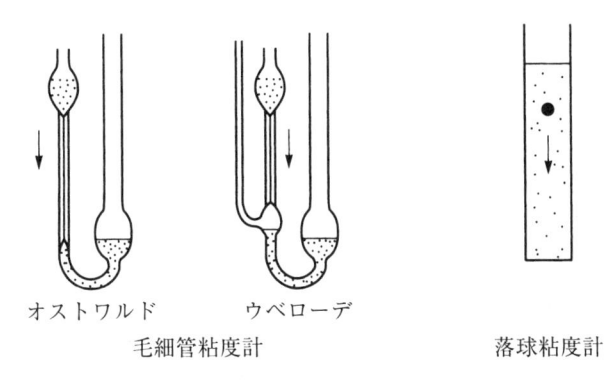

オストワルド　**ウベローデ**
毛細管粘度計　　　　　落球粘度計

図 12.11　粘度計

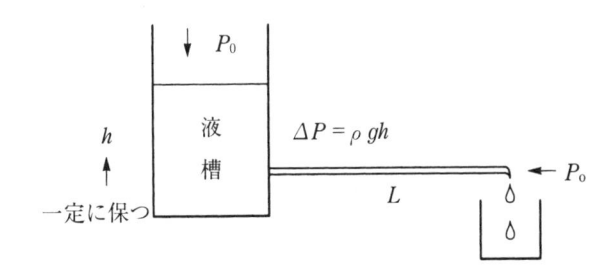

図 12.12　ハーゲン・ポアズイユの法則に基づく粘度計

$$Q = \frac{\pi \Delta P r^4}{8 \eta L} t \tag{12.10}$$

ただし，r は毛細管の内半径，L は毛細管の長さ，η は液体の粘性率（粘性係数，または粘度ともいう），ΔP は毛細管の両端に加わる圧力の差である．式（12.10）で示される関係を，ハーゲン・ポアズイユの法則という．

しかし，この方法では前もって毛細管の長さ L，内半径 r を測定しておき，測定中は h を一定に保ち，流量を測定しなければならず，実験操作が煩雑である．そこで，通常あらかじめ粘度既知の標準物質（例えば水）について流速を求め，相対的に粘度を算出する．

$$\eta = \frac{\rho t}{\rho_0 t_0} \eta_0 \tag{12.11}$$

ここで η_0，ρ_0 はそれぞれ標準物質の粘度と密度，t_0 は標準物質の一定体積が流出するのに要する時間である．η，ρ，t は試料についての対応した値である．

2) 落球粘度計

図 12.11 に示したように，落球粘度計 falling-sphere viscometer は一定の径の球が液体中を落下するときの速度から粘度を求める装置である．いま，液体中を半径 r の球が重力により一定速度 v で落下していくとき，ストークスの粘性抵抗力と重力とが釣り合っている．その関係は次式（12.12）となる．

$$6\pi\eta rv = \frac{4}{3}\pi r^3(\rho_S - \rho)g \tag{12.12}$$

ここで，ρ_S は球の密度，ρ および η はそれぞれ液体の密度および粘度，g は重力の加速度である．したがって，v を測定すれば η は求めることができる．

3) 回転粘度計

回転粘度計 rotational viscometer には種々の形式の装置が考案されているが，ここではクェット型 Couette viscometer の粘度計を示す．図 12.13 のように同心二重円筒の中間に試料液体を h の高さまで満たし，内筒をねじり定数 k の針金で吊してある．ねじり定数とは，一端を固定した線の他端を 1 rad だけねじるに要するねじりモーメントである．いま外筒を角速度 Ω rad/s で回転させると，内筒も回転を始めるが，針金のねじれの力が増大し，あるねじれ角度で停止する．液体の粘度が高いほど，また外筒の回転角速度が大きいほど，内筒の回転角は大きい．このとき粘度 η は次式で与えられる．

$$\eta = \frac{k\theta}{4\pi h \Omega}\left(\frac{1}{r_i^2} - \frac{1}{r_o^2}\right) \tag{12.13}$$

ここで，θ は内筒のねじれ角度，h は試料溶液と接している内筒の高さ，Ω は外筒の回転速度（角速度），r_i は内筒の半径，r_o は外筒の半径，k はねじり定数である．

この粘度計は，毛細管型粘度計より広い範囲の粘度の測定に用いることができる．回転粘度計では，2円筒の間隔を半径に対し十分に小さくすれば，筒の間での速度勾配が至るところで一定となるので，この装置は非ニュートン流動の研究にも用いることができる．

4) 粘性の表示法

粘度の表示法として，相対粘度，比粘度，還元粘度，固有粘度がよく用いられて

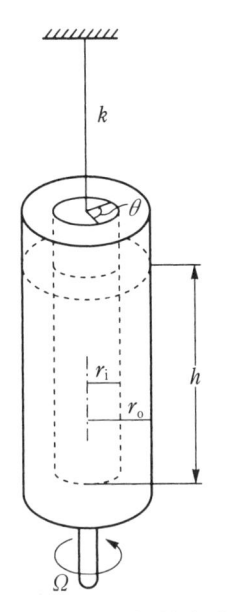

図 12.13　回転粘度計

いる．直鎖状高分子の溶液粘度 η と濃度 c の間には，次の式が成り立つことが理論的に導かれている．

$$\eta = \eta_0(1 + Ac + Bc^2 + \cdots) \tag{12.14}$$

η_0 は溶媒の粘度，A，B はそれぞれ比例定数である．この式は次のことを示している．粘度の増加が濃度に比例するのは，低濃度の場合だけである．すなわち，分子が互いに独立に運動できる場合に限って，粘度は濃度に比例して増加する．濃度が高くなると，粘度は濃度の 2～3 乗に比例して増加するようになる．このような濃度では，分子がからまり合って分子間に網目構造が形成されるからである．

5) 相対粘度

溶媒と溶液の粘度をそれぞれ η_0，η とするとき，次の式で定義される量を相対粘度 relative viscosity といい，η_r で表す．

$$\eta_r = \frac{\eta}{\eta_0} \tag{12.15}$$

6) 比粘度

次のようにして求まる量を比粘度 specific viscosity, η_{sp} という. これは, 溶液の粘度が溶媒の粘度に対して増加した割合を示している.

$$\eta_{sp} = \frac{\eta - \eta_0}{\eta_0} \tag{12.16}$$

したがって, 式 (12.14) と式 (12.16) から, 次の関係式が得られる.

$$\eta_{sp}/c = A c + B c^2 + \cdots$$

この式の左辺を還元粘度 reduced viscosity といい, η_{red} と記す. これは溶液の粘度が溶質の濃度により変化するので, 単位濃度当たりの粘度の増加率を示している. c は g/100 mL で表すことが多い. その理由は, 単位をこのように選ぶと, 次に述べる固有粘度のデータの処理が容易となるからである.

7) 固有粘度

さらに濃度の影響を除き, 溶質分子に固有な性質を比較するために, 固有粘度 intrinsic viscosity (極限粘度 limiting viscosity とも呼ばれる) を次のように定義し, 記号 [η] で表す (イータカッコと読む).

$$[\eta] = \lim_{c \to 0} \frac{\eta_{sp}}{c} \tag{12.17}$$

還元粘度の式と比べると, これは定数 A に等しいことがわかる. この [η] は高分子の分子量を求めるためによく用いられる. 高分子溶液においては, 次式が成立することが経験的に知られている. 溶質の分子量 M と [η] との間には,

$$[\eta] = K \cdot M^\alpha \tag{12.18}$$

の関係がある. ここで K と α は, 溶媒と温度を定めれば高分子の種類によって定まる定数であって, 重合度には関係しない. そこで, [η] と, 他の方法 (光散乱, 超遠心法等) で測定した分子量を用い, K と α の値を定めておけば, 溶液の粘度から容易に分子量を測定することができる.

練習問題

次の記述の ☐ 内に適切な言葉あるいは記号を入れ，文を完成させなさい．

1. 粘度のSI単位は [a] であり，動粘度のSI単位は [b] である．しかし，それらは通例，接頭語mを付け，1000分の1で用いられる．
2. 動粘度は粘性率を ☐ で割ることにより求め，工業的に繁用されている．
3. 溶液の粘性率を η, 溶媒の粘性率を η_0 としたとき，η/η_0 で定義される粘度を [a] と呼び，溶液の粘度の溶媒の濃度に対する増加率を [b] という．
4. 溶液の粘度は溶質の濃度により変化する．単位濃度当たりの粘度の増加率を [a] と呼び，[a] の濃度0への外挿値を [b] という．
5. 高分子溶液の ☐ を測定すれば，その高分子の分子量を概算できる．
6. 液体の粘度は圧力の増加とともに一般に [a] するが，その変化は大きくはない．一方，液体の粘度の温度による急激な [b] はアンドレードの式とともによく知られている．
7. 毛細管粘度計の1つであるウベローデ粘度計は [a] の測定に適している．同心二重円筒からなる回転粘度計は，[a] だけでなく [b] にも適用できる．
8. ゴムやバネに力を加えると変形する．それらの内部には変形を元に戻そうとする力が発生する．この力を [a] と呼び，外力を取り除けば [a] は消滅する．
9. 外力を加えて物質が変化する場合，バネの伸び縮みのような [a] と普通の液体が流れるような [b] の2つの型に大きく分けられる．
10. ずり応力 (S) とずり速度 (D) の関係を図示したレオグラム上で，塑性流動と準塑性流動では ☐ と呼ばれる特異点が現れる．
11. ずり応力 (S) とずり速度 (D) との間に直線関係が成り立ち，レオグラム上の0点（原点）を通る流動曲線を示す物質を ☐ と呼んでいる．
12. 典型的な非ニュートン流動の場合は，ずり応力やずり速度の増大とともに見か

けの粘性率は減少するが，☐の場合は逆で見かけの粘性率は増加する．

13. ☐a☐の現象を示す流動体ではレオグラム上において，上昇曲線と下降曲線は同一とはならず☐b☐と呼ばれる環を描く．

14. チキソトロピーを示す非球形粒子からなるゾルに，ある程度の運動を加えるとよりゲル化が著しく加速される．この現象は☐☐と呼ばれている．

15. レオグラム上の各流動曲線の傾きは測定物質の流動性を示し，その傾きの逆数は☐☐を示している．

「略解」

1. a. Pa・s   b. $m^2 \cdot s^{-1}$
2. 密度
3. a. 相対粘度   b. 比粘度
4. a. 還元粘度   b. 固有粘度（極限粘度）
5. 固有粘度（極限粘度）
6. a. 上昇（増加）   b. 降下（減少）
7. a. ニュートン液体（ニュートン流動体）
   b. 非ニュートン液体（非ニュートン流動体）
8. a. 内部応力
9. a. 弾性変形   b. 流動
10. 降伏値（yield value）
11. ニュートン流動体
12. ダイラタント流動
13. a. チキソトロピー   b. ヒステリシスループ
14. レオペクシー
15. 粘性率（粘度）

付録1　数学のおさらい

本書に登場する数式およびその誘導を理解するために必要な数学をここにまとめた．学生諸君は例外なく電卓，さらに進んでパソコンをもっていると思われる．これらはすべて関数計算をする機能を備えており，複雑な数式の計算でもただ個々のデータを入力するだけで結果が得られる．この場合でも，いかなる計算過程を経て目的の値が得られるかを理解しておくことが重要である．

1　直線のグラフ

直線のグラフは最も簡単かつ有用なグラフである．特に実験データを整理するときに実験式が直線ならば，定規で直線を引き直ちに2個のパラメータを読みとることができる．直線の方程式は

$$y = ax + b \tag{1a}$$

あるいは，y 軸に平行な直線は

$$x = c \tag{1b}$$

と表される．直線上の2点を A (x_1, y_1)，B (x_2, y_2) とすれば，直線の勾配 a は

$$a = \frac{y_2 - y_1}{x_2 - x_1} \tag{2a}$$

また，y 軸の切片 b は

$$b = \frac{x_2 y_1 - x_1 y_2}{x_2 - x_1} \tag{2b}$$

である．y 切片は $x = 0$ のときの y 軸の値を直接グラフから読んでもよい（図1）．測定点が3個以上あるときには，最小自乗法（p.356～357）を用いると，より正確な値が求められる．

幾つかの曲線のグラフは直線に変換することができる．例えば，1次反応における濃度と時間との関係式 $C = C_0 \times \exp(-kt)$ は両辺の自然対数をとると $\ln C =$

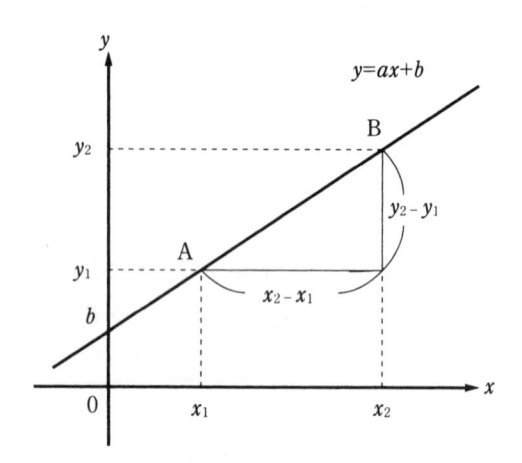

図1 直線グラフ

$\ln C_0 - kt$ となる．すなわち縦軸に $\ln C$，横軸に t をとると，勾配が $-k$，切片が $\ln C_0$ の直線になる．このほかにも2次反応の速度式，アレニウスの式，酵素反応のラインウィーバー–バークのプロット，BETの吸着等温式など，直線に変換できる式の例は多数ある．

2 指数と対数

同じ数を何度も掛けるときに指数 index number を用いる．例えば

$$a \times a \times a = a^3$$

と書き，a の3乗と読む．指数に関して，次のような公式が成り立つ．

$$a^m \times a^n = a^{m+n} \tag{3a}$$

$$a^m/a^n = a^{m-n} \tag{3b}$$

$$(a^m)^n = a^{mn} \tag{3c}$$

$$a^0 = 1 \quad (ただし，a \neq 0) \tag{3d}$$

ここで m, n は整数である必要はない．m が整数でないときに a^m の値を計算するには対数の助けを借りると便利である．特に m が $1/2$，$2/3$ などのときはそれぞれ

$$a^{1/2} = \sqrt{a}, \quad a^{2/3} = \sqrt[3]{a^2}$$

などと書く．指数は大きな（あるいは小さな）数の位取りにも使われる．例えば，光の速度は $3 \times 10^8 \, \text{m} \cdot \text{s}^{-1}$，電子の質量は $9.109 \times 10^{-28} \, \text{g}$ と書く．このほか，SI

単位系では指数を接頭語で表す (p.363 表 4 参照).

対数 logarithm は指数の逆である．いま，正の数 a を用いて
$$b = a^n$$
と表されるとき，
$$n = \log_a b$$
と書き，n を a を**底**とする b の対数，b を n に対する**真数**という．真数 b は必ず正の数である．底 a が 10 のときの対数を**常用対数** common logarithm といい，$\log_{10} b$ または単に $\log b$ と書く．また，底 a が $e = 2.718……$ のときの対数を**自然対数** natural logarithm といい*，$\log_e b$ または単に $\ln b$ と書く（微分，積分に現れる対数は自然対数である．数学のテキストでは自然対数を log で表す）．対数は指数と逆の関係にあるので，式(3 a)〜(3 d)に対応して次のような公式が成立する．

$$\log bc = \log b + \log c \tag{4 a}$$

$$\log b/c = \log b - \log c \tag{4 b}$$

$$\log b^n = n \log b \tag{4 c}$$

$$\log 1 = 0 \tag{4 d}$$

さらに常用対数（自然対数）に対して次の関係が重要である．

$$\log 10 = 1 \ (\ln e = 1) \tag{5 a}$$

$$\log 10^a = a \ (\ln e^a = a) \tag{5 b}$$

$$10^{\log a} = a \ (e^{\ln a} = a) \tag{5 c}$$

また，底が異なる対数の間に次の関係が成り立つ（底 c は任意）．

$$\log_a b = \log_c b / \log_c a \tag{6}$$

これより，**自然対数と常用対数との間には**

$$\ln b = 2.303 \times \log b \tag{7}$$

の関係が成り立つ．10 進法の計算には常用対数が便利である．式(4 d), (5 a)からわかるとおり 1 〜 10 の間の数の対数が 0 〜 1 の間の数になり，常用対数表に載っている．水素イオン濃度から pH を求める（またはその逆）など，対数が必要になることはたびたび起こる．

---

* e の定義：$\lim_{n \to 0} \left(1 + \dfrac{1}{n}\right)^n$ は正の定数 $2.71828…$ に収束する．この極限値を e で表す．

> **例題 1　　　　　対数の計算**
>
> (1)　$\log 0.002 = \log(2 \times 10^{-3})$
>
> $\qquad\qquad\quad = \log 2 + \log 10^{-3}$
>
> $\qquad\qquad\quad = 0.301 - 3 = -2.699$
>
> (2)　$b = 5^{-1.2}$ の値を求める
>
> $\quad \log b = -1.2 \log 5 = -1.2 \times 0.699$
>
> $\qquad\quad = -0.8388 = 0.1612 - 1$
>
> （ここで対数（仮数）0.1612 に対する真数は 1.45 だから）
>
> $\qquad\quad = \log 1.45 + \log 10^{-1}$
>
> $\qquad\quad = \log (1.45 \times 10^{-1})$
>
> $\quad \therefore \quad b = 1.45 \times 10^{-1} = 0.145$
>
> このように対数表から真数を求めるときには桁を移動して正の仮数を求める必要がある．

3　指数関数と対数関数

変数を x, 底を e とする指数 e^x を指数関数 exponential function という．

$$y = e^x \tag{8a}$$

指数関数 e^x を exp x とも書く． 指数関数は実数の x に対して常に正の値をとり, x が大きくなると急激に増大する（図 2 (a)）．式 (8 a) に両辺の対数をとれば $\ln y = x$ となる．ここで x と y を交換すれば次の対数関数 logarithmic function が得られる．

$$y = \ln x \tag{9a}$$

式 (5 b) から次の式

$$\ln e^x = x, \quad e^{\ln x} = x$$

が成立する．すなわち指数関数と対数関数は互いに逆関数になっている．

物理化学では真数が負の指数関数

$$y = e^{-x} \tag{8b}$$

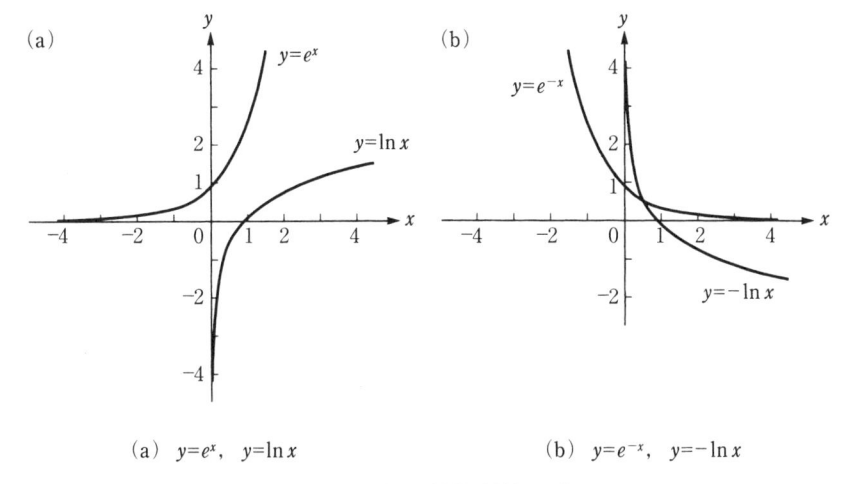

(a) $y=e^x$, $y=\ln x$　　　　　(b) $y=e^{-x}$, $y=-\ln x$

図2　指数関数と対数関数のグラフ

および対応する対数関数

$$y = -\ln x \tag{9b}$$

が多く現れる（1次反応，アレニウスの式など，図2 (b))．

例題 2　　　　　　　片対数方眼紙

例えば，1次反応における濃度(C)と時間(t)の関係

$$\ln C = \ln C_0 - kt \tag{10a}$$

は縦軸に $\ln C$ を，横軸に t をとってプロットすれば直線のグラフになる．ただし，このときにデータの数だけ $\ln C$ の値を求めなければならない．片対数方眼紙を用いるとこの手間を省き，容易にグラフを描くことができる．片対数方眼紙は縦軸が常用対数の目盛り，横軸が普通の等間隔の目盛りになっている．このために，片対数方眼紙のグラフでは式(10a)の代わりに常用対数に変換した次の式を用いる必要がある．

$$\log C = \log C_0 - \frac{k}{2.303}t \tag{10b}$$

片対数方眼紙では縦軸に濃度 C の数値を直接目盛れば，濃度 C の対数をとって等間隔目盛りの方眼紙に目盛ったのと同じグラフが得られる（図3）．

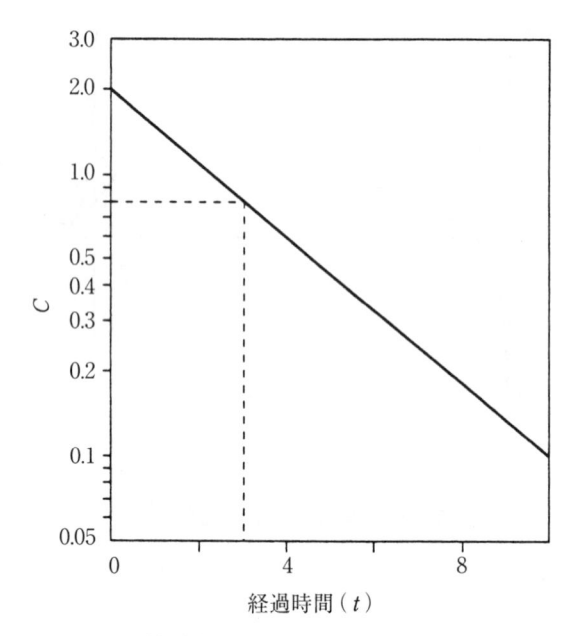

図3 片対数に描いた1次反応のグラフ

この直線の勾配を式 (10b) の $-\dfrac{k}{2.303}$ に等しいとおけば速度定数 k を求めることができる．すなわち

$$\frac{\log C_2 - \log C_1}{t_2 - t_1} = -\frac{k}{2.303}$$

となる．片対数方眼紙を用いたとき，縦軸の数値は C_1, C_2 などの値であるから，勾配を求めるときはその対数をとる必要がある．図3の直線の勾配は $(\log 0.8 - \log 2.0)/(3 - 0) = -0.133$ である．

4 微分法と積分法

微分 differential するとは関数の変化率，つまり微分係数 differential coefficient を求めることである．いま，図4(a)の曲線 $y = f(x)$ を考える．x が x_1 から x_2 に変化するとき，y が y_1 から y_2 に変化するなら，y の平均変化率は

$$\frac{\Delta y}{\Delta x} = \frac{y_2 - y_1}{x_2 - x_1}$$

と表される．ここで$y_1 = f(x_1)$, $y_2 = f(x_2)$である．式(2a)からわかるように，平均変化率$\Delta y/\Delta x$は2点A (x_1, y_1)とB (x_2, y_2)を通る直線の勾配である（図4 (a)）．B点をA点に（x_2をx_1に）近づけると（$\Delta x = x_2 - x_1 \to 0$），2点AとBを通る直線$l$は点Aにおける曲線$y = f(x)$の接線$m$に近づき，$\Delta y/\Delta x$はこの接線$m$の勾配に近づく．この極限

$$f'(x_1) = \left.\frac{dy}{dx}\right|_{x=x_1} = \lim_{\Delta x \to 0}\frac{\Delta y}{\Delta x} = \lim_{x_2 \to x_1}\frac{y_2 - y_1}{x_2 - x_1} = \lim_{x_2 \to x_1}\frac{f(x_2) - f(x_1)}{x_2 - x_1} \quad (11)$$

を，$y = f(x)$の$x = x_1$における微分係数という．ある関数$f(x)$を微分することによって得られた関数$f'(x)$を$f(x)$の導関数という．導関数はまた

$$\frac{dy}{dx}, \quad y' \quad \text{あるいは} \quad \frac{df(x)}{dx}$$

とも書く．当然，xを含まない関数や定数をxで微分すれば0になる．

関数$y = f(x)$を続けて2回微分するとき

$$\frac{d^2y}{dx^2} = \frac{d}{dx}\left(\frac{df}{dx}\right) = f''(x) \quad (12)$$

と書き，この操作によって得られる関数を$f(x)$の2階導関数という．3回以上微分

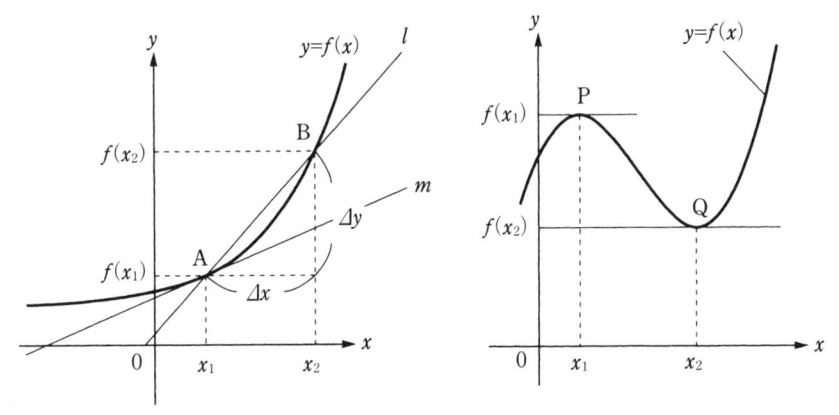

(a) 微分係数と接線の勾配　　　　(b) 極大，極小では微分係数が0になる．

図4　関数の形と微分係数

するときも同様である．

$f(x)$ が極値 $f(x_0)$ を持てば $f'(x_0) = 0$ である．さらに $f''(x_0) < 0$ ならば $f(x_0)$ は極大値，$f''(x_0) > 0$ ならば $f(x_0)$ は極小値である（それぞれ図4 (b) のPおよびQ点）．

次に簡単な微分の公式をあげる．

$$\frac{dx^n}{dx} = nx^{n-1} \tag{13a}$$

$$\frac{d\ln(x)}{dx} = \frac{1}{x} \tag{13b}$$

$$\frac{de^x}{dx} = e^x \tag{13c}$$

$y = f(x)\,g(x)$ のとき

$$\frac{dy}{dx} = f'(x)g(x) + f(x)g'(x) \tag{14}$$

$y = f(x)/g(x)$ のとき

$$\frac{dy}{dx} = \frac{f'(x)g(x) - f(x)g'(x)}{g(x)^2} \tag{15}$$

$y = f(u),\ u = g(x)$，すなわち $y = f[g(x)]$ のとき

$$\frac{dy}{dx} = \frac{df(u)}{du} \cdot \frac{du}{dx} = \frac{df(u)}{du} \cdot \frac{dg}{dx} \tag{16}$$

二つ以上の独立変数 $x, y, \cdots$ をもつ関数 $z = f(x, y, \cdots)$ を x の関数とみて微分することを，z を x について偏微分するという．

いま，2変数の関数を

$$z = x^2 y^3$$

とすれば，x, y についての偏微分係数はそれぞれ

$$\frac{\partial z}{\partial x} = 2xy^3, \quad \frac{\partial z}{\partial y} = 3x^2 y^2$$

となる．2変数が同時に変化するときの z の変化率（全微分）dz は

$$dz = \frac{\partial z}{\partial x} dx + \frac{\partial z}{\partial y} dy \tag{17}$$

と表される．

付録1. 数学のおさらい　　　351

関数 $f(x)$ を $x = 0$ のまわりに展開して x の級数で表すと（テイラー展開），$x \ll 1$ のときの近似値として利用できる式(18)が得られる．

$$f(x) = f(0) + f'(0) \cdot \frac{x}{1!} + f''(0) \cdot \frac{x^2}{2!} + f'''(0) \cdot \frac{x^3}{3!} + \cdots\cdots \quad (18)$$

ここで，$n! = n \times (n-1) \times \cdots\cdots \times 2 \times 1$ である．

応用上特に重要なのは，x が1に比べて十分に小さく，2乗以上の項が無視できる場合である．

例題 3　　　　　幾つかの微分

(1)　e^{ax} の微分

$u = ax$ とおけば

$$\frac{de^{ax}}{dx} = \frac{de^u}{du} \cdot \frac{du}{dx} = e^u \cdot a = a \cdot e^{ax}$$

(2)　$\dfrac{d}{dx}(xe^{-x}) = 1 \cdot e^{-x} + x \cdot (-e^{-x}) = (1-x)e^{-x}$

(3)　$\dfrac{d}{dx}\left(\dfrac{1}{x}\right) = -\dfrac{1}{x^2}$

(4)　気体の体積 V は圧力 p と温度 T の関数であるから，V の全微分は

$$dV = \left(\frac{\partial V}{\partial p}\right)_T dp + \left(\frac{\partial V}{\partial T}\right)_p dT$$

となる．ここで添字 T，p は，それぞれ p で微分するときには温度を，T で微分するときには圧力を一定に保つことを強調するための記号である．1モルの理想気体に対しては次のようになる．

$$dV = -\frac{RT}{p^2}dp + \frac{R}{p}dT$$

(5)　テイラー展開により x の1次まで求めると

$e^{-x} \fallingdotseq 1 - x$　　　　　　　　　　（ただし，$x \ll 1$）

$\ln(1-x) \fallingdotseq -x$　　　　　　　　　　（ただし，$x \ll 1$）

$(1 \pm x)^k \fallingdotseq 1 \pm kx$　　　　　　　　　（ただし，$x \ll 1$）

例えば，$\sqrt{1.1} = \sqrt{1+0.1} \fallingdotseq 1 + \dfrac{1}{2} \times 0.1 = 1.05$

$\sqrt[3]{1.1} = \sqrt[3]{1+0.1} \fallingdotseq 1 + \dfrac{1}{3} \times 0.1 = 1.033\cdots$

積分 integral は微分の逆演算である．いま，y の微分係数が

$$\frac{dy}{dx} = f(x)$$

で与えられていると，その積分（不定積分 indefinite integral）は

$$y = \int f(x)\,dx$$

で与えられる．すなわち

$$\int \frac{d}{dx} f(x)\,dx = f(x)$$

または

$$\frac{d}{dx} \int f(x)\,dx = f(x)$$

が成り立つ．すなわち，微分の結果がわかれば対応する積分がわかる．例えば，

$$\frac{d}{dx}(x^3) = 3x^2$$

であるから，

$$x^3 = \int 3x^2\,dx = 3\int x^2\,dx$$

$$\therefore \int x^2\,dx = \frac{1}{3}x^3 + C$$

最後に加えられた定数 C は積分定数と呼ばれる任意の定数である．積分定数 C は，扱う問題の条件（初期条件など）から決められる値である．

微分の公式(13)に対応して次の積分公式が成立する．

$$\int x^n\,dx = \frac{1}{n+1} x^{n+1} + C \qquad (n \neq -1) \tag{19 a}$$

$$\int \frac{1}{x} dx = \ln x + C \tag{19 b}$$

$$\int e^x dx = e^x + C \tag{19 c}$$

さらに積分に関する次の公式が重要である.

$$\int f(ax) dx = \frac{1}{a} \int f(x) dx \tag{20}$$

$$\int f(x)g(x) dx = F(x)g(x) - \int F(x)g'(x) dx \tag{21}$$

ここで,

$$F(x) = \int f(x) dx$$

区間 $[a, b]$ の間で行う積分を定積分 definite integral という.関数 $f(x)$ の不定積分 $F(x)$ がわかっていれば,定積分は

$$\int_a^b f(x) dx = [F(x)]_a^b = F(b) - F(a) \tag{22}$$

で与えられる.この定積分は区間 $[a, b]$ において曲線 $y = f(x)$ と x 軸とで囲まれる面積を与える.

例題 4　　　幾つかの積分

(1) $\dfrac{1}{(a-x)}$ の積分 (a は定数)

$a - x = u$ とおけば,$x = a - u$, $dx = -du$ となるから

$$\int \frac{1}{(a-x)} dx = -\int \frac{1}{u} du = -\ln(u) + C = -\ln(a-x) + C$$

ここで C は積分定数である.

(2) $\dfrac{1}{(a-x)(b-x)}$ の積分 ($a \neq b$ のとき)

この分数式は分母が1次式の分数式の差に書き直すことができる.すなわち,

$$\frac{1}{(a-x)(b-x)} = \frac{1}{(b-a)}\left(\frac{1}{(a-x)} - \frac{1}{(b-x)}\right)$$

が成立する．右辺の積分に(1)の結果を用いると，

$$\int \frac{1}{(a-x)(b-x)} dx = \frac{1}{(b-a)}\{-\ln(a-x) + \ln(b-x)\} + C$$

$$= \frac{1}{(b-a)} \ln \frac{b-x}{a-x} + C$$

(3) xe^{-x} の積分

公式(21)を用いて，

$$\int xe^{-x} dx = -xe^{-x} + \int e^{-x} dx = -(x+1)e^{-x} + C$$

(4) 1モルの理想気体が体積 V_1 から V_2 に等温膨張するときの最大仕事 w_{max} は

$$w_{max} = -\int_{V_1}^{V_2} p dV = -\int_{V_1}^{V_2} \frac{RT}{V} dV = -RT \int_{V_1}^{V_2} \frac{1}{V} dV$$

$$= -RT[\ln V]_{V_1}^{V_2} = -RT(\ln(V_2) - \ln(V_1)) = -RT \ln \frac{V_2}{V_1}$$

5 誤差と最小自乗法

測定に誤差 error はつきものである．絶対誤差は｜測定値−真の値｜，相対誤差は｜(測定値−真の値)/真の値｜で定義される．誤差は系統誤差と乱雑誤差に大別される．前者は測定温度，計器における固有の狂いなどによるもので，正または負の測定値を与える．この誤差は原理的に補正または校正できる．後者は測定値の末尾の数値を読むようなときに確率的に発生するもので，この誤差により測定値は平均値を中心に乱雑に分布する．ここで乱雑誤差について述べる．

いま，n 個の測定値を

$$x_1, x_2, x_3, \ldots\ldots, x_n$$

とする．測定値 x の平均値 mean value ($\bar{x}$)，分散 variance (σ^2)，標準偏差 standard deviation（σ）は次の式で表される．

$$\bar{x} = \frac{1}{n} \sum_{i=1}^{n} x_i \tag{23 a}$$

$$\sigma^2 = \frac{1}{n} \sum_{i=1}^{n} (x_i - \bar{x})^2 = \overline{x^2} - \bar{x}^2 \tag{23 b}$$

$$\sigma = \sqrt{\sigma^2} \tag{23 c}$$

ここで，$\overline{x^2}$ は $(x_i)^2$ の平均 $\frac{1}{n}\Sigma(x_i)^2$ を表す．もし，測定値 x_i が正規分布 normal distribution をしているならば，測定値は図5のような分布になる．

正規分布はガウス分布ともいう．変数 x の平均値が $\bar{x}$，標準偏差が σ のとき，密度関数は

$$f(x) = \frac{1}{\sigma\sqrt{2\pi}} \exp[-(x-\bar{x})^2/2\sigma^2] \tag{24}$$

と表される．ここで

$$\int_{\bar{x}-\sigma}^{\bar{x}+\sigma} f(x)dx = 0.683, \quad \int_{\bar{x}-2\sigma}^{\bar{x}+2\sigma} f(x)dx = 0.954 \tag{25}$$

になる．すなわち，$\bar{x} \pm s$ の間に測定値の 68.3 %（図5の灰色部分）が，$\bar{x} \pm 2\sigma$ 間に 95.4 %が含まれる．

半径 r を測定して円の面積 S を求めるような間接測定において誤差はどのように

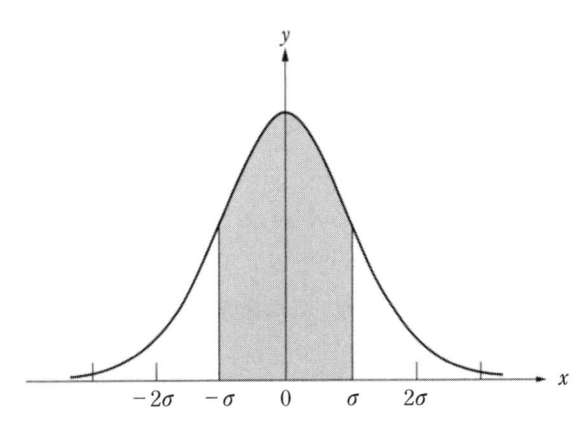

図5　正規分布グラフ（平均値 0，標準偏差 σ）

波及するであろうか．例として円の面積を考えよう．
$$S = \pi r^2$$
面積 S の微小変化 dS は半径 r の微小変数 dr によって
$$dS = 2\pi r dr$$
のように与えられる（微分と同じに考える）．よって円の面積の相対誤差は
$$\left|\frac{dS}{S}\right| = \left|\frac{2\pi r dr}{\pi r^2}\right| = 2\left|\frac{dr}{r}\right|$$
によって与えられる．この場合，円の面積の相対誤差は半径の相対誤差の2倍になる．

縦の長さ x と横の長さ y の長方形の面積を求めるときには
$$S = xy, \quad dS = dx \cdot y + x \cdot dy$$
であるから長方形の面積の相対誤差は縦と横の長さの相対誤差の和でおさえられる．
$$\left|\frac{dS}{S}\right| \leq \left|\frac{dx}{x}\right| + \left|\frac{dy}{y}\right|$$

温度と気体の体積との関係などのように，測定値が (x_i, y_i) の組で求められるときには x_i と y_i との関係が問題となる．このとき x と y との共分散 covariance (s_{xy}) と相関係数 coefficient of correlation (r) は

$$s_{xy} = \frac{1}{n}\sum_{i=1}^{n}(x_i - \overline{x})(y_i - \overline{y}) \tag{26}$$
$$= \overline{xy} - \overline{x}\cdot\overline{y}$$

$$r = \frac{s_{xy}}{s_x s_y} \tag{27}$$

で与えられる（$-1 \leq r \leq 1$）．$r > 0$ なら正の相関，$r < 0$ なら負の相関があるという．$|r|$ が1に近いほど相関性が高い（良い，大きい）という．

いま，x と y が実験式 $y = ax + b$ で表されるとして，実験式から求めた値 y と測定値 y_i との差の2乗の和が最も小さくなるように定数 a と b を決める方法を最小自乗法 method of least squares という．このとき実験式から求めた値 y と測定値 y_i との差の2乗の和の平均 Δ は

$$\Delta = \frac{1}{n}\sum_{i=1}^{n}(y - y_i)^2$$

$$= \frac{1}{n} \sum_{i=1}^{n} (ax_i + b - y_i)^2$$
$$= a^2 \overline{x^2} + b^2 + \overline{y^2} + 2ab\,\overline{x} - 2a\,\overline{xy} - 2b\,\overline{y}$$

となる。この誤差Δを最も小さくするためには、Δに対するaおよびbについての微分を0とおけばよい。すなわち

$$a\overline{x^2} + b\overline{x} - \overline{xy} = 0$$
$$a\overline{x} + b - \overline{y} = 0$$

この2つの式よりaとbを求めると次のようになる。

$$a = \frac{\overline{xy} - \overline{x} \cdot \overline{y}}{\overline{x^2} - \overline{x}^2} \tag{28a}$$

$$b = \frac{\overline{x^2}\,\overline{y} - \overline{x}\,\overline{xy}}{\overline{x^2} - \overline{x}^2} \tag{28b}$$

例題 5　　2変数の相関と最小自乗法

次の表は5人の男子学生について測定した体重xと胸囲yの値である。

i	x	y	x^2	y^2	xy
1	73	87	5329	7569	6351
2	53	86	2809	7396	4558
3	60	89	3600	7921	5340
4	61	90	3721	8100	5490
5	65	92	4225	8464	5980
和	312	444	19684	39450	27719
平均	62.4	88.8	3936.8	7890	5543.8

平均値と標準偏差は

$$\overline{x} = 62.4,\ s_x = \sqrt{3936.8 - 62.4^2} = 6.56$$
$$\overline{y} = 88.8,\ s_y = \sqrt{7890 - 88.8^2} = 2.14$$

共分散s_{xy}および相関係数rは

$$s_{xy} = 5543.8 - 62.4 \times 88.8 = 2.68$$
$$r = 2.68/(6.56 \times 2.14) = 0.191$$

この測定値xとyの間には弱い正の相関があることがわかる。

また，体重 x と胸囲 y に実験式 $y = ax + b$ を当てはめると
$$a = (5543.8 - 62.4 \times 88.8)/(3936.8 - 62.4^2) = 0.0623$$
$$b = (3936.8 \times 88.8 - 62.4 \times 5543.8)/(3936.8 - 62.4^2) = 84.9$$
となる．

付録2　物理量と単位

自然科学にはいろいろな分野がある．同じ物理量でも分野ごとに様々な単位が使われてきたが，1960年国際度量衡総会は，MKSA（metre, kilogram, second, ampere）単位系を拡張した国際単位系（International System of Unit, SI）を採択した．

表1にはSI基本単位，補助単位およびそれらに対応する物理量を示す．

1メートルは，光が真空中で1/(299792458)sの間に進む距離である（1983年）．1キログラムは，きわめて注意深く保管されている国際キログラム原器によって定義されている（1889年）．1秒は，^{133}Csの原子スペクトルに基づいて定義されている（1967年）．1アンペアは，真空中で1mの間隔で平行に置かれた，無限に小さい円形断面積を有する，無限に長い2本の直線状導体のそれぞれを流れ，これらの導体の長さ1mごとに2×10^{-7}Nの力を及ぼし合う一定の電流である．熱力学的

表1　基本的物理量とSI単位

基本的物理量	単位		記号
基本単位			
長さ	メートル	metre	m
質量	キログラム	kilogram (me)	kg
時間	秒	second	s
電流	アンペア	ampere	A
熱力学的温度	ケルビン	kelvin	K
光度	カンデラ	candela	cd
物質の量	モル	mole	mol
補助単位			
平面角	ラジアン	radian	rad
立体角	ステラジアン	steradian	sr

温度の単位ケルビン K は水の三重点の熱力学的温度の 1/273.16 である．温度間隔にも同じ単位を使う．光度の単位であるカンデラは，物理化学ではほとんど扱われないので説明しておく必要はないであろう．1 モルは 0.012 kg の ^{12}C に含まれる原子と等しい数（アヴォガドロ数）の構成要素（原子，分子，イオン，電子，光子など）を含む系の物質量である．モルを使用するときは，構成要素を指定しなければならない．1 ラジアンは，円の周上で，その半径の長さに等しい長さの弧を切り取る 2 本の半径の間に含まれる平面角である．1 ステラジアンは，球の中心を頂点とし，その球の半径を 1 辺とする正方形に等しい面積を球の表面上で切り取る立体角である．

　SI 基本単位および量を掛けたり割ったりすることによって，他の SI 組立単位および量が得られる．2 個以上の基本量が掛けられたり割られたりするときには，その単位も同じように処理されなければならない．SI 単位でこれをするときには定数

表 2　固有の名称をもつ SI 組立単位

量	名称		記号	他の単位による表現	SI 基本単位による表現
振動数	ヘルツ	hertz	Hz		s^{-1}
力	ニュートン	newton	N		$m \cdot kg \cdot s^{-2}$
圧力	パスカル	pascal	Pa	$N \cdot m^{-2}$	$m^{-1} \cdot kg \cdot s^{-2}$
エネルギー, 仕事, 熱量	ジュール	joule	J	$N \cdot m$	$m^2 \cdot kg \cdot s^{-2}$
仕事率, 放射束	ワット	watt	W	$J \cdot s^{-1}$	$m^2 \cdot kg \cdot s^{-3}$
電気量, 電荷	クーロン	coulomb	C	$A \cdot s$	$s \cdot A$
電圧, 電位	ボルト	volt	V	$W \cdot A^{-1}$	$m^2 \cdot kg \cdot s^{-3} \cdot A^{-1}$
静電容量	ファラド	farad	F	$C \cdot V^{-1}$	$m^{-2} \cdot kg^{-1} \cdot s^4 \cdot A^2$
電気抵抗	オーム	ohm	Ω	$V \cdot A^{-1}$	$m^2 \cdot kg \cdot s^{-3} \cdot A^{-2}$
コンダクタンス	ジーメンス	siemens	S	$A \cdot V^{-1}$	$m^{-2} \cdot kg^{-1} \cdot s^3 \cdot A^2$
磁束	ウェーバー	weber	Wb	$V \cdot s$	$m^2 \cdot kg \cdot s^{-2} \cdot A^{-1}$
インダクタンス	ヘンリー	henry	H	$Wb \cdot A^{-1}$	$m^2 \cdot kg \cdot s^{-2} \cdot A^{-2}$
磁束密度	テスラ	tesla	T	$Wb \cdot m^{-2}$	$kg \cdot s^{-2} \cdot A^{-1}$
光束	ルーメン	lumen	lm	$cd \cdot sr$	
照度	ルクス	lux	lx	$1\,m \cdot m^{-2}$	
放射能	ベクレル	becquerel	Bq		s^{-1}
吸収線量	グレイ	gray	Gy	$J \cdot kg^{-1}$	$m^2 \cdot s^{-2}$
線量当量	シーベルト	sievert	Sv	$J \cdot kg^{-1}$	$m^2 \cdot s^{-2}$

は全く導入されないので，SIは一貫した単位系といえる．SI組立単位は固有の名称と記号をもっており，表2にはそれらが示されている．例えば，質量kgの単位と加速度m·s^{-2}の単位の積は力の単位kg·m·s^{-2}を与え，これにはニュートンという名称が与えられており，その記号はNである．

表3は，SI単位ではないけれども便利さと使い慣れているという理由から，物理化学では現在も使用されているいくつかの単位を示している．

数値が1の位から大きく隔たる数値を表すには指数が用いられているが，正のまたは負の指数の値が大きくなりすぎることを避けるために，単位に表4に示した接頭語を付けることができる．例えば，10^{-10} m = 100 pm = 0.1 nm．この場合，**接頭語の重複使用は避ける**ことになっている．**kgは接頭語をもつ唯一の基本単位**であるので，例えば2×10^{-5} kgは20 μkgとはせず，20 mgとする．

表5はSI単位で表した基礎定数をまとめた．

表6には，原子量表を載せた．

表3 他の単位

名　称	記　号	SI 単位で表した値
SI と併用される単位		
度	°	$1° = (\pi/180)$ rad
リットル*	l	$1\,l = 1\,\mathrm{dm}^3 = 10^{-3}\,\mathrm{m}^3$
電子ボルト	eV	$1\,\mathrm{eV} = 1.60217 \times 10^{-19}\,\mathrm{J}$
原子質量単位	m_u	$1\,m_\mathrm{u} = 1.66054 \times 10^{-27}\,\mathrm{kg}$
暫定的に SI と共に使われる単位		
オングストローム	Å	$1\,\text{Å} = 0.1\,\mathrm{nm} = 10^{-10}\,\mathrm{m}$
バール	bar	$1\,\mathrm{bar} = 0.1\,\mathrm{MPa} = 10^5\,\mathrm{Pa}$
標準大気圧	atm	$1\,\mathrm{atm} = 101325\,\mathrm{Pa} = 1013\,\mathrm{hPa}$
キュリー	Ci	$1\,\mathrm{Ci} = 3.7 \times 10^{10}\,\mathrm{s}^{-1}$
レントゲン	R	$1\,\mathrm{R} = 2.58 \times 10^{-4}\,\mathrm{C \cdot kg^{-1}}$
ラド	rad	$1\,\mathrm{rad} = 10^{-2}\,\mathrm{J \cdot kg^{-1}}$
固有の名称を有する CGS 単位		
エルグ	erg	$1\,\mathrm{erg} = 10^{-7}\,\mathrm{J}$
ダイン	dyn	$1\,\mathrm{dyn} = 10^{-5}\,\mathrm{N}$
ポアズ	P	$1\,\mathrm{P} = 1\,\mathrm{dyn \cdot s \cdot cm^{-2}} = 0.1\,\mathrm{Pa \cdot s}$
ストークス	St	$1\,\mathrm{St} = 1\,\mathrm{cm^2 \cdot s^{-1}} = 10^{-4}\,\mathrm{m^2 \cdot s^{-1}}$
ガウス	Gs, G	$1\,\mathrm{Gs} = (1000/4\pi)\mathrm{A \cdot m^{-1}} = 10^{-4}\,\mathrm{T}$
マクスウェル	Mx	$1\,\mathrm{Mx} = 10^{-8}\,\mathrm{Wb}$
その他の単位		
カロリー（熱化学）	$\mathrm{cal_{th}}$	$1\,\mathrm{cal_{th}} = 4.184\,\mathrm{J}$
モル電子ボルト	LeV	$1\,\mathrm{LeV} = 96485\,\mathrm{J}$
ミクロン	μ	$1\,\mu = 1\,\mu\mathrm{m} = 10^{-6}\,\mathrm{m}$
重量モル濃度	m	$1\,\mathrm{m} = 1\,\mathrm{mol \cdot kg^{-1}}$
容量モル濃度	M	$1\,\mathrm{M} = 1\,\mathrm{mol \cdot dm^{-3}} = 1000\,\mathrm{mol \cdot m^{-3}}$
水銀柱	mmHg	$1\,\mathrm{mmHg} = 13.5951 \times 9.80665\,\mathrm{Pa}$ $= 133.322\,\mathrm{Pa}$
トル	Torr	$1\,\mathrm{Torr} = (101325/760)\,\mathrm{Pa}$ $= 133.322\,\mathrm{Pa}$

* 日本薬局方では大文字の L を使用している．

付録 2. 物理量と単位

表 4 SI 接頭語

係 数	接頭語		記 号	係 数	接頭語		記 号
10^{18}	エクサ	exa	E	10^{-1}	デ シ	deci	d
10^{15}	ペ タ	peta	P	10^{-2}	センチ	centi	c
10^{12}	テ ラ	tera	T	10^{-3}	ミ リ	milli	m
10^{9}	ギ ガ	giga	G	10^{-6}	マイクロ	micro	μ
10^{6}	メ ガ	mega	M	10^{-9}	ナ ノ	nano	n
10^{3}	キ ロ	kilo	k	10^{-12}	ピ コ	pico	p
10^{2}	ヘクト	hecto	h	10^{-15}	フェムト	femto	f
10^{1}	デ カ	deca	da	10^{-18}	ア ト	atto	a

表 5 SI 単位で表した基礎定数

量	記 号	値
氷点	T_{ice}	273.15 K
気体定数	R	$8.314510 \, \mathrm{J \cdot K^{-1} \cdot mol^{-1}}$
標準状態における理想気体モル体積	$\dfrac{RT_{ice}}{101325 \, \mathrm{Pa}}$	$0.02241410 \, \mathrm{m^{3} \cdot mol^{-1}}$
アヴォガドロ定数	L, N_A	$6.0221367 \times 10^{23} \, \mathrm{mol^{-1}}$
ボルツマン定数	$k\,(=R/L)$	$1.380658 \times 10^{-23} \, \mathrm{J \cdot K^{-1}}$
ファラデー定数	F	$9.6485309 \times 10^{4} \, \mathrm{C \cdot mol^{-1}}$
陽子の電荷	$e\,(=F/L)$	$1.60217733 \times 10^{-19} \, \mathrm{C}$
原子質量単位	m_u	$1.6605402 \times 10^{-27} \, \mathrm{kg}$
真空中の光の速さ	c	$2.99792458 \times 10^{8} \, \mathrm{m \cdot s^{-1}}$
プランク定数	h	$6.6260755 \times 10^{-34} \, \mathrm{J \cdot s}$
波数とエネルギーを関係づける定数	$Z\,(=Lhc)$	$1.1966 \times 10^{-1} \, \mathrm{J \cdot m \cdot mol^{-1}}$
ボーア磁子	μ_B (または β)	$9.2740154 \times 10^{-24} \, \mathrm{J \cdot T^{-1}}$
核磁子	β_N	$5.0507866 \times 10^{-27} \, \mathrm{J \cdot T^{-1}}$

表6 原 子 量 表 (1999)

($A_r(^{12}C) = 12$ に対する相対値。但し、^{12}C は核および電子が基底状態にある中性原子であり、$A_r(E)$ は E の原子量を表す。)

多くの元素の原子量は一定ではなく、物質の起源や処理の仕方に依存する。原子量 $A_r(E)$ とその不確かさ（カッコ内の数字）は、有効数字の最後の桁に対応する）は地球起源で天然に存在する物質中の元素に適用される。この表の脚注には、個々の元素に起こりうるもので、原子量に付随する不確かさを越える可能性のある変動の様式が示されている。原子番号110から112までおよび114, 116, 118の元素名は暫定的なものである。

元素名	元素記号	原子番号	原子量	脚注	元素名	元素記号	原子番号	原子量	脚注
アインスタイニウム*	Es	99			ツリウム	Tm	69	168.93421(2)	
亜鉛	Zn	30	65.39(2)		テクネチウム*	Tc	43		
アクチニウム*	Ac	89			鉄	Fe	26	55.845(2)	
アスタチン*	At	85			テルビウム	Tb	65	158.92534(2)	
アメリシウム*	Am	95			テルル	Te	52	127.60(3)	
アルゴン	Ar	18	39.948(1)	g r	銅	Cu	29	63.546(3)	r
アルミニウム	Al	13	26.981538(2)		ドブニウム*	Db	105		
アンチモン	Sb	51	121.760(1)		トリウム	Th	90	232.0381(1)	g
硫黄	S	16	32.065(5)		ナトリウム	Na	11	22.989770(2)	
イッテルビウム	Yb	70	173.04(3)		鉛	Pb	82	207.2(1)	g r
イットリウム	Y	39	88.90585(2)		ニオブ	Nb	41	92.90638(2)	
イリジウム	Ir	77	192.217(3)		ニッケル	Ni	28	58.6934(2)	
インジウム	In	49	114.818(3)		ネオジム	Nd	60	144.24(3)	g
ウラン	U	92	238.02891(3)	g m	ネオン	Ne	10	20.1797(6)	g m
ウンウンウニウム*	Uuu	111			ネプツニウム*	Np	93		
ウンウンオクチウム*	Uuo	118			ノーベリウム*	No	102		
ウンウンクアジウム*	Uuq	114			バークリウム*	Bk	97		
ウンウンニリウム*	Uun	110			白金	Pt	78	195.078(2)	
ウンウンビウム*	Uub	112			ハッシウム*	Hs	108		
ウンウンヘキシウム*	Uuh	116			バナジウム	V	23	50.9415(1)	
エルビウム	Er	68	167.259(3)		ハフニウム	Hf	72	178.49(2)	
塩素	Cl	17	35.453(2)	g m	パラジウム	Pd	46	106.42(1)	g
オスミウム	Os	76	190.23(3)	g	バリウム	Ba	56	137.327(7)	
カドミウム	Cd	48	112.411(8)	g	ビスマス	Bi	83	208.98038(2)	
ガドリニウム	Gd	64	157.25(3)	g	ヒ素	As	33	74.92160(2)	
カリウム	K	19	39.0983(1)		フェルミウム*	Fm	100		
ガリウム	Ga	31	69.723(1)		フッ素	F	9	18.9984032(5)	
カリホルニウム*	Cf	98			プラセオジム	Pr	59	140.90765(2)	
カルシウム	Ca	20	40.078(4)	g	フランシウム*	Fr	87		

付録2. 物理量と単位

元素名	記号	原子番号	原子量	注
キセノン	Xe	54	131.293(6)	gm
キュリウム*	Cm	96		
金	Au	79	196.96655(2)	
銀	Ag	47	107.8682(2)	g
クリプトン	Kr	36	83.80(1)	gm
クロム	Cr	24	51.9961(6)	
ケイ素	Si	14	28.0855(3)	r
ゲルマニウム	Ge	32	72.64(1)	
コバルト	Co	27	58.933200(9)	
サマリウム	Sm	62	150.36(3)	g
酸素	O	8	15.9994(3)	gr
ジスプロシウム	Dy	66	162.50(3)	g
シーボーギウム*	Sg	106		
臭素	Br	35	79.904(1)	
ジルコニウム	Zr	40	91.224(2)	g
スズ	Sn	50	118.710(7)	g
水銀	Hg	80	200.59(2)	
水素	H	1	1.00794(7)	gmr
スカンジウム	Sc	21	44.955910(8)	
ストロンチウム	Sr	38	87.62(1)	g
セシウム	Cs	55	132.90545(2)	
セリウム	Ce	58	140.116(1)	g
セレン	Se	34	78.96(3)	
タリウム	Tl	81	204.3833(2)	
タングステン	W	74	183.84(1)	
炭素	C	6	12.0107(8)	gr
タンタル	Ta	73	180.9479(1)	
チタン	Ti	22	47.867(1)	
窒素	N	7	14.0067(2)	gr
プルトニウム*	Pu	94		
プロトアクチニウム*	Pa	91	231.03588(2)	g r
プロメチウム*	Pm	61		
ヘリウム	He	2	4.002602(2)	g r
ベリリウム	Be	4	9.012182(3)	
ホウ素	B	5	10.811(7)	gmr
ボーリウム*	Bh	107		
ホルミウム	Ho	67	164.93032(2)	
ポロニウム*	Po	84		
マイトネリウム*	Mt	109		
マグネシウム	Mg	12	24.3050(6)	
マンガン	Mn	25	54.938049(9)	
メンデレビウム*	Md	101		
モリブデン	Mo	42	95.94(1)	g
ヨウ素	I	53	126.90447(3)	
ユウロピウム	Eu	63	151.964(1)	g
ラザホージウム*	Rf	104		
ラジウム*	Ra	88		
ラドン*	Rn	86		
ランタン	La	57	138.9055(2)	g
リチウム	Li	3	[6.941(2)]†	gmr
リン	P	15	30.973761(2)	
ルテチウム	Lu	71	174.967(1)	g
ルテニウム	Ru	44	101.07(2)	g
ルビジウム	Rb	37	85.4678(3)	g
レニウム	Re	75	186.207(1)	
ロジウム	Rh	45	102.90550(2)	
ローレンシウム*	Lr	103		

* : 安定同位体のない元素.
† : 市販品中のリチウム化合物の原子量は6.939から6.996の幅をもつ. より正確な原子量が必要な場合は, 個々の物質について測定する必要がある.
g : 当該元素の同位体組成が正常な変動幅を超えるような地質学的試料が知られている. そのような試料中では当該元素の原子量とこの表の値との差が, 表記の不確かさを超えることがある.
m : 不詳な, あるいは不適切な同位体分別を受けたために見いだされることがある. そのため, 当該元素の原子量が表記の値とかなり異なることがある.
r : 通常の地球上の物質の同位体組成に変動があるために表記の原子量より精度の良い値を与えることができない. 表中の元素の物質すべてに通用されるものとする.

© 日本化学会 原子量小委員会

日本語索引

ア

アインシュタイン 225, 245
足場構造 329
アスピリンアルミニウム 43
アセチレン 20
圧縮因子 99
圧縮応力 324
圧縮率 325
圧平衡定数 144
アッベの屈折計 82
圧力 3
アノード 268
アレニウスの式 219
アレニウスパラメータ 219
アレニウス・プロット 219, 220
安定形 163
アンドレードの式 330
αスピン 15
α-ヘリックス構造 92

イ

イオン
  移動度 261
  活動度 262
イオン化 252
イオン化エネルギー 25
イオン強度 264
イオン極限当量伝導率 257
イオン結合 31, 84, 252
イオン性 79
イオン性界面活性剤 299
イオン積 265
イオン当量伝導度 262
イオン独立移動の法則 257
イオンの輸率 258
1次反応 206
一般酸塩基触媒反応 233
移動度 258, 261

易動度 261
EI-マススペクトル
  プロピオフェノン 68

ウ

ウィルヘルミィ法 287
上向きスピン 15
ウベローデ粘度計 336
ウラニルイオン 226
運動粘性率 327
運動の第二法則 2

エ

永久双極子 80
液相 148
液相-液相平衡 168
液相-気相平衡 165
液相線 166
液体膜 304
エチレン 19
エネルギー 2
エネルギーの保存則 113
エマルション 317
エメット 293
エルグ 114
塩化ナトリウム 84
塩基触媒定数 232
塩橋 269
塩析 315
エンタルピー 115
  相転移 149
エントロピー 125
  混合 127
  膨張 127
円二色性 71
f軌道 13
F-A曲線 303
s軌道 13
SI基本単位 4
SI接頭語 5
S_N1反応 228

S_N2反応 229

オ

応力 324
応力緩和 333
オストワルド粘度計 336
オストワルドの希釈率 265
オストワルドの相容積理論 318
オストワルドの方法 294
オスモル濃度 197
オーム 253
オームの法則 253

カ

外界 112
会合コロイド 309
回転エネルギー準位 49
回転粘度計 338
解乳化 318
開放系 112
界面 283
界面化学 283
界面活性 294, 295
界面活性剤 91, 283, 295
  分類 297
  HLB値 301
界面張力 283, 285
界面動電位 311
界面不活性 294, 295
化学イオン化 65
化学吸着 291
化学結合 24
化学反応速度論 203
化学ポテンシャル 139
化学量論係数 204
可逆過程 117
可逆反応 217
拡散 244
核磁気共鳴スペクトル 59
核磁気モーメント 59

拡張係数　289
確率因子　223
加水分解　266
加水分解定数　266
加速度　2
カソード　268
可塑変形　325
活性化エネルギー　221
活動度　140
活量　140, 198
活量係数　199
下部臨界共溶温度　169
可溶化　300
可溶化剤　301
カルノー　129
カルノー機関　130
カルノーサイクル　129
カルメロースカルシウム　44
カロリー　119
還元粘度　338, 340
換算質量　50
緩衝液　267
緩衝作用　267
緩和時間　333

キ

気圧　3
擬1次反応　211
幾何平均　263
基質　235
気相　148
気相線　166
気体定数　98
気体分子
　運動エネルギー　104
気体膜　303
拮抗阻害　240
基底一重項状態　56
基底状態　13
起電力　268
軌道エネルギー　13
希薄溶液
　束一的性質　193
　沸点上昇　141

ギブズ自由エネルギー　134
　圧力依存性　138
　温度依存性　137
ギブズの吸着等温式　294
ギブズの相律　160
ギブズ-ヘルムホルツの式　137, 145, 273
起泡剤　301
基本物理定数　6
逆対称伸縮振動　51
吸光度　53
吸収帯　50
吸着　233, 283, 290
吸着剤　234
吸着式　290
吸着質　234
吸着等圧線　290
吸着等温式　234, 236, 292
吸着等温線　290
吸着熱　290
吸着平衡　290
凝固　97
凝固点　97
凝固点降下度　195
凝集　313
凝集法　309
共晶　173
共晶点　174
凝析　313
凝析価　313
強電解質　252
共沸混合物　167
共役溶液　169
共有結合　16, 29
共融混合物　173
共融点　174
共有電子対　16
極限粘度　340
極限モル伝導率　256
極小沸点　167
極性分子　76
極大沸点　167
ギリシア文字　7
擬0次反応　211
均一系　159
均一触媒　230

金属結合　33
金チオリンゴ酸ナトリウム　45

ク

グーイ-チャップマンの拡散電気二重層　311
クェット型　338
屈折計　82
屈折率　81, 82
屈折率測定法　83
クラウジウスの原理　126
クラウジウス-モソッティの式　81
クラフト点　299
クラペイロン-クラウジウスの式　150
クリープ　331
クリープ回復　332
クリーミング　319
グルコン酸カルシウム水和物　45
グレアムの法則　106
クーロン　77
クーロン力　84

ケ

系　112, 113
蛍光　56
蛍光スペクトル　58
蛍光団　58
蛍光分光光度計　58
結合角　78
結合性軌道　22
結合電子　29
結合電子対　16
結合モーメント　77
結晶格子　97
結晶構造　32
結晶場の理論　38
ケミカルシフト　60
ケルビン　3
ケルビン固体　330
限外顕微鏡　310

日本語索引

限外ろ過法 309
原子エンタルピー 122
原子価結合法 21
原子価結合理論 37
原子間距離 78
原子軌道 11, 12, 14
　占有順序 15
懸濁液 316

コ

合一 319
光化学反応 225
項間交差 56
抗酸化剤 228
高スピン錯体 40
剛性率 325
高速原子衝撃 65
酵素反応 235
高張 198
降伏値 329
国際単位系 3
固相 148
固相-液相平衡 170
固相線 171
固体
　溶解速度 246
固体膜 304
コットン効果曲線 70
古典力学 9
互変二形 163
固有粘度 338, 340
固溶体 171
孤立系 112
孤立電子対 17
コールラウシュ 256, 257
コールラウシュ・ブリッジ 254
コロイド 307
　製法 309
　電気的性質 311
コロイド状態 307
コロイド粒子 307
混合
　エントロピー 127
混合気体 99

混成 17
混成軌道 17
　方向性 18
コンダクタンス 253

サ

最適温度 235
錯体 92
　結合 34
　立体構造 36
サスペンション 316
酸塩基触媒反応 231
酸化還元電位 270, 272
三角形相図 178
三角図 178
酸化反応 268
三重結合 20
三重点 161
酸触媒定数 232
三成分混合物 178

シ

シアノコバラミン 45
紫外・可視吸収スペクトル 53
磁気共鳴画像診断 64
磁気量子数 12
ジクロロベンゼン
　双極子モーメント 79
仕事 114
示差走査熱分析 165
示差熱分析 165
シスプラチン 46
下向きスピン 15
実在気体 99
湿潤剤 301
質量作用の法則 144
質量スペクトル 65
質量対容量百分率 185
質量パーセント濃度 184
質量百分率 184
質量分析 65
質量モル濃度 184
磁場型質量分析計 66, 67

ジーメンス 253
弱電解質 252, 264
遮蔽 62
遮蔽定数 60
15度カロリー 119
自由電子 33
自由度 160
重量モル濃度 184
縮重 14
主量子数 12
ジュール 3, 114
シュルツェ-ハーディの法則 313
ジュール・トムソン効果 103
シュレーディンガー方程式 11
準安定形 163
準塑性流動 329
昇位 17
昇華 162
昇華曲線 160
蒸気圧曲線 160
蒸気圧降下 193
状態関数 112
状態図 160
状態方程式 2
衝突頻度 221
衝突理論 220
蒸発熱 98
上部臨界共溶温度 169
消泡剤 301
触媒 229
親液コロイド 308
神経細胞膜電位 279
伸縮振動 50, 52
深色移動 55
深色効果 55
親水コロイド 308, 315
親水親油バランス 300
浸漬ぬれ 289
浸透 196
浸透圧 116, 196
振動エネルギー準位 49
振動回転エネルギー 49
浸透剤 301

振動数 46
侵入型固溶体 173
σ結合 19
σ電子 23
cis-trans 異性化反応 226, 227

ス

水素結合 85
水素原子 12
水和 252
ステアリン酸マグネシウム 44
ストークス 245
ストークス-アインシュタインの関係式 246
ストークスの式 317
スピン 15
スピン-スピンカップリング 62
ずり 324, 326
ずり速度 326
ずり弾性率 326
ずりひずみ 326

セ

正吸着 294
正極 268
生体関連錯体 42
静電的相互作用 38, 92
生理食塩水 198
赤外吸収スペクトル 49
積分速度式 206
積分定数 206
絶対エントロピー 132
絶対屈折率 82
絶対反応速度論 223
接頭語 5
節面 14
ゼーマン効果 59
セルシウス度 5
セル定数 254
遷移確率 55
遷移状態理論 223

旋光 69
旋光分散 70
穿孔理論 330
洗浄剤 301
浅色移動 55
浅色効果 55
せん断 324, 326
せん断応力 324
全反射 82
ζ電位 311

ソ

双極子-双極子相互作用 88
双極子モーメント 76, 79
双極子-誘起双極子相互作用 89
相互溶解度 169
相互溶解度曲線 169
相図 160
相対活量 140
相対粘度 338, 339
相転移
  エンタルピー 149
  エントロピー 153
相平衡 148, 159
  一成分系 160
  三成分系 178
  二成分系 165
相変化 102, 159
疎液コロイド 308
阻害剤 240
阻害定数 241
束一の性質 193
速度勾配 326
速度定数 205
疎水結合 92
疎水コロイド 308, 315
疎水性 91
疎水性基 92
疎水性相互作用 91, 92
塑性粘度 329
塑性流動 329
素反応 214

タ

第一イオン化エネルギー 26
対称伸縮振動 51
体積 2
体積弾性率 325
体積百分率 185
ダイラタンシー 328
ダイラタント流動 328
ダイン 114
多形 162, 163
多形の相転移 153
多相 159
多相エマルション 318
脱着 290
ダニエル電池 269
単位 1
単結合 20
弾性 324
弾性限界 325
弾性率 324
単相 159
単分子膜 302
単変形 163

チ

遅延弾性 324
チオグルコース金（I）錯体 46
力の定数 50
置換型固溶体 172
チキソトロピー 334
逐次反応 215
チスコウスキー 296
超臨界流体 102
直線偏光 69
チンダル現象 310

ツ

つり板法 287

テ

定圧熱容量 119
抵抗率 253
低スピン錯体 40
定積熱容量 119
低張 198
滴重法 288
てこの法則 166, 170, 172, 174
デバイ 77, 263
デバイの式 80
デュ・ヌーイ表面張力計 288
デュロン・プティの法則 121
テラー 293
転移点 163
電解質 251, 252
電解質溶液 254
電荷移動錯体 92
電荷分布 78
電気陰性度 28, 76
電気泳動法 311
電気抵抗 253
電気的双極子 76
電気伝導 253
電気二重層 311
電極反応 268
電子雲 10
電子衝撃イオン化法 65
電子親和力 26
電子的励起状態 56
電磁波 46
電子配置 15
　原子 11
　多電子原子 13
転相 318
伝導率 253, 254
電離 252
d 軌道 13
DLVO 理論 313

ト

同位体ピーク 68
等温線 104
透過度 53
凍結乾燥 162
透析法 309
同素体 163
等張 198
動的光散乱法 310
等電点 311
当量伝導率 255
特殊酸塩基触媒反応 233
トコフェロールコハク酸エステルカルシウム 44
ドナン膜電位 279
ドナン膜平衡電位 278
トムソンの原理 127
トラウベの規則 297
トルートンの規則 154
ドルトンの分圧の法則 99, 144
曇点 300

ナ

内部エネルギー 113
長さ 2
ナトリウムの D 線 82

ニ

二次イオン質量分析 65
2 次反応 208
二重結合 19
二成分混合物 178
乳化剤 301
乳酸カルシウム水和物 45
乳濁液 317
ニュートン 3
ニュートン体 327
ニュートン流動 327

ヌ

ぬれ 288

ネ

熱 114
熱化学 121
熱分析 177
熱容量 119
熱力学カロリー 119
熱力学第一法則 2, 113, 115, 118
熱力学第三法則 131
熱力学第二法則 125, 135
ネルンストの式 273
燃焼エンタルピー 122
粘性 338
粘性率 327
粘性流動 327
粘弾性 330
粘弾性物質 330
粘度
　測定法 336

ノ

ノイエス・ホイットニー・ネルンスト式 246
ノイエス・ホイットニーの式 246
濃淡電池 274, 277
濃度平衡定数 145
伸び 324

ハ

配位化合物 34
配位結合 32
配位子 35
配位子場の理論 39
配向力 88
パウリの排他原理 14, 15
ハーゲン・ポアズイユの法則 336

波数 46
パスカル 3, 114
波長 46
発光スペクトル 56
発色団 54
波動関数 10
波動性 46
ハミルトニアン 11
パラアミノサリチル酸カルシウム水和物 43
パルスフーリエ変換核磁気共鳴 60
バンクロフトの経験則 318
反結合性軌道 22
半減期 208
反磁性異方性 61
反遮蔽効果 62
半電池 269
半透膜 116, 196
パントテン酸カルシウム 44
反応次数 205, 213
反応速度 203, 204
　温度依存性 218
　衝突理論 220
　溶媒効果 228
反応速度式 204, 206
反応速度-pHプロファイル 233
π結合 19
π電子 23

ヒ

非イオン性界面活性剤 299
光増感剤 226
光反応 227
非拮抗阻害剤 242
非共有電子対 17
ヒステリシスループ 335
ひずみ 324
比旋光度 70
ヒットルフ法 259
引張り応力 324
非電解質 252
ヒドロキソコバラミン酢酸塩 44
非ニュートン流動 328
比粘度 338, 340
微分速度式 206
ヒュッケル 263
標準生成エンタルピー 121
標準電極電位 270
標準沸点 166
氷晶 174
氷晶点 174
表面 283
表面圧 302
表面エネルギー 285
表面自由エネルギー 285
表面張力 284
ビリアル展開 103
ビンガム流動 329
p軌道 13
pHプロファイル 233
pHメータ 268, 275

フ

ファラデー定数 261
ファンデルワールス結合 88
ファンデルワールス定数 101
ファンデルワールスの状態方程式 100
ファンデルワールス力 87
ファントホッフの係数 197
ファントホッフの式 116, 197
ファントホッフの反応等圧式 146
フィックの拡散の第二法則 245
フィックの第一法則 245
フィールドイオン化 65
フィールド脱着 65
フォークト粘弾性 330
フォークト物体 330
不可逆過程 117
不確定性原理 10
負吸着 294

負極 268
不均一系 159
不均一触媒 230
複合反応 218
　反応速度 213
負触媒 229
付着ぬれ 289
不対電子 16
物質量濃度 184
沸点 97
沸点上昇度 194
沸点図 165
物理吸着 291
物理量 1
不変系 160
ブラウン運動 310
フラグメントイオン 65
プランク定数 10, 47
フリーラジカル 228
ブルナウアー 293
フロイントリッヒの吸着等温式 234, 292
プロトンアクセプター 85
プロトンドナー 85
分圧 99
分解点 177
分極 76, 80
分極率 80
分散系 307
分散コロイド 308
分散剤 301
分散質 307
分散相 307
分散媒 307
分散法 309
分散力 88, 90
分子間相互作用 84, 98
分子間力 97
分子軌道 21
分子軌道法 21, 37
分子コロイド 309
分子旋光度 70
フントの規則 16
分配係数 191
分配の法則 191
分配平衡 155, 191

粉末X線回折　165
分留　166
Braggの条件式　165

ヘ

平均活量係数　263
平均結合エンタルピー　123
平衡定数　142, 143
　温度依存性　145
平行反応　214
平衡反応　217
平衡連結線　166
閉鎖系　112
並発反応　214
平面偏光　68
ヘスの法則　121
変角振動　52
偏光計　69
ベンゼン
　非局在化エネルギー　123
ヘンリー定数　189
ヘンリーの法則　140, 189
βスピン　15
BET式　293

ホ

ポアソン比　325
ボーア半径　13
ボイル-シャルルの法則　98
方位量子数　12
膨張
　エントロピー　127
ポビドンヨード　93
ホーフマイスター系列　315
ボルツマン因子　106
ボルツマン定数　106, 131
ボルツマンの原理　131

マ

マイクロエマルション　318
膜　301
マクスウェル-ボルツマンの
　速度分布　106

膜電位　278
マックスウェル粘弾性　332
マックスウェル物体　332

ミ

ミカエリス定数　238
ミカエリス・メンテン機構　237
ミカエリス・メンテンの酵素
　反応速度式　241
ミカエリス・メンテンの式　238
みかけの0次反応　212
水分子
　双極子モーメント　78
ミセル　283, 298
ミセル形成　91
ミセルコロイド　309

ム

無極性分子　76

メ

メタン　19
メートル　77

モ

毛管上昇法　286
毛細管型粘度計　336
モル　3
モル吸光係数　53
モル凝固点降下　196
モル凝固点降下定数　196
モル屈折　83
モル伝導率　255, 257
モル濃度　184
モル沸点上昇　195
モル沸点上昇定数　195
モル分極　80
モル分率　2, 184

ヤ

ヤングの式　289
ヤング率　325

ユ

融解曲線　160
融解性　165
融解熱　97
誘起磁場　60
誘起双極子　80
誘起双極子モーメント　80
誘起双極子-誘起双極子相互
　作用　89
誘起力　88
融点　97
誘電率　81

ヨ

陽イオン　25
溶液
　組成　183
溶解性　165
ヨウ素-ベンゼン錯体　92
溶媒効果　228
溶媒和　252
溶媒和化合物　252
容量モル濃度　184
四重極型質量分析計　66

ラ

ラインウィーバー・バークの
　式　239
ラインウィーバー・バークの
　プロット　242, 243
ラウールの法則　135, 185
　負のずれ　187
ラジアン　5
落球粘度計　338
ラーモア周波数　59
ラングミュアの吸着等温式
　234, 236, 293

ランベルト-ベールの法則
　53

リ

離液順列　315
離漿　317
理想気体　2, 98
理想気体の状態方程式　98
理想気体分子運動　105
理想希薄溶液　189
理想弾性　324
理想粘性体　327
理想溶液　185
　蒸気圧　186
律速段階　215
立体因子　223
粒子性　46
粒子-波動二重性　10
流動　327
流動曲線　329
流動性　327
量　1
量子化　11, 107

量子収率　226
量子収量　226
量子数　11
量子力学　10
理論段数　167
臨界圧　102
臨界温度　102
臨界角　82
臨界状態　102
臨界体積　102
臨界点　102, 180
臨界ミセル濃度　298
臨界溶解温度　169
輪環法　288
りん光　57

ル

ル・シャトリエの原理　146

レ

励起　48
励起一重項状態　56

励起三重項状態　56
励起状態　13
冷却曲線　177
0次反応　210
レオペクシー　335
レオロジー　323
連鎖担体　228
連鎖反応　227
連続相　307
連続反応　215

ロ

ローレンツ-ローレンスの式
　83
ロンドンの式　90
ロンドンの分散力　90
ローンペア　17

ワ

ワイセンベルグ効果　335

外国語索引

A

absorbance 53
absorption band 50
activity 140
adsorbate 234
adsorbent 234
adsorption 233, 283, 290
adsorption equilibrium 290
adsorption isobar 290
adsorption isotherm 234, 290
allotropy 163
anode 268
antioxidant 228
Arrhenius 219
association colloid 308
atm 3
atomic orbital 12
azeotropic mixture 167

B

bathochromic effect 55
bathochromic shift 55
binary mixture 178
Bingham flow 329
boiling point diagram 165
Boltzmann 131
bond moment 77
Brownian motion 310
Brunauer 293
buffer solution 267
bulk modulus 325

C

capillary rise method 286
Carnot 129
Carnot cycle 129
Carnot engine 130
cathode 268
CD 71

chain carrier 228
chemical adsorption 291
chemical ionization 65
chemical potential 139
chemical shift 60
chromophore 54
CI 65
circular dichroism 71
Clausius 126
closed system 112
clouding point 300
cmc 298
coagulation 313
coalescence 319
coefficient of viscosity 327
compressibility 325
compression factor 99
compressive stress 324
concentration cell 274
condensation method 309
conductivity 253
cooling curve 177
coordinate bond 32
Cotton effect curve 70
Couette viscometer 338
covalent bond 29
creaming 319
creep 331
creep recovery 332
critical micelle concentration 298
critical point 102, 180
critical solution temperature 169
cryohydrate 174
crystal field theory 38
crystal lattice 97

D

Dalton 144
Debye 263
defoaming agent 301

deformation vibration 52
degree of freedom 160
demulsification 318
desorption 290
detergent 301
diamagnetic anisotropy 61
dielectric constant 81
differential scanning calorimetry 165
differential thermal analysis 165
diffusion 244
dilatancy 328
dilatant flow 328
dipole moment 76
dispersed phase 307
dispersed system 307
dispersing agent 301
dispersing medium 307
dispersion force 88
dispersion method 309
dispersoid colloid 308
Donnan membrane equilibrium 278
drop weight method 288
DSC 165
DTA 165
Dulong-Petit 121
Du Noüy 288

E

EI 65
Einstein 225
elasticity 324
elastic limit 325
electoric double layer 311
electrolyte 252
electromotive force 268
electron affinity 26
electronegativity 28, 76
electron impact ionization 65
Emmett 293

emulsifier 301
emulsion 317
enantiotropy 163
enthalpy 115
entropy 125
equation of Andrade 330
equilibrium constant 143
eutectic mixture 173
eutectic point 174
extension 324

F

FAB 65
falling-sphere viscometer 338
fast atom bondbardment 65
FD 65
FI 65
Fick 245
field desorption 65
field ionization 65
first law of thermodynamics 113
flocculation 313
fluidity 327
fluorescence 56
fluorescence spectrum 58
fluorophor 58
foaming agent 301
fractional distillation 166
fragment ion 65
free electron 33
freeze-drying 162
frequency 46
Freundlich 234, 292
FT-nmr 60
fusion curve 160

G

Galvanic cell 268
gaseous line 166
Gibbs 294
Gibbs free energy 134
Gibbs-Helmholtz 137

Gibbs' phase rule 160

H

half cell 269
hanging plate method 287
heat 114
heat capacity 119
heat of adsorption 290
Henry 140
Hess 121
heterogeneous catalyst 230
heterogeneous system 159
Hittorf 259
HLB 300
hofmeister series 315
hole theory 330
homogeneous catalyst 230
homogeneous system 159
Hückel 263
hydration 252
hydrolysis 266
hydrolysis constant 266
hydrophile-lipophile balance 300
hydrophilic colloid 308
hydrophobic bonding 92
hydrophobic colloid 308
hydrophobic interaction 92
hypsochromic effect 55
hypsochromic shift 55
hysterisis loop 335

I

ideal elasticity 324
ideal viscous body 327
induced dipole 80
induction force 88
infrared absorption spectrum 50
inhibitor 240
interface 283
interfacial tension 283
internal energy 113
interstitial solid solution 173

intersystem crossing 56
intrinsic viscosity 340
invariant system 160
ionic bond 31
ionic character 79
ionic product 265
ionic strength 264
ionization 252
ionization energy 25
irreversible process 117
isolated system 112
isotope peak 68

K

Kelvin solid 330
kinematic viscosity 327
Kohlrausch 256
Krafft point 299

L

Langmuir 234, 293
law of mass action 144
lever rule 166
ligand field theory 39
limiting molar conductivity 256
limiting viscosity 340
liquidus line 166
London dispersion force 90
lower cosolute temperature 169
low of the independent migration of ion 257
lyophilic colloid 308
lyophobic colloid 308
lyotropic series 315

M

mass spectrometry 65
mass spectrum 65
maximum boiling point 168
Maxwell body 332
metallic bond 33

metastable form　163
micelle　283, 298
micelle colloid　308
Michaelis constant　238
Michaelis-Menten equation　238
microemulsion　318
minimum boiling point　167
mobility　258, 261
molar conductivity　255
molar extinction coefficient　53
molar optical rotatory power　70
molar refraction　83
molecular colloid　308
monomolecular film　302
monotropy　163
MRI　64
MS　65
multiple emulsion　318

N

negative adsorption　294
negative electrode　268
Nernst　273
Newtonian body　327
Newtonian flow　328
NMR　59
non-competitive inhibitor　242
nonelectrolyte　252
non-Newtonian flow　328
non-polar molecule　76
normal boiling point　166
Noyes-Whitney　246
nuclear magnetic resonance　59

O

Ohm　253
open system　112
optical rotation　69
optical rotatory dispersion　70

orbit　12
ORD　70
order of reaction　205
orientation force　88
osmotic pressure　116
Ostwald　294
Ostwald's dilution law　265
Ostwald's viscometer　336
oxidation reaction　268

P

Pauling　29
penetrant　301
permanent dipole　80
phase change　102
phase diagram　160
phase inversion　318
phosphorescence　57
photochemical reaction　225
photosensitizer　226
physical adsorption　291
Planck constant　47
plane polarized light　69
plastic deformation　325
plastic flow　329
plastic viscosity　329
Poisson's ratio　325
polarimeter　69
polarizability　80
polar molecule　76
polymorphism　163
positive adsorption　294
positive electrode　268
pseudo-plastic flow　329
pulsed Fourier transformed nmr　60

Q

quadruple mass spectrometer　66
quantum yield　226

R

Raoult　135
rate constant　205
rate of reaction　204
rate of shear　326
reduced viscosity　340
refractive index　81
refractmeter　82
relative viscosity　339
relaxation time　333
resistivity　253
retarded elasticity　324
reversible process　117
rheopexy　335
rigidity　325
ring method　288
rotational viscometer　338

S

salt bridge　269
salting out　315
scaffolding structure　329
secondary ion mass spectrometry　65
second law of thermodynamics　125
sector type mass spectrometer　66
shear　324
shearing stress　324
shear modulus　326
shear strain　326
shielding constant　60
SI　3
siemens　253
SIMS　65
solid solution　171
solidus line　171
solubilization　300
solubilizer　301
solvation　252
specific optical rotatory power　70

specific viscosity   340
spectrophotofluorometer   58
spin-spin coupling   62
spreading coefficient   289
stable form   163
standard enthalpy of formation   121
state function   112
stoichimetric coefficient   204
Stokes   245, 317
strain   324
stress   324
stress relaxation   333
stretching vibration   50
strong electrolyte   252
sublimation   162
sublimation curve   160
substitutional solid solution   173
substrate   235
surface   283
surface active   294
surface chemistry   283
surface energy   285
surface free energy   285
surface inactive   294
surface pressure   302
surface tension   284
surfactant   283
surroundings   112
suspension   316

syneresis   317
system   112, 113
Szyskowski   296

T

Teller   293
tensile stress   324
tertiary mixture   178
theoretical plate   167
thermal analysis   177
thermochemistry   121
third law of thermodynamics   131
thixotropy   334
Thomson   127
tie line   166
transition point   163
transition probability   55
transmittance   53
transport number   258
Traube   297
triangle diagram   178
triple point   161
Trouton   154
Tyndall phenomenon   310

U

Ubbelohde viscometer   336
ultramicroscope   310

upper cosolute temperature   169

V

valence bond theory   37
van der Waals force   88
van't Hoff   116
vapor pressure curve   160
velocity gradient   326
vilial expansion   103
viscoelasticity   330
viscoelastics   330
viscous flow   327
Voigt body   330

W

wave length   46
wave number   46
weak electrolyte   252, 264
Weissenberg effect   335
wetting agent   301
Wilhelmy   287
work   114

Y

yield value   329
Young   289
Young's modulus   325

薬学領域の物理化学

定　価（本体 5,200 円＋税）

編　集　　渋谷　皓	平成 20 年 8 月 20 日　初版発行Ⓒ
発行者　　廣川　節男 　　　　　東京都文京区本郷3丁目27番14号	平成 24 年 9 月 1 日　3 刷発行

発 行 所　株式会社　廣 川 書 店

〒113-0033　東京都文京区本郷3丁目27番14号
〔編集〕　電話　03(3815)3656　　FAX　03(5684)7030
〔販売〕　　　　03(3815)3652　　　　　03(3815)3650

Hirokawa Publishing Co.

27-14, Hongō-3, Bunkyo-ku, Tokyo